WERNER OSWALD
EBERHARD KITTLER

BMW

alle Modelle 1929–2000

herausgegeben von Halwart Schrader

Motor
buch
Verlag

Einbandgestaltung: Luis dos Santos mit Archivmaterial der BMW AG und des Autors.

Der Bildnachweis befindet sich auf Seite 271
Da sich der Inhalt dieses Buches teils aus vier Bänden (Deutsche Autos 1885–1920, 1920–1945, 1945–1975, 1975–1995) zusammensetzt, können Fehler und Lücken nicht gänzlich ausgeschlossen werden. Für Korrekturhinweise ist der Verlag sehr dankbar.

ISBN 978-3-613-04402-9

1. Auflage 2021

Sie finden uns im Internet unter www.motorbuch-verlag.de

Lektorat: Joachim Kuch

Innengestaltung, Satz:
Gold Rose, Stuttgart; Tebitron, Gerlingen; texte-team Julia Voigt
Druck und Bindung:
Conzella, 85609 Aschheim-Dornach
Printed in Germany

INHALTS-VERZEICHNIS

Zu dieser Dokumentation

Nur wenige Automarken, deren Wurzeln in die Zeit der 1920er-Jahre zurückreichen, haben ein Profil aufzuweisen, das sich im Laufe der Jahrzehnte so ungewöhnlich, wenn nicht dramatisch konturierte wie das bei BMW der Fall ist. Konventionelles Mittelmaß oder ein am Massenmarkt orientiertes Industrieschema kennzeichnet kein einziges Produkt dieser Marke – von den ersten Wartburg- und Dixi-Wagen über Flugmotoren und Motorräder bis zu den gegenwärtigen Qualitätsautomobilen von Weltrang. Ein BMW war zu keiner Zeit nur irgendeine Fahrmaschine mit austauschbarer Identität, und der berühmte Slogan von der »Freude am Fahren« konnte kaum zutreffender gewählt werden. Sich für BMW zu entscheiden, bedeutete oft genug, die bessere Alternative erkannt zu haben.

Es sind bereits zahlreiche Bücher über die Marke BMW, über die interessante Unternehmensgeschichte und die faszinierenden Produkte mit dem weiß-blauen Emblem veröffentlicht worden. Wenn hier ein weiteres vorliegt, dann nicht etwa, weil es neue Erkenntnisse zur Markenhistorie gäbe, sondern weil ein großes und noch immer zunehmendes Interesse an allem besteht, was mit BMW zu tun hat. Und weil eine zusammenfassende und großzügig illustrierte Typendokumentation fehlte, wie sie in den Monografien von Hans-Heinrich von Fersen und Eberhard Kittler enthalten sind – jedoch nur als Teilaspekte.

Ich habe deshalb versucht, eine kompakte, zusammenfassende Dokumentation über die unter der Marke BMW produzierten Automobile einschließlich deren Vorgänger Wartburg und Dixi von den Anfängen bis zum Jahr 2000 zu erstellen, die auch BMW-motorisierte oder BMW-inspirierte Konstruktionen einschließt, von Frazer Nash und Bristol bis EMW, Veritas, Talbot und Wiesmann, von Alpina und Martini bis Elva, McLaren und Rolls-Royce.

Für Ihr der BMW-Historie entgegengebrachtes Interesse dankt Ihnen, liebe Leserin, lieber Leser,

Ihr Halwart Schrader.

Qualitätsarbeit aus Eisenach: Wartburg Automobile 1898–1903

Die BMW-Geschichte beginnt beim Wartburgwagen und damit bei jenem Mann, der den Automobilen mit diesem Namen auf die Räder half: Heinrich Ehrhardt. Er und sein Sohn Gustav leisteten bedeutende Beiträge zur deutschen Industriegeschichte in einer Zeit, die man als Gründerjahre bezeichnet.

Die Hinwendung zum Motorwagen des vorrangig in der Rüstungswirtschaft erfolgreichen Industriellen Heinrich Ehrhardt erfolgte auf Betreiben seins Sohnes, nachdem dieser im Verlauf eines längeren Studien- und Arbeitsaufenthalts in den Vereinigten Staaten die ersten »selbstfahrenden Kutschen« gesehen hatte, auch solche mit Dampf- und Elektroantrieb. Ehrhardt war als zweiter »Kanonenkönig« nach Krupp bekannt, stellte auch Munition her und hatte 1889 die Rheinische Metallwaaren- und Maschinenfabrik AG gegründet, aus der die Firma Rheinmetall hervorging. Auf diesem wirtschaftlichen Fundament erfolgte Anfang Dezember 1896 die Gründung der Fahrzeugfabrik Eisenach, deren Leitung Heinrich Ehrhardt seinem Sohn Gustav übertrug.

Der erste 1898 in Eisenach gebaute Wartburgwagen war in französischer Lizenz (Decauville) entstanden und fand auf der Automobilausstellung 1899 in Berlin große Beachtung. Diesem Modell 1 mit luftgekühltem 3- bis 4-PS-Zweizylindermotor folgte bald das Modell 2 mit wassergekühltem 5-PS-Motor und Zweiganggetriebe.

Bei Decauville war man 1900 zur Frontmotorbauweise mit Kardanantrieb übergegangen; die Motoren hatten 8,5 und 10 PS Leistung. Auch in Eisenach baute man solche Fahrzeuge. 1902 entstand ein Vierzylindermodell mit Fünfganggetriebe, wohl das erste Auto mit einer solchen Zahl von Getriebeuntersetzungen überhaupt. Nur fünf Exemplare dieses 22 PS Wartburg wurden gebaut, und

Links: Wartburgwagen, der am 14. April 1899 als erstes Auto in München zugelassen wurde.

Unten: Schlossermeister Steinbeck und Gemahlin mit ihrem Wartburgwagen, 1900.

Wartburgwagen-Parade mit aristokratischer Prominenz. Der Siebte von links ist Gustav Ehrhardt. Das Foto entstand zu Jahresbeginn 1899 in der neuen, 1000 Quadratmeter großen Vorführhalle der Fahrzeugfabrik Eisenach.

Oben: Ein (unbereiftes) Wartburg Versuchsfahrzeug um 1898.

Rechts: Fritz Kirchheim am Steuer eines Wartburg, den er 1902 im Rennen Paris-Wien fuhr.

Oben: Wartburg Pritschenlastwagen von 1901.

Rechts: Prospektblatt der Fahrzeugfabrik Eisenach von 1901.

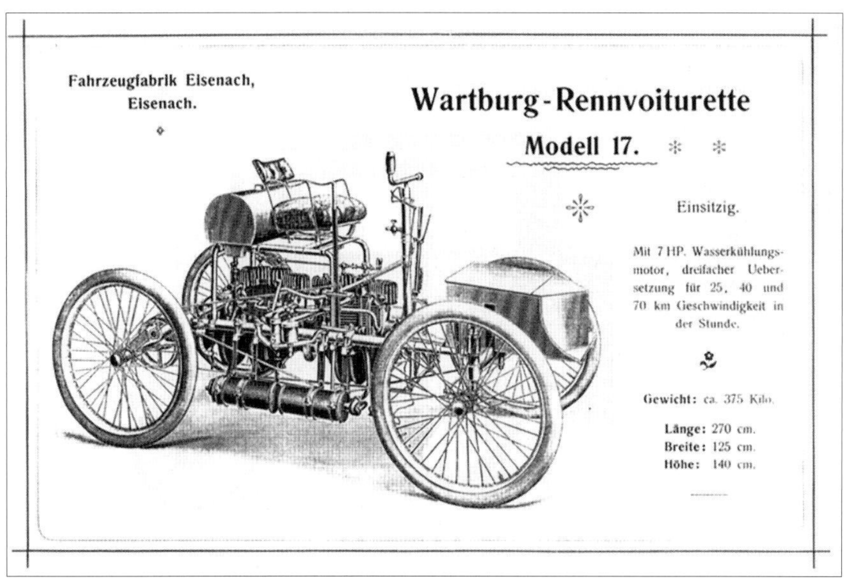

	Wartburg 5 PS 1899–1900	**Wartburg Elektrowagen 1899–1902**
Motor	Reihenmotor, stehend	Elektromotor (Lundell)
Zylinderzahl	2	
Bohrung x Hub	79,5 x 77 mm	
Hubraum	764 ccm	
Leistung	5 PS bei 1200/min	
Ventilsteuerung	1 NW, automat. Einlass, seitl. Auslass	
Kurbelwellenlager	2	
Vergaser	Oberflächenvergaser	
Kühlung	erst luftgekühlt, später Wasserkühlung	
Schmierung	Frischölschmierung, Handpumpe	
Zündung	Batterie, Induktor	
Kraftstofftank	hinter den Sitzen	
Kraftübertragung		
Kupplung, Schaltung	Konus, an der Lenksäule	
Getriebe, Antrieb	2-Gang (1900 3-Gang), Kette	Zahnradübersetzung auf die Hinterräder
Fahrwerk		
Vorder-/Hinterradfederung	Vollelliptikfedern, ohne	Dreiviertelelliptikfedern v, Vollelliptikfedern h
Bremsen	Hinterräder	Klotzbremse auf Reifen
Lenkung	stehende Säule mit Handhebel	Zahnsegmentlenkung
Räder	Drahtspeichenräder	Holzspeichenräder
Reifen	700 x 65	Vollgummi
Chassis und Aufbau		
Fahrgestell	Stahlrohrrahmen	Stahlrohrrahmen, gerade durchlaufend
Karosserien	Zweisitzer, Dreisitzer	Landaulet, Phaëton, Droschke
Maße und Gewichte		
Radstand		1600 mm
Spur		1250 / 1250 mm
L x B x H	2300 x 1200 x 1700 mm	
Leergewicht	260 kg	
Höchstgeschwindigkeit	50 km/h	45 km/h

	Wartburg 8,5 PS 1902–1903	**Wartburg Voiturette 5,5 PS 1902–1903**	**Wartburg 15 PS, 22 PS 1902–1903**
Motor	Reihenmotor, vorn	Reihenmotor, vorn	Zweiblock-Reihenmotor, vorn
Zylinderzahl	2	2	4
Bohrung x Hub, Hubraum	105 x 120 mm, 2978 ccm	87 x 95 mm, 1129 ccm	100 x 100 bzw. 95 x 130 mm, 3140 / 3400 ccm
Leistung	8,5 PS bei 1000/min	5,5 PS bei 1200/min	12 PS bei 1200/min (22/1200)
Ventilsteuerung	1 untenl. NW, sv in L-Anordnung	1 NW, sv	1 NW, Ventile zwangsgesteuert i. T-Anordn.
Kurbelwellenlager	2	3	
Vergaser	Spritzdüsenvergaser	Spritzdüsenvergaser	Spritzdüsenvergaser
Kühlung	Wasser, Pumpe, Schlangenrohrkühler	Wasser, Pumpe	Wasser, Pumpe
Schmierung	Frischölschmierung mit Tropföler	Tropföler	Tropföler
Zündung	Batterie, Induktor	Batterie	Batterie
Kraftstofftank	vorn, Förderung durch Gefälle	hinten	hinten
Kraftübertragung			
Kupplung, Schaltung	Lederkonus, am Lenkrad	Konus, seitlicher Schalthebel	Konus, seitlicher Hebel
Getriebe, Antrieb	3-Gang, m. Hinterachsantrieb verblockt	2-Gang, Kardan	3-Gang, Kardan
Fahrwerk			
Vorder-/Hinterradfederung	Halbelliptikfedern v/h	ohne, Halbelliptikfedern	Halbelliptikfedern
Bremsen	Außenbackenbremsen	Hinterräder	Hinterräder
Lenkung	Schneckenlenkung	Schneckenlenkung	Schneckenlenkung
Räder	Holzspeichenräder	Holzspeichenräder	Holzspeichenräder
Reifen	750 x 80 v, 840 x 90 h	700 x 65	
Chassis und Aufbau			
Fahrgestell	Stahlrohrrahmen	Stahlrohrrahmen, gerade durchlaufend	Stahlrohrrahmen, gerade durchlaufend
Karosserien	Zweisitzer	Zweisitzer, Tonneau	Zweisitzer
Maße und Gewichte			
Radstand	1758 mm		
Spur	1200 / 1200 mm		
Leergewicht	850 kg	490 kg	
Höchstgeschwindigkeit	40 km/h	30 km/h	

ein Rennwagen, der beim Flachrennen von Frankfurt auf die hohe Geschwindigkeit von 95,7 km/h kam, blieb ein Einzelstück.
Das Programm bestand Ende 1902 aus sechs Serienmodellen, doch diese unrentable Diversifikation sowie die Beteiligung an Wettbewerben bei Auftragsrückgang seitens der Militärbehörden und einem Einbruch des Fahrradgeschäfts führten zu hohen finanziellen Einbußen.

Heinrich Ehrhardt wurde durch den Vorstand der Gesellschaft veranlasst, sich zurückzuziehen und den Chefsessel im Vorstand freizumachen. Er und sein Sohn Gustav, der die Technische Leitung im Eisenacher Werk innegehabt hatte, verließen – durch eine Herabsetzung des Aktienkapitals um fast eine Million Goldmark ärmer – im Oktober 1903 Eisenach mit Bitternis im Herzen und gründeten in Zella-St. Blasii eine neue Firma.

Oben: Wartburg Elektrokutsche, 1902.

Unten: Wartburg 8,5 PS Tonneau (Zweizylinder, 2078 ccm), 1902.

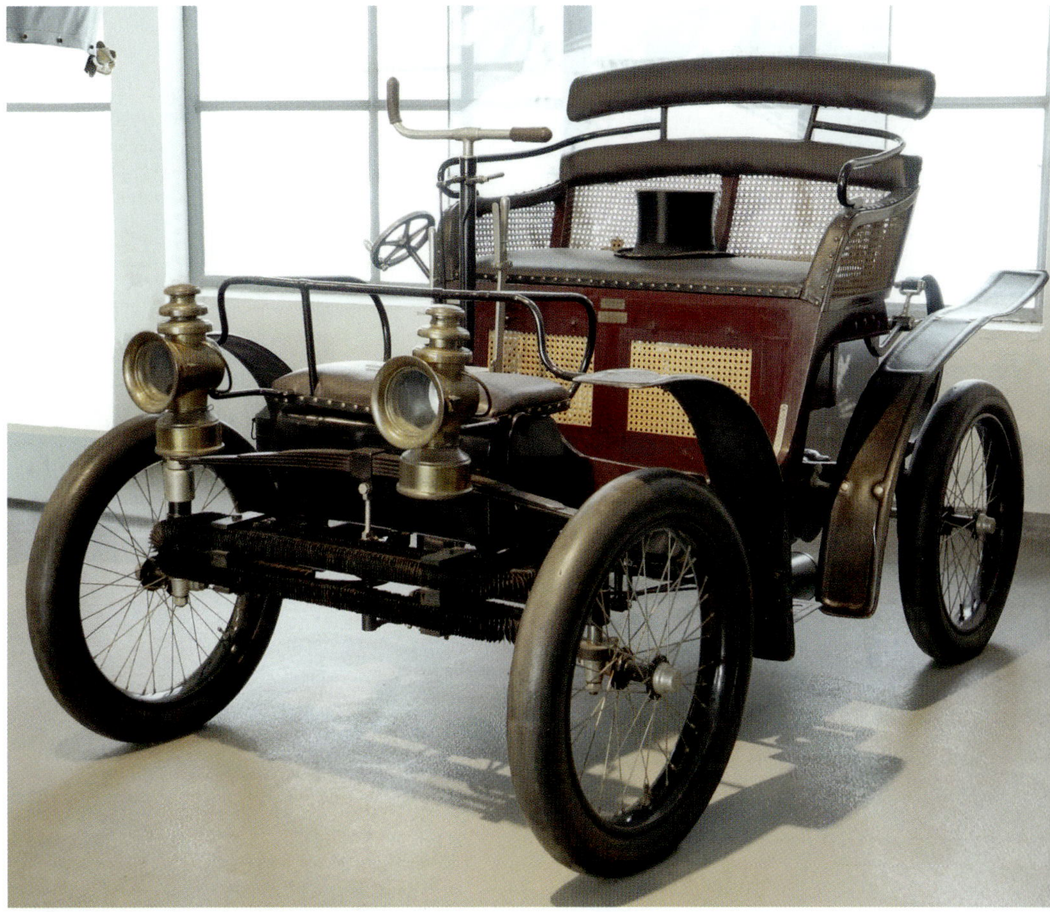

Oben: Wartburg Motorwagen 5,5 PS Typ 2 mit wassergekühltem Zweizylindermotor, 1899.

Links: Chassis eines Wartburg J24 von 1903, vermutlich während der Überführung zu einem Karosseriebauer (Vierzylinder, 3400 ccm, 22 PS). Unter der Bezeichnung S14 mit reduziertem Hub ab 1904 als Dixi weitergebaut.

Erfolgsgeschichte: Die glanzvolle Ära Dixi 1904–1928

Der erste Auftritt der Marke Dixi vor großem Publikum erfolgte auf der Automobilausstellung im März 1904 in Frankfurt am Main, wo man die neuen Modelle S6 und S12 zeigte. Die Motoren hatten obenliegende Einlass- und seitlich stehende Auslassventile, das Fahrgestell bestand aus starken Stahlrohren, der Antrieb auf die Hinterachse geschah per Kardanwelle.

Secks Nachfolger wurde Georg Schwarz (1862–1929). Er optimierte die Konstruktion der S-Wagen und stellte ihnen weiterer Zwei- und Vierzylinder zur Seite (T-Reihe). Doch die Produktionszahlen hielten sich in Grenzen. Der T12 brachte es von 1904 bis 1907 auf nur 22 Stück, vom S6 entstanden 18, vom S12 immerhin 120 Stück. Qualität rangierte vor Quantiät.

Denn nur besonders hochwertiges und damit teures Material kam zur Verwendung. Kurbel- und Nockenwellen schmiedete man aus Nickelstahl, alle Zahnräder bestanden aus Chromnickelstahl. Differenzial und Getriebe saßen als Baueinheit auf der Hinterachse und besaßen Wasserkühlung. Das Kupplungspedal war mit einem Ventil in der Ansaugleitung verbunden, das beim Auskuppeln die

Oben: Ein Dixi R12 auf der Prinz-Heinrich-Fahrt 1912.

Rechts oben: Dixi S6 (Zweizylinder, 1418 ccm, 8,5 PS) als Doppelphaëton von 1906.

Rechts: Dixi R8 Spider mit Notsitz (Vierzylinder, 1588 ccm, 14 bzw. 16 PS), 1908–11.

Oben: Dixi 6/24 PS Taxi, 1923.

Rechts: Dixi 6/18 PS mit Torpedokarosserie, 1921.

Unten: Dixi Lastwagenkolonne vor dem Werk in Eisenach, 1921.

	Dixi S8 8,5 PS 1904–1906	Dixi T7 7/9 PS 1904–1907	Dixi T12 12/14 PS 1904–1907
Motor	Reihenmotor, vorn		Reihenmotor
Zylinderzahl	2	stehender Einzylinder, vorn	2
Bohrung x Hub	95 x 100 mm	110 x 130 mm	95 x 100 mm
Hubraum	1418 ccm	1240 ccm	1418 ccm
Leistung	8 PS bei 1300/min	9 PS bei 1350/min	14 PS bei 1300/min
Ventilsteuerung	1 seitl. NW, sv in T-Anordnung	NW-Antrieb über Stirnräder, ioe	NW-Antrieb über Stirnräder, ioe
Kurbelwellenlager		2 Gleitlager	
Vergaser	Dixi-Spritzdüsenvergaser	Spritzdüsenvergaser m. Luftvorwärmung	Dixi-Spritzdüsenvergaser
Kühlung	Wasser, Thermosyphon	Wasser, Thermosyphon, Röhrenkühler	Wasser, Pumpe
Schmierung	Tauchschmierung	Dubrulle-Tauchschmierung	Tauchschmierung
Zündung	Magnet	Batterie, Induktor	Doppelzündung Batterie und Magnet
Kraftstofftank	hinten		hinten, Förd. durch Druck d. Auspuffgase
Kraftübertragung			
Kupplung	Lederkonus	Lederkonus	Lederkonus
Schaltung	seitlicher Hebel	seitlicher Schalthebel	seitlicher Schalthebel
Getriebe	3-Gang	4-Gang	3-Gang; 3,22 - 2 - 1
Antrieb	Kardan	Kardan	Kardan
Fahrwerk			
Vorder-/Hinterradfederung	Halbelliptikfedern	Halbelliptikfedern v/h	Halbelliptikfedern v/h
Bremsen	Hinterrad-Innenbackenbremsen, Getriebebremse	Hinterrad-Innenbackenbremsen, Außenbacken-Getriebebremse	Hinterrad-Innenbackenbremsen, Außenbacken-Getriebebremse
Lenkung	Schneckenlenkung	Schneckenlenkung	Schneckenlenkung
Räder	Holzspeichenräder	Holzspeichenräder	Holzspeichenräder
Reifen	760 x 90	700 x 75	710 x 90
Chassis und Aufbau			
Fahrgestell	Stahlblechrahmen, hinten gekröpft	Stahlrohrrahmen	Stahlblechrahmen, hinten gekröpft
Karosserien	Doppelphaëton, Tonneau	Spider, Coupé	Doppelphaëton
Maße und Gewichte			
Radstand	1820 mm	1820 mm	2740 mm
Spur	1200 / 1200 mm	1200 / 1200 mm	1280 / 1280 mm
Leergewicht		550 kg	710 kg (Fahrgestell)
Höchstgeschwindigkeit	ca. 45 km/h	40 km/h	50km/h

Drehzahl verringerte, weil die Gaszufuhr gedrosselt wurde. Die Magnetzündung ließ sich durch Batteriezündung ergänzen.
Größere und stärkere Modelle folgten, auch nahm man die Herstellung von Flugmotoren und anderer Aggregate auf. Im April 1909 stellte Georg Schwarz der Öffentlichkeit seine jüngste Schöpfung vor, den kleinen Dixi R8, ein seitengesteuerter 1,6-Liter-Vierzylinder. Die R-Reihe wurde bis 1914 um eine Anzahl von Varianten diverser Größen ergänzt: R5, R9, R10, R12, R16. Die Besonderheit ihrer Motoren war die so genannte L-Bauart. Bei ihr befanden sich die stehend angeordneten Ein- und Auslassventile nicht mehr gegenüber, sondern an einer Seite. Der Bau des R-Modells wurde nach dem Krieg bis 1922 fortgesetzt, ebenso der des S16 mit 3,4-Liter-Motor.

Subventions-Lastwagen

Die deutschen Militärbehörden hatten um 1898 begonnen, erstmals Informationen über Lastautomobile als Transportmittel zu sammeln – immerhin ein Jahr vor der Interessenbekundung am Personenwagen. Truppen- und

Dixi 4,0 t Subventions-Lastwagen, 1914–17.

Materialbewegungen geschahen bis dato ausschließlich per Bahn oder mit Pferdefuhrwerken.
Die Preußische Heeresverwaltung bereitete einen Katalog mit Regeln für den Bau militärischer Kraftwagen vor; der Begriff »Regelkraftwagen« kam auf. Der Fuhrunternehmer oder Industriebetrieb, der einen solchen Subventions-Lastwagen bestellte, hatte dafür 16.000 bis 19.000 Mark aufzubringen. Die staatliche Subvention betrug ab 1908 4000 Mark plus 1000 Mark jährlichen Zuschuss für Betriebskosten. 1912, als 17 Firmen solche Fahrzeuge im Programm führten, zahlte der Staat sogar bis zu 8000

	Dixi S12 12/16 PS 1904–1907	Dixi S14 12/22 PS 1904–1907	Dixi T24 24/30 PS 1905–1907
Motor	Zweiblock-Reihenmotor	Zweiblock-Reihenmotor	Zweiblock-Reihenmotor
Zylinderzahl	4	4	4
Bohrung x Hub	100 x 110 mm	95 x 100 mm	110 x 130 mm
Hubraum	3456 ccm	2435 ccm	4842 ccm
Leistung	16 PS bei 1200/min	22 PS bei 1400/min	30 PS bei 1400/min
Ventilsteuerung	NW-Antrieb über Stirnräder, ioe	ioe	ioe
Vergaser	Dixi-Spritzdüsenvergaser	Dixi-Spritzdüsenvergaser	Dixi-Spritzdüsenvergaser
Kühlung	Wasser, Pumpe	Wasser, Thermosyphon	Wasser, Pumpe
Schmierung	Tauchschmierung	Tauchschmierung	Tauchschmierung
Zündung	Doppelzündung Batterie und Magnet	Magnet	Magnet
Kraftstofftank	hinten, Förd. durch Druck d. Auspuffgase	hinten, Förd. durch Druck d. Auspuffgase	hinten, Förd. durch Druck d. Auspuffgase
Kraftübertragung			
Kupplung	Lederkonus	Lederkonus	Lederkonus
Schaltung	seitlicher Schalthebel	seitlicher Schalthebel	seitlicher Schalthebel
Getriebe	3-Gang, ab 1905 4-Gang	4-Gang	4-Gang
Antrieb	Kardan	Kardan	Kardan
Fahrwerk			
Vorder-/Hinterradfederung	Halbelliptikfedern v/h	Halbelliptikfedern v/h	Halbelliptikfedern v/h
Bremsen	Außenbacken-Getriebebremse, Innenbackenbremsen an den Hinterrädern	Hinterrad-Innenbackenbremsen, Außenbacken-Getriebebremse	Hinterrad-Innenbackenbremsen, Außenbacken-Getriebebremse
Lenkung	Schneckenlenkung	Schneckenlenkung	Schneckenlenkung
Räder	Holzspeichenräder	Holzspeichenräder	Holzspeichenräder
Reifen	810 x 90		
Chassis und Aufbau			
Fahrgestell	Stahlblechrahmen, hinten gekröpft	Stahlblechrahmen, hinten gekröpft	Stahlblechrahmen, hinten gekröpft
Karosserien	Doppelphaëton, Landaulet, Limousine	Doppelphaëton, Tonneau, Limousine	Doppelphaëton, Tonneau, Limousine
Maße und Gewichte			
Leergewicht kg	900 (Fahrgestell)		
Höchstgeschwindigkeit			ca. 60 km/h

	Dixi T14 10/16 PS 1905–1912	Dixi 25 19/32 PS 1906–1914	Dixi R8 6/14 PS 1908–1911
Motor	Reihenmotor	Zweiblock-Reihenmotor	Reihen-Blockmotor
Zylinderzahl	2	4	4
Bohrung x Hub	100 x 130 mm	110 x 130 mm	74,5 x 90 mm
Hubraum	2468 ccm	4942 ccm	2588 ccm
Leistung	16 PS bei 1400/min	32 PS bei 1400/min	14 PS bei 1600/min (ab 1912: 16/1800)
Ventilsteuerung	NW-Antrieb über gekaps. Stirnräder, sv in L-Anordnung	1 untenliegende Nockenwelle, sv in T-Anordnung	NW-Antrieb über Stirnräder, sv
Kurbelwellenlager	2		3
Vergaser	Spritzdüsenvergaser	Dixi-Spritzdüsenvergaser	Dixi-Spritzdüsenvergas. m. Luftvorwärmung
Kühlung	Wasser, Pumpe, Ventilator	Wasser, Pumpe	Wasser, Pumpe, Ventilator
Schmierung	Dubrulle-Schmierapp. m. Tropfölkontrolle	Tauchschmierung	Druckumlauf, Kolbenpumpe
Zündung	Doppelzündung Batterie und Magnet	Magnet	Doppelzünd. Eisemann-Magnet u. Batterie
Kraftstofftank	hinten, Förd. durch Druck der Auspuffgase	hinten, Förd. durch Druck d. Auspuffgase	vorn, Förderung durch Gefälle
Kraftübertragung			
Kupplung	Lederkonus	Lederkonus	Lederkonus
Schaltung	seitlicher Schalthebel	seitlicher Hebel	Kulisse
Getriebe	3-Gang; m. Diff. u. Achsantrieb verblockt	4-Gang	3-Gang; 3,22 – 2 – 1
Antrieb	Kardan	Kardan	Kardan
Fahrwerk			
Vorder-/Hinterradfederung	Halbelliptikfedern v/h	Halbelliptikfedern v/h	Halbelliptikfedern v/h
Bremsen	Hinterrad-Innenbackenbremsen, Außenbacken-Getriebebremse	Hinterrad-Innenbackenbremsen, Außenbacken-Getriebebremse	Hinterrad-Innenbackenbremsen, Außenbacken-Getriebebremse
Lenkung	Schneckenlenkung	Schneckenlenkung	Schneckenlenkung
Räder	Holzspeichenräder	Holzspeichenräder	Holzspeichenräder
Reifen	710 x 90		760 x 90
Chassis und Aufbau			
Fahrgestell	Stahlblechrahmen, hinten gekröpft	Stahlblechrahmen, hinten gekröpft	Stahlblechrahmen
Karosserien	Zweisitzer, Phaëton, Landaulet		Zweisitzer, Phaëton, Landaulet
Maße und Gewichte			
Radstand	2740, 1280/1280 mm		2500 mm
Spur			1200 / 1200 mm
Leergewicht	740 kg (Fahrgestell)		625 kg
Höchstgeschwindigkeit	55 km/h	60 km/h	65km/h

Mark. Das rechnete sich (auch für den Staat). Von den wie vorgenannt etwa 5000 bei Kriegsausbruch im Juli 1914 in Deutschland zugelassenen Subventions-Lastwagen befanden sich in Preußen 903 des aktuellen Baujahrs 1914, weitere 120 in Bayern. Die Gestellung von Chauffeuren durch die Lastwagenhalter verstand sich von selbst, denn kaum ein Rekrut sah sich im Stande, mit einem Kraftfahrzeug umzugehen.

Die Dixi-Werke zählten mit Büssing, Benz und Daimler zu den bedeutenderen Lastwagenherstellern; ihre 3,5- bis 4,0-Tonner galten als extrem robust und zuverlässig. Während der Kriegsjahre konnte die Lastwagenproduktion in Eisenach aber nur in begrenztem Umfang fortgeführt werden, denn die meisten Ingenieure, Techniker und Arbeiter leisteten Militärdienst im Felde. Soweit bekannt, hat kein Dixi Lastwagen die Kriegswirren überlebt. Für zi-

Dixi 20/55 PS Typ U1, Tourenwagen 6-7 Sitze mit Torpedokarosserie, 1919–1923.

Dixi 5/14 PS Typ R5, Tourenwagen mit drei Sitzen, produziert von 1914 bis 1925.

Dixi 6/30 PS Typ G3, Rennwagen auf G1-Basis. Die Werksfahrer Braun und Stief als Sieger auf der Avus 1922.

vile Aufgaben wurde der 4,0-Tonner ab 1920 trotz Materialknappheit weitergebaut: die deutsche Wirtschaft benötigte dringend neue Nutzfahrzeuge.
Ein verhältnismäßig großer Dixi-Personenwagen, der auch als Sanitätsfahrzeug karossiert wurde, war der 1914–15 in geringer Zahl hergestellte U20 (20/55 PS, 5148 ccm), der ab Mitte 1919 als Typ U1 ebenfalls weiterproduziert wurde. Von diesen Fahrzeugen wurden insgesamt 80 Stück gefertigt. Mit 11.500 Mark allein fürs unkarossierte Chassis waren sie sehr teuer, aber auch von höchster Qualität.

Dixi 6/18 und 6/24 PS (1921–1928)

Nach der Unterbrechung durch den Ersten Weltkrieg begann man in Eisenach die Automobilfertigung mit den Vorkriegsmodellen Dixi R5, S16 und U1. Erfolgreich war dabei der Kleinwagen R5 5/14 PS, der als Dreisitzer als erster Dixi eine innenliegende Schaltung hatte und mit seinem 1300-ccm-Motor in die Nachkriegszeit passte. Während vom Dixi R5 bis 1925 insgesamt 404 Stück produziert wurden, war der Absatz des seit 1912 gefertigten größeren Dixi S16 mit 39-PS-Motor sehr schwierig. Noch schwerer war der Dixi 20/55 PS zu verkaufen, der als Typ U1 eine Weiterentwicklung des Vorkriegs-Dixi U20 war. Davon konnten bis 1923 nur 78 Fahrzeuge abgesetzt werden. Neu erschien dann 1921 der 6/18 PS Dixi Typ G1, aus dem 1923 der 6/24 PS Dixi Typ G2 entstand. Dieser Wagen, der sportlichen Charakter besaß und sehr zuverlässig war, fand trotz seines relativ hohen Preises guten Anklang. Für den Einsatz bei Wettbewerben gab es im geringer Zahl Ausführungen mit 30 bis 36 PS (Typen G3 und G5).
Durch Zufügung von zwei Zylindern an den G1-Motor entstanden der Sechszylinder Dixi P1 9/36 PS mit 2355 ccm Hubraum sowie der Typ P2 13/60 PS mit 3,5-Liter-Motor. Von beiden Typen wurden je vier Versuchswagen gebaut, die auf der Berliner Automobilausstellung 1926 aber kaum Interessenten fanden und auch nicht in Serie gingen.

Dixi 6/18 PS Typ G1 Tourenwagen, 1919–1922 (Vierzylinder, 70 x 102 mm, 1568 ccm).

Dixi 6/39 PS Typ S16 Tourenwagen 6-7 Sitze mit Torpedokarosserie, 1923, aufgenommen am Nordende der Berliner Avus.

Dixi 6/24 PS Typ G2, Leistungssteigerung und Weiterentwicklung bis zum Typ G7 (1927) dann auch mit Vierradbremse, 1923–1925.

Dixi 6/18 PS Typ G1, erste Neukonstruktion nach dem Krieg mit 1,5-Liter-Motor, 1921–1923.

	Dixi 6/18 PS Typ G 1 1921–1923	Dixi 6/24 PS Typ G 2 1923–1928
Motor		
Zylinderzahl	4 (Reihe)	4 (Reihe)
Bohrung x Hub	70 x 102 mm	70 x 102 mm
Hubraum	1568 ccm	1568 ccm
Leistung	18 PS bei 2000/min	24 PS bei 2200/min
Verdichtung		1:5,2
Vergaser	1 Spritzvergaser Dixi	1 Flachstromvergaser Zenith
Ventile	Seitlich stehend	Seitlich stehend
	Seitliche Nockenwelle	Seitliche Nockenwelle
	Antrieb durch Kette	Antrieb durch Kette
Kurbelwellenlager	3	3
Kühlung	Thermosyphon	Thermosyphon
Schmierung	Druckumlauf	Druckumlauf
Batterie	12 Volt	12 Volt
Kraftübertragung	Antrieb auf Hinterräder	Antrieb auf Hinterräder
Kupplung	Konuskupplung	Konuskupplung
Schaltung	Schalthebel außen rechts	Schalthebel innen rechts
Getriebe	4-Gang	4-Gang
Übersetzungen	I. 4,37 – II. 2,64 – III. 1,59 – IV. 1,00	I. 4,305 – II. 2,706 – III. 1,631 – IV. 1,00
		Auf Wunsch
		Halbautomatisches Planetengetriebe (Puls)
		Vorwählschaltung auf Lenkrad
		I. 3,55 – II. 2,16 – III. 1,00
Antriebs-Übersetzung	4,50	4,50
Rahmen und Fahrwerk	Pressstahl-Rahmen	Pressstahl-Rahmen
Vorderradaufhängung	starr, Halbfedern	starr, Halbfedern
Hinterradaufhängung	starr. Ausleger-Halbfedern	starr, Ausleger-Halbfedern
Lenkung	Spindel, rechts	Spindel, rechts
Fußbremse	Mechanisch, Antriebswelle, Außenbacken	Bis 1925:
		Mechanisch, Antriebswelle, Außenbacken
		Ab 1925:
		Mechanisch, 4 Räder, Innenbacken
Handbremse	Mechanisch, Hinterräder	Mechanisch, Hinterräder
Allgemeine Daten		
Radstand	2840 mm	2840 mm
Spur vorn/hinten	1150/1150 mm	Bis 1925: 1150/1150 mm
		Ab 1925: 1240/1226 mm
Gesamtmaße		4200 x 1500 x 1780 mm
Räder	Drahtspeichen	Drahtspeichen
Reifen	710 x 100 mm	Bis 1925: 760 x 100 mm
		Ab 1925: 30 x 5,25 Niederdruck
Fahrgestellgewicht	630 kg	860 kg
Wagengewicht	Phaëton 900 kg	Phaëton 1150 kg
		Limousine 1280 kg
Zuläss.Gesamtgewicht	Phaëton 1380 kg	Phaëton 1450 kg
		Limousine 1580 kg
Höchstgeschwindigkeit	65 km/h	75 km/h
Verbrauch/100 km	9 Liter	10 Liter
Kraftstofftank	35 Liter (im Motorraum)	45 Liter (im Heck)
Preise		
Phaëton 3 Türen		RM 6800,–
Limousine 3 Türen		RM 7800,–

Dixi 14/60 PS Typ PS, Sechszylindermotor mit 3,5 Liter auf Basis der G-Reihe; es blieb beim Prototypen, 1926.

Dixi 9/40 PS (1927–1929)

Auf Druck des Hauptaktionärs Jakob Schapiro übernahm die Fahrzeugfabrik Eisenach von den inzwischen ebenfalls der Gothaer Waggonfabrik gehörenden Cyklon-Automobilwerken deren 9/40 PS-Wagen in das eigene Verkaufsprogramm. Der von Direktor Dr. Eisner konstruierte Wagen machte in Form und Technik einen ansprechenden Eindruck, auch war er der billigste Sechszylinder auf dem deutschen Markt, fand aber dennoch nur mäßigen Absatz. Limousine und Tourenwagen besaßen die gleichen Ambi-Budd-Karosserien wie der Adler Standard 6. Außerdem gab es den Sechszylinder Dixi 9/40 PS als offenes Phaëton aus Eisenach.

Dixi 9/40 PS, Sechszylinder 2,3 Liter, baugleich mit Cyklon 9/40 PS, 1927–1929.

Dixi 3/15 PS (1927–1929)

Durch verfehlte Modellpolitik und teuer Kleinserienfertigung geriet Dixi in eine finanzielle Krise und wurde zum Sanierungsfall. Da man im Mittel- und Oberklassenbereich chancenlos war und die Mittel und die Zeit für eine Neukonstruktion fehlten, befasste man sich nicht länger mit der Eigenkonstruktion eines Kleinwagens, sondern erwarb kurzerhand die Nachbaulizenz des englischen Austin Seven, der bereits seit 1922 hergestellt wurde, sich bestens bewährt hatte und zu den populärsten Autos seiner Zeit gehörte. Die Fahrzeugfabrik Eisenach ließ Anfang 1927 aus Birmingham mit der Bahn 100 Original-Austin kommen, die ab April mit geringen Änderungen, aber noch mit Rechtslenkung als Dixi angeboten wurden. Die Produktion des Eisenacher Dixi 3/15 PS Typ DA 1 begann im Dezember 1927, der offizielle Verkauf am 1. Januar 1928. Die Karosserien wurden originalgetreu im Werk Eisenach hergestellt. BMW ließ nach der Übernahme der Dixi-Werke den 3/15 PS Dixi DA 1 noch ein halbes Jahr lang weiterlaufen, ehe im Juli 1929 der BMW Typ DA 2 herauskam. Insgesamt wurden 9307 Wagen des Typs DA 1 hergestellt, kaum weniger, als von allen früheren Dixi-Modellen zusammen.

Dixi 3/15 PS Tourer, 3/4 Sitze, mit aufgesteckten Seitenscheiben, aber ohne Zentaur, 1927–1929.

Dixi 3/15 PS Tourer, 3/4 Sitze, mit Klappverdeck und der charakteristischen Zentaur-Kühlerfigur, 1927–1929.

Dixi 3/15 PS Coupé 2 Sitze, 1927–1929. Aufnahme von 1958 aus Maribor, im Hintergrund die berühmte Brücke über die Drau.

Dixi 3/15 PS Kastenwagen als Pannenhilfsfahrzeug des ADAC, 1927–1929.

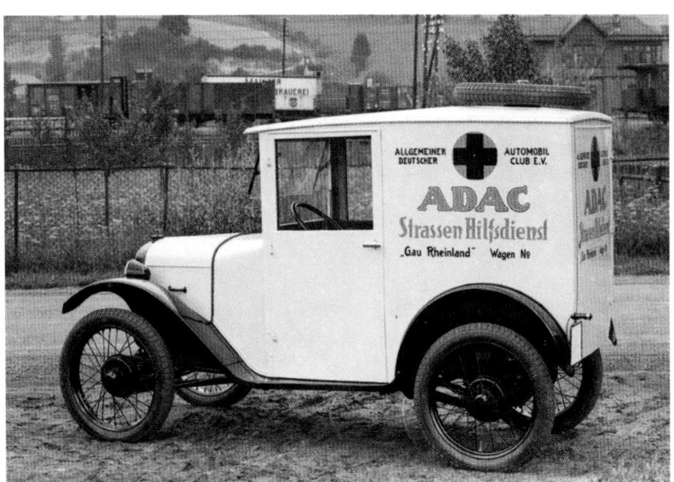

Dixi 3/15 PS Zweisitzer offen, 1927–1929.

	Cyklon 9/40 PS Dixi 9/40 PS 1927–1929	Dixi 3/15 PS Typ DA 1 1927–1929
Motor		
Zylinderzahl	6 (Reihe)	4 (Reihe)
Bohrung x Hub	70 x 102 mm	56 x 76 mm
Hubraum	2350 (Steuer 2339) ccm	748,5 (Steuer 743) ccm
Leistung	40 PS bei 3200/min	15 PS bei 3000/min
Verdichtung	1:5	1:5,6
Vergaser	1 Flachstromvergaser Zenith 26 K	1 Flachstromvergaser Zenith 22 K oder Solex
Ventile	Seitlich stehend Seitliche Nockenwelle Antrieb durch Novotext-Stirnräder	Seitlich stehend Seitliche Nockenwelle Antrieb durch Gusseisen-Stirnräder
Kurbelwellenlager	3	2
Kühlung	Thermosyphon	Thermosyphon, 5 Liter Wasser
Schmierung	Kombinierte Druck- und Tauchschmierung 8 Liter Öl	Druckumlauf 2.5 Liter Öl
Batterie	6 V 125 Ah (unter Bodenbrett hinten links)	6 V 45 Ah (unter Vordersitz rechts)
Lichtmaschine		60 W
Kraftübertragung	Antrieb auf Hinterräder	Antrieb auf Hinterräder
Kupplung	Einscheibentrockenkupplung	Einscheibentrockenkupplung
Schaltung	Schalthebel Wagenmitte	Schalthebel Wagenmitte
Getriebe	3-Gang	3-Gang
Synchronisierung	ohne	ohne
Übersetzungen	I. 3,55 – II. 1,87 – III. 1,00	1. 3,25 – II. 1,82 – III. 1,00
Antriebs-Übersetzung	5,50	4,90
Rahmen und Fahrwerk	U-Profil-Pressstahl-Rahmen	U-Profil-Rahmen
Vorderradaufhängung	starr, Halbfedern	starr, 1 Querfeder
Hinterradaufhängung	starr, Underslung-Halbfedern	starr, Ausleger-Viertelfedern
Lenkung	Schnecke, links	Schnecke, links
Fußbremse	Mechanisch (Gestänge), 4 Räder Trommel-Ø 350 mm, 40 mm breit	Mechanisch (Seilzug), Hinterräder
Handbremse	Mechanisch (Gestänge), Hinterräder	Mechanisch (Seilzug), Vorderräder
Allgemeine Daten		
Radstand	2950 mm	1905 mm
Spur vorn/hinten	1376/1376 mm	1000/1030 mm
Gesamtmaße	4350 x 1650 x 1780 mm	2800 x 1170 x 1625 mm
Räder	Scheiben	Drahtspeichen
Felgen	Wulst	Geradseit-Tiefbett
Reifen	Anfangs 30 x 5,77 " Ballon, dann 775 x 145 Niederdruck	26 x 3,50" Niederdruck
Fahrgestellgewicht	900 kg	280 kg
Wagengewicht	Tourenwagen 1200 kg Limousine 1300 kg	Tourenwagen 440 kg
Zuläss. Gesamtgewicht	Tourenwagen 1650 kg Limousine 1750 kg	Tourenwagen 700 kg
Höchstgeschwindigkeit	90 km/h	75 km/h
Verbrauch/100 km	15 Liter	6 Liter
Kraftstofftank	50 Liter (im Heck)	20 Liter (im Motorraum)
Preise	Tourenwagen 4 Türen RM 5450,–	Roadster 2 Sitze RM 2750,–
	Limousine 4 Türen RM 5750,–	Tourenwagen 3/4 Sitze RM 2800,–
	Roadster 2/2 Sitze RM 5975,–	Coupé 2 Sitze RM 3150,–
	Cabriolet 4 Sitze 2 Fenster RM 7350,–	Limousine 3/4 Sitze RM 3200,–

BMW Vorläufer 1925–1929

Auf Veranlassung vom BMW-Konstruktionschef Max Friz wurde zum 1. Oktober 1925 dessen ehemaliger Daimler-Kollege Gotthilf Dürrwächter zum Leiter der Chassis-Konstruktion eines in Vorbereitung befindlichen Kraftwagenprojekts ernannt. Dürrwächter und Friz waren 1914 maßgeblich an der Entwicklung der erfolgreichen Mercedes-Grand-Prix-Rennwagen beteiligt gewesen.
Nach den inzwischen aufgehobenen Einfuhrbeschränkungen für großvolumige Amerikanerwagen, die in Deutschland einige Beliebtheit genossen, entwarf Dürrwächter nach Vorgabe von Generaldirektor Popp zunächst einen Achtzylinder mit 3080 ccm Hubraum, einem Radstand von 3,29 m und auf Geheiß von Friz moderaten 50 PS, um größtmögliche Zuverlässigkeit und niedrigen Benzinverbrauch zu erreichen. Ab April 1926 schuf Dürrwächter ferner einen revolutionären Kleinwagen mit Frontantrieb und zunächst einen 848-ccm-Zweitaktmotor. Nachdem Rudolf Schleicher, Leiter des BMW-Versuchs, aus Protest über Dürrwächters Extravaganzen zu Horch gewechselt war, erhielt der F55 getaufte Prototyp einen luftgekühlten Vierzylinder-Quermotor mit 20 PS Leistung; er trieb über eine Kegelrad-Anordnung im Achsschenkel die Vorderräder an. Der BMW-Chronist Rainer Simons schrieb: »Max Friz schwärmte noch 35 Jahre später – längst im Ruhestand – von den fantastischen Fahreigenschaften des Wagens …«
Dürrwächters nächstes Projekt war der F65, ein Mittelklassewagen mit Sechszylindermotor (1320 ccm) und ebenfalls Frontantrieb. Simons; »Vermutlich war Generaldirektor Popp der F55 doch etwas zu revolutionär geraten. Der F65 hingegen besaß einen konventionellen Leiterrahmen, aber erstmalig Querfedern an beiden Achsen.«
Auch der Karosserieentwurf für den F65 stammte von Dürrwächter. Gebaut im Frühjahr 1928 von der Münchener Firma Rupflin, wurde der eher konservativ gestylte Wagen ausgiebigen Probefahrten unterzogen. Simons: »Ein letzter Entwurf von Dürrwächter, der F70, entstand noch im Spätsommer 1928, als Franz Josef Popp längst über die Übernahme der Dixi-Werke in Eisenach mit der Gothaer Waggon-Fabrik verhandelte. Das konventionelle Leiterrahmen-Chassis des F70 besaß Starrachsen, Hinterradantrieb und einen BMW-Zweizylinder unter der Motorhaube. Eine erste Probefahrt fand am 24. Oktober 1928 statt – der Kauf der Dixi-Werke war am 1. Oktober 1928 erfolgt.«
Zu erwähnen ist in diesem Zusammenhang auch der .S.H.W.-Wagen, Bei der Schwäbischen Hüttenwerke AG in Wasseralfingen entstanden in den Jahren 1924 bis 1926 drei Versuchswagen als technisch bemerkenswerte Konstruktionen von Wunibald Kamm, für die BMW zeitweilig Interesse zeigte. Es waren Fahrzeuge in selbsttragender Bauweise, sie hatten Einzelradaufhängung mit ölgedämpften Schraubenfedern sowie Vorderradantrieb. Die ersten beiden Wagen besaßen einen wassergekühlten Zweizylinder-Boxermotor von 20 PS mit einem Soden-Getriebe; der dritte Wagen bekam einen etwas größeren Motor mit 35 PS. Die offenen Karosserien bestanden aus Aluminium und waren von Max Deuschle entworfen; gebaut wurden sie bei der Zeppelin Luftschiff-Werft in Friedrichshafen am Bodensee. Bei BMW trug man sich mit dem Gedanken, den S.H.W. in Serien herzustellen, realisierte ihn aber nicht. Einer der drei S.H.W.-Prototypen blieb erhalten und gehört zum Bestand des Deutschen Museums in München.

S.H.W. Versuchswagen, 1925.

Bayerische Motoren Werke: Weiß-blaue Akzente

1929–1945

Im Jahr 1913 kamen zwei Männer nach München, die sich zum Ziel gesetzt hatten, in einem damals noch jungen, aber erfolgversprechenden Industriezweig Karriere zu machen: im Flugzeugbau. Diese Männer waren Karl Rapp und Gustav Otto, dessen Vater Nikolaus August Otto als Erfinder des Viertaktmotors gilt.

Der Ingenieur Karl Rapp gründete am 27. Oktober 1913 in München die Rapp-Motorenwerke GmbH; die im gleichen Jahr entstandenen Gustav Otto Flugmaschinenwerke wurden am 7. März 1916 in Bayerische Flugzeug Werke AG umgewandelt, kurz B.F.W. genannt. Als Chefingenieur arbeitete dort Max Friz. Am 20. Juli 1917 wurde aus der

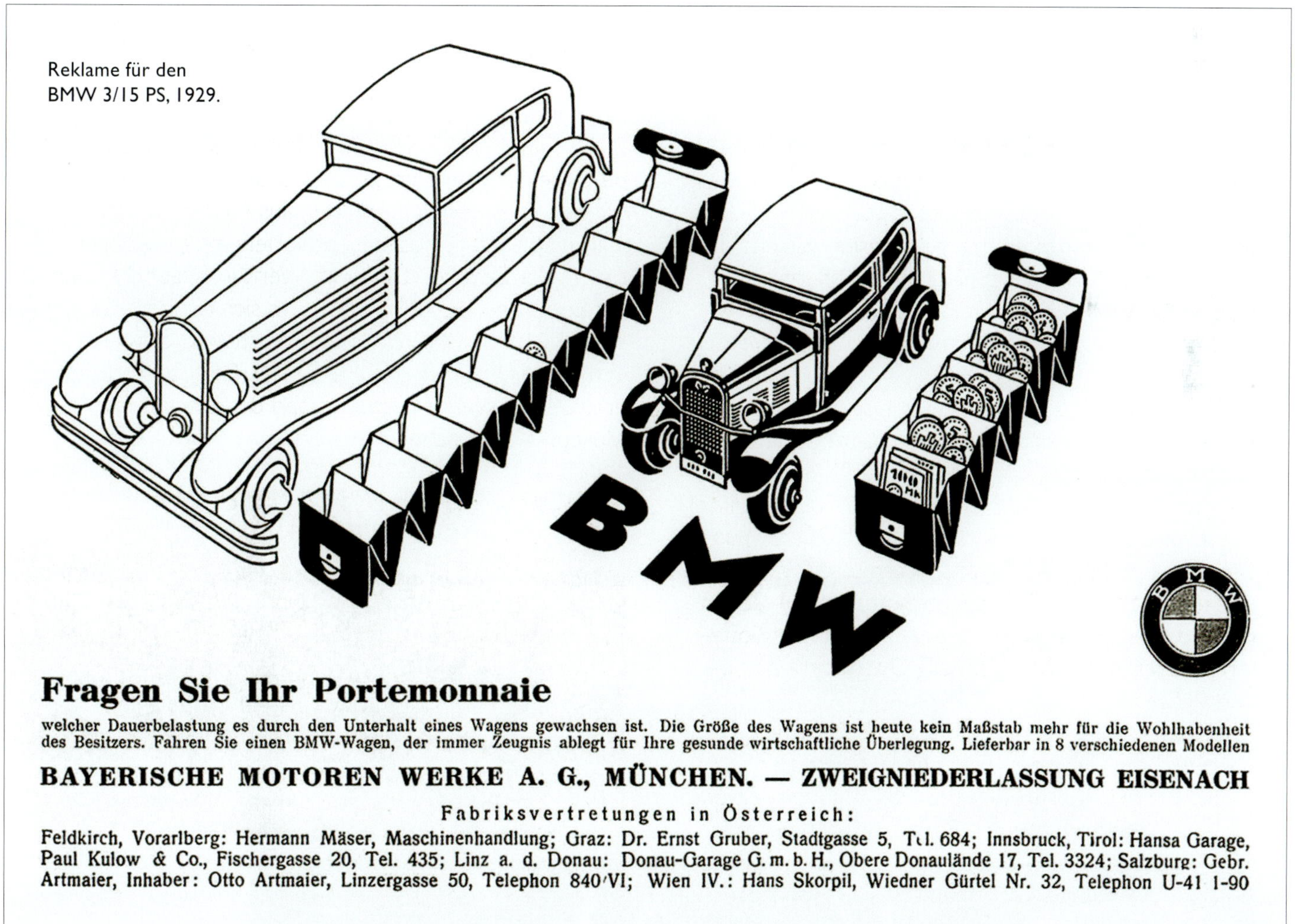

Reklame für den BMW 3/15 PS, 1929.

inzwischen mit Otto fusionierten Rapp-Motorenwerke GmbH am Münchner Oberwiesenfeld die Bayerische Motoren Werke GmbH, ein Jahr später eine AG. Unter der Bezeichnung BMW wurden Flugmotoren für Militärmaschinen produziert, und zwar nach einer Austro-Daimler-Lizenz. Zur Überwachung der Produktion wurde von Austro-Daimler ein junger Leutnant aus Österreich nach München geschickt: Franz Joseph Popp. Er blieb in München und avancierte später zum Generaldirektor des Hauses BMW. Popp war es auch, der ein charakteristisches Markenzeichen entworfen hatte: einen sich drehenden Flugzeugpropeller in den bayerischen Landesfarben Weiß und Blau.

Nach dem Ersten Weltkrieg war es den Deutschen untersagt, Flugmotoren herzustellen. So ging man bei BMW auf die Produktion von Eisenbahn-Bremsen über, und aus Restbeständen des Motorenbaus entstanden Ackerschlepper. In jener Zeit entwarfen Max Friz einen großen Nutzfahrzeug-Vierzylindermotor sowie Martin Stolle einen Zweizylinder-Boxermotor, der die Konstruktionsnummer M 2 B 15 erhielt und für den Einbau in Victoria- und Helios-Motorräder vorgesehen war. Er trieb auch das erste, ab 1923 gebaute BMW Motorrad an, die R 32, deren Besonderheit ein angeblocktes Getriebe sowie Kardanwellenantrieb waren. Weitere Modelle folgten Zug um Zug, und das Charakteristikum des Kardanantriebs zeichnete sie alle aus.

Einstieg in den Automobilbau

Mit der Herstellung von Motorrädern, die auch im sportlichen Wettbewerb überaus erfolgreich waren (und nicht zuletzt für eine Reihe von Weltrekorden sorgten, errungen von Ernst Henne) und der wieder aufgenommenen Flugmotorenproduktion hatte BMW gegen Ende der 1920er-Jahre den Anschluss an das internationale Wirtschaftsgeschehen gefunden; die Marke mit dem weißblauen Emblem genoss einen hohen Bekanntheitsgrad. Und im November 1928 stieg BMW auch in den Automobilbau ein.

Motorrad-Fertigung bei BMW in München, 1924.

Martin Stolle auf einer Zweizylinder Helios, 1921. Der von ihm konstruierte BMW-Boxermotor war längs zur Fahrtrichtung eingebaut.

Junkers Flugzeug Typ Ju 52 von 1939; die Neunzylinder-Sternmotoren waren BMW-Konstruktionen. Gebaut wurde die »Tante Ju« von 1932 bis 1944.

Die Münchner übernahmen von der Fahrzeugfabrik in Eisenach die Dixi-Werke, in denen seit 1898 Automobile unter der Marke Wartburg hergestellt wurden und die ab Ende 1903 den Markennamen Dixi trugen. Erster BMW war der von Dixi übernommene kleine 3/15 PS, eine Lizenz des Austin Seven.
Nicht vor 1933 stellte BMW als vollkommene Neukonstruktion einen Wagen vor, der die Grundlage für alle weiteren BMW Automobile der Dreißiger Jahre sein sollte: das Modell 303 mit Ovalrohr-Leichtrahmen, Sechszylindermotor und einem Kühlergrill, der Ähnlichkeit mit einer Doppelniere hatte. In Variationen wurde diese Form der Frontpartie mit wenigen Ausnahmen stets beibehalten und ist auch im neuen Jahrtausend noch immer ein signifikantes, wenn auch modifiziertes Stylingelement.
Radikale politische Veränderungen 1933 in Deutschland betrafen auch die BMW AG. Nur widerwillig folgte Popp den Forderungen des Reichsluftfahrtministeriums, den Flugmotorenbau auszuweiten und eine Kapitalbeteiligung des Staats zu akzeptieren. Er hatte sich vielmehr zum Ziel gesetzt, die Automobilproduktion zu verstärken, weil er die Ansicht vertrat, mit dem Flugmotorenbau zu sehr den Unsicherheiten der öffentlichen Auftragsvergabe ausgesetzt zu sein.
Der Automobilbau konzentrierte sich voll auf Eisenach, Motorräder wurden weiterhin in München produziert. Die in Thüringen gebauten Modelle genossen einen hervorragenden Ruf für ihre Qualität.

Der erste jemals gefertigte BMW, ein Typ 3/15 PS, verließ am 22. März 1929 die Ambi-Budd-Werke in Berlin-Johannisthal.

	3/15 PS	3/20 PS	303	309	315	319	329
1929	5350						
1930	6792						
1931	3326						
1932	480	2406					
1933		4453	1386				
1934		356	914	3658	3390	4	
1935				1880	3705	3139	
1936				462	2390	3265	621
1937					280	238	558
Gesamtzahl	**15948**	**7215**	**2300**	**6000**	**9765**	**6646**	**1179**

	320	321	326	327	327/328	328	335
1936	7		2098			3	1
1937	1518		4939	14		171	
1938	2660	55	4705	746	132	164	3
1939		3073	3313	370	427	126	301
1940		490	776	140	10		85
1941		79	118	36			20
Gesamtzahl	**4185**	**3697**	**15949**	**1306**	**569**	**464**	**410**

	BMW 3/15 PS Typ DA 2: 1929-1931 Typ DA 4: 1931/32	BMW Wartburg Typ DA 3 1930/31	BMW 3/20 PS AM 1 und AM 3: 1932/33 Typ AM 4: 1933/34
Motor			
Zylinderzahl	4 (Reihe)	4 (Reihe)	4 (Reihe)
Bohrung x Hub	56 x 76 mm	56 x 76 mm	56 x 80 mm
Hubraum	748.5 (Steuer 743) ccm	748,5 (Steuer 743) ccm	782 ccm
Leistung	15 PS bei 3000/min	18 PS bei 3500/min	20 PS bei 3500/min
Verdichtung	1:5,6	1:7	1:5,6
Vergaser	1 Flachstromvergaser Solex	1 Flachstromvergaser Solex	1 Flachstromvergaser Solex
Ventile	Seitlich stehend Seitliche Nockenwelle Antrieb durch Gußeisen-Stirnräder	Seitlich stehend Seitliche Nockenwelle Antrieb durch Gußeisen-Stirnräder	Hängend Stoßstangen und Kipphebel Seitliche Nockenwelle Antrieb durch Duplex-Kette
Kurbelwellenlager	2	2	2
Kühlung	Thermosyphon, 5 Liter Wasser	Thermosyphon, 5 Liter Wasser	Pumpe, 7,5 Liter Öl
Schmierung	Druckumlauf, 2,5 Liter Öl	Druckumlauf, 2,5 Liter Öl	Druckumlauf, 2,5 Liter Öl
Batterie	6 V 45 Ah, (unter Vordersitz rechts)	6 V 45 Ah , (unter Vordersitz rechts)	6 V 45 Ah
Lichtmaschine	60 W	60 W	60 W
Kraftübertragung	Antrieb auf Hinterräder	Antrieb auf Hinterräder	Antrieb auf Hinterräder
Kupplung	Einscheibentrockenkupplung	Einscheibentrockenkupplung	Einscheibentrockenkupplung
Schaltung	Schalthebel Wagenmitte	Schalthebel Wagenmitte	Schalthebel Wagenmitte
Getriebe	3-Gang	3-Gang	1932/33: 3-Gang 1933/34: 4-Gang
Synchronisierung	ohne	ohne	ohne / ohne
Übersetzungen	I. 3,25 – II. 1,82 – III. 1,00	I. 3,25 – II. 1,82 – III. 1,00	I. 4,00 – II.1,82 III.1,00 / I. 4,30 – II. 2,64 III.1,62 – IV. 1,00
Antriebs-Übersetzung	5,35	5,35	5,90 / 5,85
Rahmen und Fahrwerk	U-Profil-Rahmen	U-Profil-Rahmen	Zentralkasten-Niederrahmen
Vorderradaufhängung	starr, 1 Querfeder achslos, 1 Querfeder Typ DA 4: achslos, 1 Querfeder	starr, 1 Querfeder (gekröpfte Vorderachse)	achslos, 1 Querfeder
Hinterradaufhängung	starr, Ausleger-Viertelfedern	starr, Ausleger-Viertelfedern	Pendelachse, 1 Querfeder
Lenkung	Schnecke	Schnecke	Schnecke
Fußbremse	Seilzug auf 4 Räder	Seilzug auf 4 Räder	Seilzug auf 4 Räder
Handbremse	Seilzug auf Vorderräder	Seilzug auf Vorderräder	Seilzug auf Hinterräder
Schmierung	Nippel	Nippel	Nippel
Allgemeine Daten			
Radstand	1905 mm	1905 mm	2150 mm
Spur vorn/hinten	1000/1030 mm	1000/1030 mm	1100/1100 mm
Gesamtmaße	3000 x 1275 x 1625 mm	3100 x 1150 x 1300 mm	3200 x 1420 x 1550 mm
Räder	Drahtspeichen Limousine: Scheibenblenden	Drahtspeichen	Scheiben
Felgen	Halbflachfelgen	Halbflachfelgen	Tiefbett 2,75 D x 17
Reifen	27 x 4" Ballon, Typ DA 4: 4,00 –18	26 x 3,50" Ballon oder 4,00 – 18	4,50 – 17
Wendekreis			10 Meter
Fahrgestellgewicht	300 kg	300 kg	475 kg
Wagengewicht	Zwei- und Dreisitzer offen: 470 bzw. (DA 4) 485 kg Limousine und Cabriolet: 535 bzw. (DA 4) 550 kg	Sportwagen 410 kg	Limousine 650 kg
Zuläss. Gesamtgewicht	800 kg		940 kg
Höchstgeschwindigkeit	75 km/h	85 km/h	80 km/h
Verbrauch/100 km	6 Liter	6,5 Liter	7,5 Liter
Kraftstofftank	20 Liter (im Motorraum)	20 Liter (im Motorraum)	25 Liter (im Motorraum)
Preise			
Roadster	2 Sitze RM 2200,–	2 Sitze RM 3000,–	2/2 Sitze RM 2650,–
Tourenwagen	3/4 Sitze RM 2200,–	–	4 Sitze RM 2650,–
Limousine	3/4 Sitze RM 2500,–	–	4 Sitze RM 2650,–
Coupé	2 Sitze RM 2600,–	–	–
Cabriolet	2 Sitze RM 2650,–	–	–
Cabriolet 2 Fenster	3/4 Sitze RM 2700,–	–	4 Sitze RM 3260,–
Fahrgestell			RM 2050,–

BMW 3/15 PS (1929–1932)

Dem Dixi 3/15 PS (Typ DA 1) folgte im Juli 1929 der BMW 3/15 PS (Typ DA 2). Werbespruch: Innen größer als außen! Er unterschied sich vom Vormodell nicht nur durch das Markenzeichen, sondern auch durch Vierradbremsen sowie durch eine neue Karosserie für die Limousine, welche von Ambi-Budd hergestellt wurde und im Aussehen dem französischen Rosengart (ebenfalls ein Lizenzmodell des Austin Seven) glich. Die übrigen Karosserien wurden weiterhin im Werk Eisenach gefertigt, und zwar die beiden offenen Modelle in Leichtbauweise mit Kunstlederbezug.

Ab 15. Februar 1931 erhielt der BMW 3/15 PS als Typ DA 4 eine vordere »Schwingachse«, deren primitive Konstruktion die Fahreigenschaften jedoch beträchtlich verschlechterte statt verbesserte. Die Karosserielinien wurden modernisiert. Die Limousine wurde unter Wegfall des kleinen Gepäckkoffers am Heck innen um 20 cm verlängert, so dass jetzt vier Erwachsene Platz (wenn auch kaum den nötigen Raum) fanden.

Zusätzlich gab es 1930/31 den BMW Wartburg (Typ DA 3) mit sehr nett aussehender Zweisitzer-Bootsheck-Karosserie aus Leichtmetall, höherer Motorleistung und gekröpfter Vorderachse. Die dubiose »Schwingachse«, bei allen anderen 1931er-Modellen eingeführt, blieb ihm, der noch eine Zeitlang weitergebaut wurde, erspart. Der kleine Sportwagen war bei vielen Rennen seiner Klasse erfolgreich.

Geliefert wurden bis Frühjahr 1932 insgesamt 25356 Dixi und BMW 3/15 PS, die sich wie untenstehend aufgliedern.

	Dixi (Austin)	Dixi DA 1		BMW DA 2	BMW Wartburg DA 3	BMW DA 4
	1927	1927	1928/29	1929–1931	1930/31	1931/32
Zweisitzer offen	5	–	1727	1387	150	475
Tourenwagen	80	42	4873	1834	–	175
Limousine	5	–	1879	6720	–	2575
Coupé	–	–	674	–	–	210
Cabriolet 2 Sitze	–	–	–	300	–	–
Cabriolet 4 Sitze	–	–	–	1374	–	–
Lieferwagen	10	–	19	435	–	–
Fahrgestell	–	–	136	268	–	45

BMW 3/15 PS Typ DA 2, Cabriolet 3 Sitze, 1929–1931.

BMW 3/15 PS Typ DA 2 Limousine, 1929–1931.

BMW 3/15 PS Typ DA 4 Limousine 4 Sitze, 1931/32.

BMW 3/15 PS DA 3 Wartburg, 1930/31.

BMW 3/15 PS Typ DA 2 Viersitzer offener Tourer mit Verdeck, 1929–1932.

BMW-Produktionsstätte Eisenach. Fünf Neuwagen bereit zum Abtransport. Im Hintergrund zu sehen ist unten die Anlieferung von Fahrgestellen, während oben die fertig montierten Fahrzeuge über Rampen das Werk verlassen. Um 1930.

BMW 3/20 PS (1932–1934)

Ende März 1932 erschien der BMW 3/20 PS Typ AM 1 (= 1. Auto München) als erster Wagen eigener Konstruktion. Motor nunmehr mit hängenden Ventilen. Vom DA 4 wurde die hausgemachte Vorderschwingachse übernommen. Neu waren der Zentralkastenrahmen, die hintere Pendelachse und die vom Werk Sindelfingen der Daimler-Benz AG gefertigten Karosserien. Der BMW 3/20 PS sah ansprechend aus, war solid verarbeitet und wesentlich geräumiger als sein Vorgänger, aber zu schwer für den Motor und abenteuerlich in den Fahr-, Lenk- und Bremseigenschaften.

BMW 3/20 PS Cabriolet (Karosserie Sindelfingen), 1932–1934.

BMW 3/20 PS Limousine (Karosserie Sindelfingen), 1932–1934.

Unten: BMW 3/20 PS Tourenwagen (Karosserie Reutter, Stuttgart) 1932–1934. Keines der Fahrzeuge wurde mit Stoßstangen geliefert.

BMW 303, 309, 315, 319, 329 (1933–1937)

BMW 303: Beginn einer neuen Modellreihe. Ordentliches Fahrgestell, in Eisenach konstruiert. Der 1,2-Liter-Sechszylinder Zweivergasermotor (abgeleitet vom 3/20 PS Vierzylinder) in einem verhältnismäßig kleinen Wagen ergab ein temperamentvolles Gefährt. Vorgestellt bei der Berliner Automobilausstellung im Februar 1933. Erste Prototypen (mit Sindelfinger Karosserien) optisch noch nicht zufriedenstellend. Serie ab Mitte 1933 mit Karosserien von Ambi-Budd. Eigentliche Einführung des neuen Modells erfolgte bei der damals ungemein populären und reklameträchtigen 2000-Kilometer-Fahrt durch Deutschland. Der BMW 303 wurde 1934 bis zum Erscheinen des BMW 315 gebaut, doch sahen beide Modelle des Jahrgangs 1934 äußerlich völlig gleich aus.
BMW 309: Typ 3 mit 0,9-Liter-Motor. Nachfolger des BMW 3/20 PS mit etwas höherer Motorleistung. Fahrgestell und Karosserie wie die neuen kleinen Sechszylinder.
BMW 315: Typ 3 mit 1,5-Liter-Motor. Nachfolger des BMW 303, von dem er sich nur durch den größeren Hubraum unterschied. BMW 315/1 mit Dreivergasermotor, höherer Verdichtung als bildhübscher offener Sportzweisitzer. Später gab es dazu auch ein abnehmbares Coupédach. Gebaut wurden insgesamt 9765 Wagen mit 1,5-Liter-Motor, nämlich 4881 Limousinen, 1378 Cabrio-Limousinen, 2281 Viersitzer-Cabriolets, 242 Sportwagen und 983 übrige Modelle.
BMW 319: Typ 3 mit 1,9-Liter-Motor. Ursprünglich war der 1,9-Liter-Motor lediglich für den Sportwagen (2-Liter-Klasse) geplant und entwickelt. Aber er erschien dann geradezu zwangsläufig, wenn auch mit gezügelter Leistung, in allen anderen Modellen der laufenden Baureihe. Gebaut wurden vom BMW 319 insgesamt 6646 Wagen, davon 100 Sportwagen vom Typ 319/1.
Als Sonderausführung des BMW 319 gab es ab April 1936 den BMW 329: Motor und Fahrgestell vom 319, Kühlergesicht wie beim neuen 326, dazu eine zwar geräumigere, aber etwas plump geratene Heckpartie. Immerhin wurden 1179 Stück dieses Übergangsmodells gebaut.

BMW 303 Limousine 2 Türen (Karosserie Sindelfingen), 1933.

BMW 315, 6 Zylinder, 1,5 Liter Limousine, 1934.

BMW 315, 6 Zylinder, 1,5 Liter Tourenwagen offen, 1934.

BMW 315, 6 Zylinder, 1,5 Liter, Kübelwagen für die Reichswehr, 1934–1936.

BMW 315, Fahrgestell. Weitgehend unverändert vom Vorgänger-Typ 303 übernommen.

BMW 315 6 Zylinder, 1,5 Liter Cabriolet, November 1935. Straßenszene aus Berlin, Tauentzienstraße.

BMW 303, 6 Zylinder, 1,2 Liter Limousine 1933. Karosserie Ambi-Budd.

BMW 303 (1,2 Liter) oder BMW 315 (1,5 Liter), Cabriolet 2 Türen, 1934.

BMW 309, 4 Zylinder, 0,9 Liter, Tourenwagen, 1934–1936.

BMW 309, 4 Zylinder, 0,9 Liter, Cabriolet 4 Fenster, 1934–1936.

BMW 303, 6 Zylinder, 1,2 Liter Limousine, 1933. Karosserie Ambi-Budd.

Oben: BMW 315, 6 Zylinder, 1,5 Liter Cabriolet, 1934. Karosserie Ambi-Budd.

Links: BMW 303, 6 Zylinder, 1,2 Liter.

BMW 315/1, 1935/36.

BMW 315/1, 6 Zylinder, 1,5 Liter Roadster, 1934–1936.

BMW 315/1, 6 Zylinder, 1,5 Liter Sport-Cabriolet 2 Türen, Karosserie Drauz, Heilbronn oder Weinberger, München, 1934–1936.

BMW 319
6 Zylinder, 1,9 Liter
Cabrio-Limousine,
1935/36.

BMW 319
6 Zylinder, 1,9 Liter
Sport-Cabriolet, 1935/36.

Oben und linke Spalte: BMW 319/1, 6 Zylinder, 1,9 Liter Roadster, 1934–1936.

BMW 329, 6 Zylinder, 1,9 Liter, Cabriolet 4 Fenster, 1936/37. Karosserie Wendler.

BMW 329, 6 Zylinder, 1,9 Liter Sport-Cabriolet, 1936/37.

	BMW 309 1934–1936	BMW 303 1933/34	BMW 315 1934–1937
Motor			
Zylinderzahl	4 (Reihe)	6 (Reihe)	6 (Reihe)
Bohrung x Hub	58 x 80 mm	56 x 80 mm	58 x 94 mm
Hubraum	845 ccm	1173 ccm	1490 ccm
Leistung	22 PS bei 4000/min	30 PS bei 4000/min	34 PS bei 4000/min
Verdichtung	1:5,6	1:5,6	1:5,6
Vergaser	1 Flachstromvergaser	2 Flachstromvergaser	2 Flachstromvergaser
	Solex 26 BFLV	Solex 26 BFLV	Solex 26 BFLV
Ventile	Hängend	Hängend	Hängend
	Stoßstangen und Kipphebel	Stoßstangen und Kipphebel	Stoßstangen und Kipphebel
	Seitliche Nockenwelle	Seitliche Nockenwelle	Seitliche Nockenwelle
	Antrieb durch Duplex-Kette	Antrieb durch Duplex-Kette	Antrieb durch Duplex-Kette
Kurbelwellenlager	2	4	4
Kühlung	Pumpe, 6 Liter Wasser	Pumpe, 7,5 Liter Wasser	Pumpe, 7,5 Liter Wasser
Schmierung	Druckumlauf, 2,5 Liter Öl	Druckumlauf, 4 Liter Öl	Druckumlauf, 4 Liter Öl
Batterie	6 V 45 Ah	6 V 75 Ah	6 V 75 Ah
Lichtmaschine	60 W	60 W	90 W
Kraftübertragung	Antrieb auf Hinterräder	Antrieb auf Hinterräder	Antrieb auf Hinterräder
Kupplung	Einscheibentrockenkupplung	Einscheibentrockenkupplung	Einscheibentrockenkupplung
Schaltung	Schalthebel Wagenmitte	Schalthebel Wagenmitte	Schalthebel Wagenmitte
Getriebe	4-Gang	4-Gang	4-Gang (Hurth)
Synchronisierung	III – IV	III – IV	III – IV
Übersetzungen	I. 4,42 – II. 2,54 – III. 1,65 – IV.1,00	I. 4,42 – II. 2,54 – III. 1,65 – IV. 1,00	I. 4,08 – II. 2,35 – III. 1,52 – IV. 1,00
Antriebs-Übersetzung	5,85	5,15 (7:36)	5,15 (7:36)
Rahmen und Fahrwerk	Rohrrahmen, Kastenquerträger	Rohrrahmen, Kastenquerträger	Rohrrahmen, Kastenquerträger
Vorderradaufhängung	Querlenker unten	Querlenker unten	Querlenker unten
	1 Querfeder oben	1 Querfeder oben	1 Querfeder oben
Hinterradaufhängung	starr, Halbfedern	starr, Halbfedern	starr, Halbfedern
Lenkung	Zahnstange	Zahnstange	Zahnstange
Fußbremse	Mechanisch	Mechanisch	Mechanisch
	Innenbacken, 4 Räder	Innenbacken, 4 Räder	Innenbacken, 4 Räder
Handbremse	Seilzug auf Hinterräder	Seilzug auf Hinterräder	Seilzug auf Hinterräder
Schmierung	WV-Eindruck-Zentral	WV-Eindruck-Zentral	WV-Eindruck-Zentral
Allgemeine Daten			
Radstand	2400 mm	2400 mm	2400 mm
Spur vorn/hinten	1153/1220 mm	1153/1220 mm	1153/1220 mm
Gesamtmaße	3750 x 1440 x 1550 mm	3900 x 1440 x 1550 mm	3900 x 1440 x 1550 mm
Räder	Scheiben	Scheiben	Scheiben
Felgen	Tiefbett 3,25 D x 16	Tiefbett 3,25 D x 16	Tiefbett 3,25 D x 16
Reifen	5,25 – 16	5,25 – 16	5,25 – 16
Wendekreis	10 Meter	10 Meter	10 Meter
Fahrgestellgewicht	500 kg	550 kg	550 kg
Wagengewicht	750 kg	820 kg	830 kg
Zuläss. Gesamtgewicht	1200 kg	1270 kg	1270 kg
Höchstgeschwindigkeit	80 km/h	90 km/h	100 km/h
Verbrauch/100 km	8,5 Liter	10 Liter	10,5 Liter
Kraftstofftank	35 Liter (im Motorraum)	35 Liter (im Motorraum)	35 Liter (im Motorraum)
Preise			
Limousine 2 Türen	RM 3200,–	RM 3600,–	RM 3750,–
Cabrio-Limousine 2 Türen	RM 3400,–	–	RM 3950,–
Tourenwagen 4 Sitze	RM 3700,–	–	RM 4100,–
Cabriolet 2 Türen 4 Fenster	RM 4000,–	RM 4400,–	RM 4400,–
Sport-Cabriolet 2 Sitze	RM 4200,–	RM 4600,–	RM 4750,–
Sportwagen 2 Sitze			

BMW 315/1 Sport 1934–1936	BMW 319/1 Sport 1934–1936	BMW 319 1935–1937	BMW 329 1936/37
6 (Reihe)	6 (Reihe)	6 (Reihe)	
58 x 94 mm	65 x 96 mm	65 x 96 mm	
1490 ccm	1911 ccm	1911 ccm	
40 PS bei 4300/min	55 PS bei 4000/min	45 PS bei 3750/min	
1:6,8	1:6,8	1:5,6	
3 Flachstromvergaser	3 Flachstromvergaser	2 Flachstromvergaser	
Solex 26 BFRV	Solex 30 BFRH	Solex 26 BFLV	
Hängend	Hängend	Hängend	
Stoßstangen und Kipphebel	Stoßstangen und Kipphebel	Stoßstangen und Kipphebel	
Seitliche Nockenwelle	Seitliche Nockenwelle	Seitliche Nockenwelle	
Antrieb durch Duplex-Kette	Antrieb durch Duplex-Kette	Antrieb durch Duplex-Kette	
4	4	4	
Pumpe, 7,5 Liter	Pumpe, 7,5 Liter	Pumpe, 7,5 Liter	
Druckumlauf, 4 Liter Öl	Druckumlauf, 4 Liter Öl	Druckumlauf, 4 Liter Öl	
6 V 75 Ah	6 V 75 Ah	6 V 75 Ah	
90 W	90 W	90 W	
Antrieb auf Hinterräder	Antrieb auf Hinterräder	Antrieb auf Hinterräder	
Einscheibentrockenkupplung	Einscheibentrockenkupplung	Einscheibentrockenkupplung	
Schalthebel Wagenmitte	Schalthebel Wagenmitte	Schalthebel Wagenmitte	
4-Gang (Hurth)	4-Gang (Hurth)	4-Gang (Hurth)	
III – IV	III – IV	III – IV	
I. 4,08 – II. 2,35 – III. 1,52 – IV. 1,00	I. 3,63 – II. 2,07 – III. 1,38 – IV. 1,00	I. 3,63 – II. 2,07 – III. 1,51 – IV. 1,00	
4,50 oder 5,15	4,50 oder 5,15	4,38	
Rohrrahmen, Kastenquerträger	Rohrrahmen, Kastenquerträger	Rohrrahmen, Kastenquerträger	
Querlenker unten	Querlenker unten	Querlenker unten	
1 Querfeder oben	1 Querfeder oben	1 Querfeder oben	
starr, Halbfedern	starr, Halbfedern	starr, Halbfedern	
Zahnstange	Zahnstange	Zahnstange	
Mechanisch	Mechanisch	Mechanisch	
Innenbacken, 4 Räder	Innenbacken, 4 Räder	Innenbacken, 4 Räder	
Seilzug auf Hinterräder	Seilzug auf Hinterräder	Seilzug auf Hinterräder	
WV-Eindruck-Zentral	WV-Eindruck-Zentral	WV-Eindruck-Zentral	
2400 mm	2400 mm	2400 mm	2400 mm
1153/1220 mm	1153/1220 mm	1153/1220 mm	1153/1220 mm
3800 x 1440 x 1350 mm	3800 x 1440 x 1350 mm	3900 x 1440 x 1550 mm	4000 x 1440 x 1550 mm
Scheiben	Scheiben	Scheiben	Scheiben
Tiefbett 3,25 D x 16	Tiefbett 3,25 D x 16	Tiefbett 3,25 D x 16	Tiefbett 3,25 D x 16
5,25 – 16	5,25 – 16	5,25 – 16	5,25 – 16
10 Meter	10 Meter	10 Meter	10 Meter
550 kg	550 kg	550 kg	550 kg
750 kg	780 kg	850 kg	880 kg
1100 kg	1140 kg	1300 kg	1300 kg
120 km/h	130 km/h	115 km/h	110 km/h
11,5 Liter	12 Liter	11 Liter	11,5 Liter
50 Liter (im Motorraum)	50 Liter (im Motorraum)	40 Liter (im Motorraum)	40 Liter (im Motorraum)
	–	RM 4150,–	–
	–	RM 4350,–	–
	–	RM 4500,–	–
	–	RM 4800,–	RM 4950,–
	–	RM 5150,–	RM 5800,–
RM 5200,–	RM 5800,–		

<table>
<tr><th></th><th>BMW 320
1937/38</th><th>BMW 321
1939–1941</th><th>BMW 326
1936–1941</th></tr>
<tr><td>Motor</td><td></td><td></td><td></td></tr>
<tr><td>Zylinderzahl</td><td colspan="2">6 (Reihe)</td><td>6 (Reihe)</td></tr>
<tr><td>Bohrung x Hub</td><td colspan="2">66 x 96 mm</td><td>66 x 96 mm</td></tr>
<tr><td>Hubraum</td><td colspan="2">1971 ccm</td><td>1971 ccm</td></tr>
<tr><td>Leistung</td><td colspan="2">45 PS bei 3750/min</td><td>50 PS bei 3750/min</td></tr>
<tr><td>Verdichtung</td><td colspan="2">1:6</td><td>1:6</td></tr>
<tr><td>Vergaser</td><td colspan="2">1 Flachstromvergaser</td><td>2 Flachstromvergaser</td></tr>
<tr><td></td><td colspan="2">Solex 30 BFLVS</td><td>Solex 26 BFLV</td></tr>
<tr><td>Ventile</td><td colspan="2">Hängend</td><td>Hängend</td></tr>
<tr><td></td><td colspan="2">Stoßstangen und Kipphebel</td><td>Stoßstangen und Kipphebel</td></tr>
<tr><td></td><td colspan="2">Seitliche Nockenwelle</td><td>Seitliche Nockenwelle</td></tr>
<tr><td></td><td colspan="2">Antrieb durch Duplex-Kette</td><td>Antrieb durch Duplex-Kette</td></tr>
<tr><td>Kurbelwellenlager</td><td colspan="2">4</td><td>4</td></tr>
<tr><td>Kühlung</td><td colspan="2">Pumpe, 7,5 Liter Wasser</td><td>Pumpe, 7,5 Liter Wasser</td></tr>
<tr><td>Schmierung</td><td colspan="2">Druckumlauf, 4 Liter Öl</td><td>Druckumlauf, 4 Liter Öl</td></tr>
<tr><td>Batterie</td><td colspan="2">6 V 75 Ah (unter Rücksitz links)</td><td>6 V 75 Ah (unter Rücksitz links)</td></tr>
<tr><td>Lichtmaschine</td><td colspan="2">90 oder 130 W</td><td>90 oder 130 W</td></tr>
<tr><td>Kraftübertragung</td><td colspan="2">Antrieb auf Hinterräder</td><td>Antrieb auf Hinterräder</td></tr>
<tr><td>Kupplung</td><td colspan="2">Einscheibentrockenkupplung</td><td>Einscheibentrockenkupplung</td></tr>
<tr><td>Schaltung</td><td colspan="2">Schalthebel Wagenmitte</td><td>Schalthebel Wagenmitte</td></tr>
<tr><td>Getriebe</td><td colspan="2">4-Gang (Hurth)</td><td>4-Gang (Hurth)</td></tr>
<tr><td>Synchronisierung</td><td colspan="2">III – IV</td><td>III – IV</td></tr>
<tr><td></td><td colspan="2"></td><td>Freilauf im I. + II. Gang</td></tr>
<tr><td></td><td colspan="2"></td><td>(nicht sperrbar)</td></tr>
<tr><td>Übersetzungen</td><td colspan="2">I. 3,66</td><td>I. 3,85</td></tr>
<tr><td></td><td colspan="2">II. 2,22</td><td>II. 2,38</td></tr>
<tr><td></td><td colspan="2">III. 1,51</td><td>III. 1,54</td></tr>
<tr><td></td><td colspan="2">IV. 1,00</td><td>IV. 1,00</td></tr>
<tr><td>Antriebs-Übersetzung</td><td colspan="2">4,38 bzw. (ab 1938) 4,55</td><td>4,875</td></tr>
<tr><td>Rahmen und Fahrwerk</td><td colspan="2">Tiefbett-Kastenrahmen</td><td>Tiefbett-Kastenrahmen</td></tr>
<tr><td>Vorderradaufhängung</td><td>Querlenker unten</td><td>Querlenker oben</td><td>Querlenker oben</td></tr>
<tr><td></td><td>1 Querfeder oben</td><td>1 Querfeder unten</td><td>1 Querfeder unten</td></tr>
<tr><td>Hinterradaufhängung</td><td colspan="2">starr, Halbfedern</td><td>starr, 2 Längs-Federstäbe</td></tr>
<tr><td>Lenkung</td><td colspan="2">Zahnstange</td><td>Zahnstange</td></tr>
<tr><td>Fußbremse</td><td colspan="2">Hydraulisch</td><td>Hydraulisch</td></tr>
<tr><td></td><td colspan="2">Innenbacken, 4 Räder</td><td>Innenbacken, 4 Räder</td></tr>
<tr><td>Handbremse</td><td colspan="2">Seilzug auf Hinterräder</td><td>Seilzug auf Hinterräder</td></tr>
<tr><td>Schmierung</td><td colspan="2">WV-Eindruck-Zentral</td><td>WV-Eindruck-Zentral</td></tr>
<tr><td>Allgemeine Daten</td><td></td><td></td><td></td></tr>
<tr><td>Radstand</td><td>2750 mm</td><td>2750 mm</td><td>2870 mm</td></tr>
<tr><td>Spur vorn/hinten</td><td>1160/1300 mm</td><td>1300/1300 mm</td><td>1300/1400 mm</td></tr>
<tr><td>Gesamtmaße</td><td>4500 x 1540 x 1500 mm</td><td>4500 x 1670 x 1500 mm</td><td>4600 x 1600 x 1500 mm</td></tr>
<tr><td>Räder</td><td>Fünfloch-Lochscheiben</td><td>Fünfloch-Lochscheiben</td><td>Fünfloch-Lochscheiben</td></tr>
<tr><td>Felgen</td><td>3,25 D x 16</td><td>3,50 D x 16</td><td>1936: 3,25 E x 17</td></tr>
<tr><td></td><td></td><td></td><td>Ab 1937: 3,50 D x 16</td></tr>
<tr><td>Reifen</td><td>5,25 – 16</td><td>5,50 – 16</td><td>1936: 5,25 – 17</td></tr>
<tr><td></td><td></td><td></td><td>Ab 1937: 5,50 – 16</td></tr>
<tr><td>Wendekreis</td><td>13 Meter</td><td>11 Meter</td><td>12 Meter</td></tr>
<tr><td>Fahrgestellgewicht</td><td colspan="2">750 kg</td><td>800 kg</td></tr>
<tr><td>Wagengewicht</td><td colspan="2">Limousine 1000 kg</td><td>Limousine 1125 kg</td></tr>
<tr><td>Zuläss. Gesamtgewicht</td><td colspan="2">1600 kg</td><td>1700 kg</td></tr>
<tr><td>Höchstgeschwindigkeit</td><td colspan="2">110 km/h</td><td>115 km/h</td></tr>
<tr><td>Beschleunigung 0-100 km/h</td><td colspan="2">35 sec</td><td>35 sec</td></tr>
<tr><td>Verbrauch/100 km</td><td colspan="2">11 Liter</td><td>12,5 Liter</td></tr>
<tr><td>Kraftstofftank</td><td colspan="2">50 Liter im (Heck)</td><td>65 Liter (im Heck)</td></tr>
</table>

BMW 327 1937–1941		BMW 327/28 1938–1940	BMW 328 1937–1939		BMW 335 1939–1943
6 (Reihe)		6 (Reihe)			6 (Reihe)
66 x 96 mm		66 x 96 mm			82 x 110 mm
1971 ccm		1971 ccm			3485 ccm
55 PS bei 4500/min		80 PS bei 5000/min			90 PS bei 3500/min
1:6,3		1:7,5			1:5,8
2 Flachstromvergaser		3 Fallstromvergaser			1 Flachstrom-Doppelregistervergaser
Solex 26 BFLV		Solex 30 JF			Solex 35 VMNOVS
Hängend		V-förmig hängend			Hängend
Stoßstangen und Kipphebel		Stoßstangen und Kipphebel			Stoßstangen und Kipphebel
Seitliche Nockenwelle		Seitliche Nockenwelle			Seitliche Nockenwelle
Antrieb durch Duplex-Kette		Antrieb durch Duplex-Kette			Antrieb über Stirnräder
4		4			4
Pumpe, 7,5 Liter Wasser		Pumpe, 7,5 Liter Wasser. Ölkühler			Pumpe, 14 Liter Wasser
Druckumlauf, 4 Liter Öl		Druckumlauf, 4 Liter Öl			Druckumlauf, 7 Liter Öl
6 V 75 Ah (im Motorraum)		6 V 75 Ah (im Motorraum)			12 V 62,5 Ah (im Motorraum)
90 oder 130 W		90 oder 130 W			150 W
Antrieb auf Hinterräder		Antrieb auf Hinterräder	Antrieb auf Hinterräder		Antrieb auf Hinterräder
Einscheibentrockenkupplung		Einscheibentrockenkupplung	Einscheibentrockenkupplung		Einscheibentrockenkupplung
Schalthebel Wagenmitte		Schalthebel Wagenmitte	Schalthebel Wagenmitte		Schalthebel Wagenmitte
4-Gang (Hurth)	4-Gang (ZF)	4-Gang (ZF)	4-Gang (Hurth)	4-Gang (ZF)	4-Gang (ZF)
III – IV	I – IV	I – IV	III – IV	III – IV	I – IV
Freilauf					
im I. + II.					
I. 3,85	I. 3,75	I. 3,75	I. 3,63	I. 3,07	I. 3,89
II. 2,38	II. 2,28	II. 2,28	II. 2,07	II. 1,82	II. 2,16
III. 1,54	III. 1,48	III. 1,48	III. 1,50	III. 1,25	III. 1,35
IV. 1,00	IV. 1,00	IV. 1,00	IV. 1,00	IV. 1,00	IV. 1,00
3,90		3,90	3,88	3,70	3,90
Tiefbett-Kastenrahmen			Rohrrahmen, Kastenquerträger		Tiefbett-Kastenrahmen
Querlenker oben			Querlenker unten		Querlenker oben
1 Querfeder unten			1 Querfeder oben		1 Querfeder unten
starr, Halbfedern			starr, Halbfedern		starr, 2 Längs-Federstäbe
Zahnstange			Zahnstange		Zahnstange
Hydraulisch			Hydraulisch		Hydraulisch
Innenbacken, 4 Räder			Innenbacken, 4 Räder		Innenbacken, 4 Räder
Seilzug auf Hinterräder			Seilzug auf Hinterräder		Seilzug auf Hinterräder
WV-Eindruck-Zentral			WV-Eindruck-Zentral		WV-Eindruck-Zentral
2750 mm			2400 mm		2984 mm
1300/1300 mm			1153/1220 mm		1306/1404 mm
4500 x 1600 x 1420 mm			3900 x 1550 x 1400 mm		4840 x 1700 x 1665 mm
Fünfloch-Lochscheiben			Fünfloch-Lochscheiben		Fünfloch-Lochscheiben
			Auf Wunsch: Zentralverschluss		
3,50 D x 16			3,25 oder 3,50 D x 16		4,00 E x 16
5,50 – 16			5,25 oder 5,50 – 16		6,00 – 16 extra
11 Meter			10 Meter		12,5 Meter
750 kg		750 kg	500 kg		1020 kg
1100 kg		1100 kg	830 kg		Limousine 1300 kg
1600 kg		1450 kg	1220 kg		1750 kg
125 km/h		140 km/h	150 km/h		145 km/h
12 Liter		14,5 Liter	14,5 Liter		16 Liter
50 Liter (im Heck)		50 Liter (im Heck)	50 Liter (im Heck)		65 Liter (im Heck)
			Auf Wunsch: 100 Liter		

Oben: BMW 327 Cabriolet, Bauzeit 1938–1939.

Oben: Cockpit des BMW 327 Cabriolets, 1938–1939.

Unten: Der 80 PS leistende Sechszylindermotor des BMW 327/28.

BMW 326 Cabriolet
2 Türen, 1936–1941.

BMW 326 Sport-Cabriolet 2 Sitze, 1936–1939. Karosserie Gläser.

BMW 326 Limousine, 1936–1941. Karosserie Ambi-Budd.

BMW 326 Cabriolet 4 Türen und 4 Fenster (Karosserie Autenrieth), 1936–1941.

Oben: BMW 320 Limousine, 1937/38 (Türen hinten angeschlagen).

Links: BMW 321 Cabriolet, 1939–1941 (Türen vorn angeschlagen).

BMW 320 und 321 (1937–1941)

Als Nachfolger der BMW 319 und 329 erschien im Juli 1937 der BMW 320 mit 1971 statt 1922-ccm-Motor, wobei allerdings die ersten 640 BMW 320 noch mit 1911-ccm-Motor ausgeliefert wurden. Kleiner, leichter und billiger, aber im Stil ähnlich wie der bereits gut eingeführte BMW 326. Ab Januar 1939 folgte der BMW 321 mit hinten statt vorn angeschlagenen Türen (das ist keine Verwechslung) und Vorderachse des BMW 326. Den Aufbau der Limousine produzierte Ambi-Budd, das Cabriolet stammte von verschiedenen anderen Firmen.

Preise	BMW 320	BMW 321
Limousine 2 Türen	RM 4500,–	RM 4800,–
Cabriolet 2Türen 4 Fenster	RM 5250,–	RM 5650,–

BMW 326 (1936–1941)

Vorstellung Februar 1936, Serie ab Mitte 1936. Komfort und Repräsentation waren bei diesem erfolgreichsten BMW der Vorkriegszeit mehr betont als Leistung und Sportlichkeit. Die Limousinen-Karosserie lieferte Ambi-Budd, die Cabriolets stammten von Autenrieth und anderen Firmen.

Preise	BMW 326 (1939-1941)
Fahrgestell	RM 4450,–
Limousine 4 Türen 6 Fenster	RM 5500,–
Cabriolet 2 Türen 4 Fenster	RM 6650,–
Cabriolet 4 Türen 4 Fenster	RM 7300,–

BMW 326 Cabriolet. Prototyp mit Schiebetüren nach Patent Autenrieth, ca. 1938.

BMW 328 (1936–1940)

Das Jahr 1936 wird gemeinhin als Erscheinungsjahr des 328 bezeichnet. Das stimmt insoweit, als die Wettbewerbsausführungen gemeint sind, von denen im April/Mai 1936 zunächst drei Exemplare als Prototypen entstanden; sie nahmen an zahlreichen Rennen teil und schufen damit die Grundlage zu der sich rasch bildenden 328-Legende. Ein weiteres Fahrzeug folgte im Februar 1937. Aber nicht vor Anfang April 1937 setzte im Werk Eisenach die Serienherstellung ein. Kein privater BMW 328 ist also vor April 1937 zugelassen worden. Der 328 wurde während seiner Bauzeit übrigens immer als »BMW 2 Ltr. Sport«, nicht als »Roadster« bezeichnet, ein Wort, das damals nur in den Vereinigten Staaten verwendet wurde.

Die Väter des BMW 328 sind die Konstrukteure Fritz Fiedler und Rudolf Schleicher. Sie waren Interpreten der Philosophie des Leichtbaus, dem Geheimnis des 328-Erfolges. Sein Rohrrahmen-Chassis entsprach dem des 315 bzw. 319. Den Karosserie-Entwurf schufen der BMW-Karosseriekonstrukteur Wilhelm Kaiser sowie Kurt Joachimsohn, Schleichers Assistent im Fahrzeugversuch.

Eine Besonderheit des 328 war sein Sechszylindermotor. Ein ohc-Aggregat zu bauen, hätte man sich bei BMW nicht leisten können, aber ein klassischer ohv-Motor war Schleichers Konstruktion auch nicht, eher eine Kombination aus beidem. Die Betätigung der Kipphebel für die Einlassventile erfolgte von einer seitlichen Nockenwelle (Antrieb über eine Duplex-Rollenkette) aus über senkrecht hinauf führende Stoßstangen. Die Auslassventile in dem V-förmigen Aluminium-Zylinderkopf wurden dagegen über kurze, waagerecht liegende Stößelstangen bzw. Umlenkhebel auf der Einlassseite und ähnliche, senkrecht stehenede Stößelstangen von der gleichen Nockenwelle betätigt. Somit ließ sich der Sechszylinder-Motorblock mit der untenliegenden Nockenwelle beibehalten. Für den später so erfolgreichen 328 stand ein nur bescheidener Entwicklungsetat zur Verfügung.

BMW gab die Leistung des Sechszylinders mit 80 PS bei 4500 Umdrehungen an, und das war sicher etwas tiefgestapelt. Schon bei den ersten drei 1936 in zahlreichen Wettbewerben eingesetzten Wagen betrug die Leistung vermutlich 90 oder mehr PS, allerdings bei einem Verdichtungsverhältnis von 9 zu 1. Das Gemisch wurde in drei 30-mm-Solex-Fallstromvergasern aufbereitet.

Die Zündkerzen saßen in der Mitte der halbkugelförmigen Verdichtungsräume und damit tief zwischen den beiden Hälften der Ventildeckel – damit waren sie nicht gerade gut zugänglich. Die Kurbelwelle aus Vanadiumstahl rotierte in vier Weißmetall-Hauptlagern; das Schmieröl wurde von einer groß dimensionierten Zahnradpumpe gefördert. Vor dem Motorblock befand sich ein Ölkühler, den der Schmierstoff aber erst durchströmen konnte, wenn er seine Betriebstemperatur erreicht hatte.

Das klassische BMW-Rohrrahmen-Chassis mit Zentralschmierung und seiner obenliegenden Querblattfeder vorn sowie den längsliegenden Blattfedern hinten entsprach dem des Modells 319/1. Identisch waren auch die Maße für Radstand und Spur (2400 mm, 1153/1220 mm). Der Wagen besaß Zentralverschluss-Scheibenräder mit Reifen der Dimension 5.25x16. Die Befestigung der Felge

In der Werbung wurde der BMW 328 immer nur als Typ 2 Ltr. Sport bezeichnet.

mit vier Bolzen war eine Umgehung der Zentralverschluss-Patente der englischen Firma Rudge-Whitworth. Der in Eisenach bis zum Ausbruch des Krieges in 464 Exemplaren (Prototypen mitgezählt) hergestellte BMW 328 erfuhr im Laufe seiner Bauzeit einige Veränderungen. Die vor dem August 1938 ausgelieferten Wagen bis zur Chassisnummer 85279 sowohl mit Links- als auch mit Rechtslenkung wiesen einen bis 180 km/h kalibrierten Tachometer links neben dem Drehzahlmesser auf. Das Verdeck besaß noch kein Rückfenster, die hinteren Kotflügel keine Alu-Steinschlagecken.

Der von 1936 bis 1940 gebaute BMW 328 war nicht nur der schönste, sondern auch der erfolgreichste deutsche Sportwagen seiner Zeit. Die beiden Lederriemen über der Motorhaube entsprachen dem internationalen Reglement für Wettbewerbsfahrzeuge, waren also keineswegs ein modisches Accessoir.

Rechte Seite oben: Mit einem BMW 328 unterwegs in Finnland, 1951.

Rechte Seite unten: Die BMW Werksmannschaft auf dem Weg nach Brescia zu Testfahrten für die Mille Miglia, März 1938. Das Team belegte im 1000-Meilen-Straßenrennen die ersten drei Plätze in der Gesamtwertung durch Fane/James, Richter/Werneck und Schaumburg/Lurani.

BROLIO
IIA-44983
IIA-52112
IIA-57782

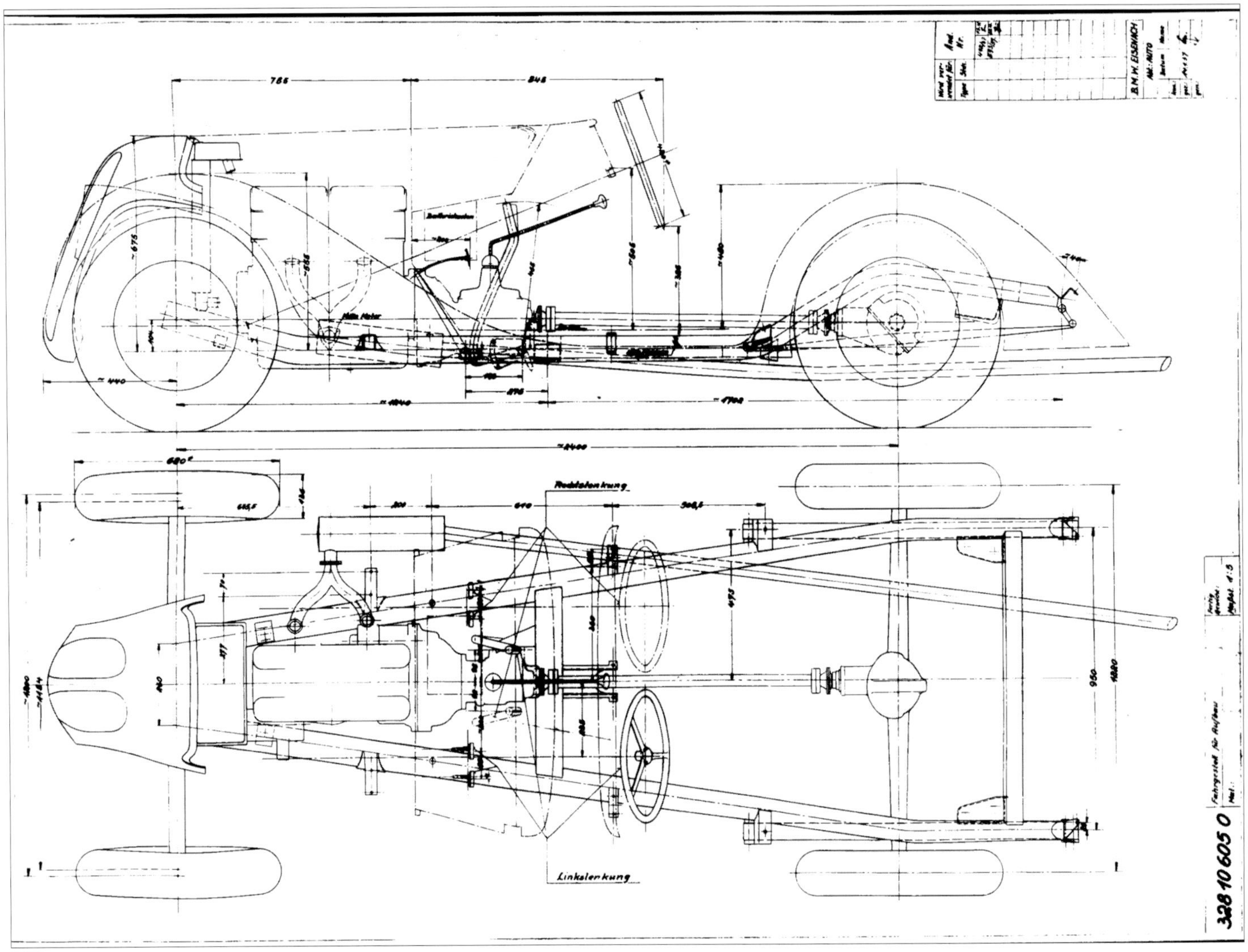

Oben: Fahrgestell-Blaupause für den BMW 328.

Rechts: Von den Vereinigten Werkstätten am Wiener Platz, München-Haidhausen, 1939 angefertigte Cabrio-Sonderkarosserie auf 328-Chassis.

BMW 328 Stromlinien-Coupé von Wendler, Reutlingen, nach Entwürfen des Aerodynamikers Reinhard v. Koenig-Fachsenfeld. 1937–38 wurden für Privatkunden zwei Fahrzeuge gebaut.

Links: Vom Rennfahrer Ernst Klodwig (DDR) modifizierter BMW 328 mit Mittelmotor, 1952.

Unten: Auch das war ursprünglich ein BMW 328; es ist der Rennwagen des Franzosen Eugène Martin, der mit ihm 1947 den Großen Preis von Lyon gewann.

Oben: Von Erdmann & Rossi, Berlin, mit einer Spezialkarosserie versehener BMW 328.

Start der BMW-Equipe zum Hohensyburg-Straßenrennen 1937. Adolf Brudes im Wagen Nr. 35 gewann das Rennen mit Tagesbestzeit.

Oben: Fritz Rot im BMW 328 Prototyp (85002) beim Großen Preis von Frankreich 1936.

Links: Ernst Henne trifft im Fahrerlager zum Grand Prix des Frontières, Belgien, ein: 16. Mai 1937. Der Wagen ist der erste 328 Protoyp mit der Seriennummer 85001, hier mit einer geteilten Frontscheibe versehen.

Oben: Startaufstellung zum Internationalen Eifelrennen 1937. Der BMW 328 beherrscht die Zweiliter-Klasse.

Links: Alexander und Kitty von Falkenhausen am Falzarego-Pass bei der Internationalen Alpenfahrt am 1. bis 7. Juli 1952.

Siege auf BMW 328 und Frazer Nash-BMW 328 1936–1940

Datum	Rennen	Fahrer
14. 06. 36	Eifelrennen	Henne
09. 08. 36	Münchener Dreieckrennen	Aldington
05. 09. 36	Ulster Tourist Trophy	Aldington
29. 09. 36	Brooklands-Rennen	Aldington
27. 02. 37	JCC Brooklands Test	Aldington
15. 04. 37	RAC Rekordfahrt	Davis
18. 04. 37	2. Eifel Geländeprüffung.	Roese
09. 05. 37	Großer Preis von Finnland	Roth
16. 05. 37	Grand Prix des Frontières	Henne
30. 05. 37	Großer Preis von Bukarest	Henne
05. 06. 37	Shelsley Walsh Bergrennen	Fane
13. 06. 37	Internat. ADAC Eifelrennen	Fane
20. 06. 37	Wartbergrennen	Greifzu
11. 07. 37	Taubenstuhl-Rennen	Richter
18. 07. 37	Riesengebirgsrennen	Brudes
18. 07. 37	Dreifaltigkeitsrennen	Richter
01. 08. 37	Großer Bergpreis von Deutschland	Illmann
05. 08. 37	Bergrennen La Turbie	Heineman
22. 08. 37	Ratisbona Bergrennen	Richter
29. 08. 37	Hohensyburgrennen	Brudes
04. 09. 37	Ulster Tourist Trophy	Prinz Bira
11. 09. 37	Shelsley Walsh Bergrennen	Heinemann
18. 09. 37	Scottish Hillclimb	Flint
17. 10. 37	Dobogökö Bergrennen	Richter
30. 01. 38	Chiltern CC Trials	Wood
06. 02. 38	Mid-Kent Trophy Trls.	Wood
19. 03. 38	Intervasity Speed Trls.	Fane
26. 03. 38	JCC Brooklands Test	Aldington
02. 04. 38	Women's AA Meeting	Wood
03. 04. 38	Mille Miglia	Fane/James
16. 04. 38	Land's End Trials	Hunter
08. 05. 38	Hamburger Stadtparkrennen	Heinemann
08. 05. 38	Yorkshire Speed Trials	Murray
14. 05. 38	Boness Hillclimb	Miller
22. 05. 38	Internationales Avusrennen Berlin	Illmann
28. 05. 38	Shelsley Walsh Bergrennen	Fane
03. 06. 38	Trials MCC Edinburgh	Hunter
05. 06. 38	Grand Prix des Frontières	Roese
11. 06. 38	Lowes Speed Trials	Hunter
18. 06. 38	Dumonceau Bakerrit	de Peters
19. 06. 38	Großer Preis von Bukarest	Heinemann Sportw.
22. 06. 38	JCC Evening Test	Woood
25. 06. 38	Rumänische Rekordfahrt	Heinemann
26. 06. 38	JCC Annual Race	Aldington
03. 07. 38	Prescott Hillclimb	Fane
10. 07. 38	24 Stunden v. Francorchamps	Schaumburg/Roese
10. 07. 38	Rampa de Cintra	Nunes de Santos
17. 07. 38	Französische Alpenfahrt	v. d. Mühle-Eckart
16. 07. 38	Brooklands-Rennen	Aldington
24. 07. 38	Rennen Villa Real	Cristea
24. 07. 38	Großer Preis von Deutschland	Greifzu
30. 07. 38	Deutsche Alpenfahrt	Roth/Eck
01. 08. 38	RAC Meeting Brooklands	Fane
01. 08. 38	Paris - Nice	Innes
05. 08. 38	Bergrennen La Turbie	Heinemann
07. 07. 38	Großer Preis von Brasó	Cristea
18. 08. 38	Bergrennen Wachenburg	Eck
28. 08. 38	Großer Bergpreis von Deutschland	Fane
28. 08. 38	Bergrennen Bussaco	Nunes de Santos
04. 09. 38	Ratisbona-Rennen	v. d. Mühle-Eckart
04. 09. 38	Sinaia-Bergrennen	Rautsenstrauch
10. 09. 38	Brooklands-Rennen	Aldington
10. 09. 38	Großer Preis von Argentinien	Nasi
25. 09. 38	Maloja-Bergrennen	Murray
25. 09. 38	Prescott Hillclimb	Fane
02. 10. 38	Faleac-Bergrennen	Cristea
08. 10. 38	Crystal Palace Race	Fane
09. 10. 38	Dreifaltigkeits-Bergrennen	Werneck
16. 10. 38	Cabo da Rocha Bergrennen	Nunes de Santos
10. 10. 38	Schwabenbergrennen	Rautenstrauch
11. 02. 39	Coventry Cup Trial	Johnson
25. 02. 39	Colmore Trophy	Johnson
12. 03. 39	Paris - St. Raphael	Moy
18. 03. 39	Intervasity Speed Trials	Fane
25. 03. 39	JCC Brooklands Rally	Fane
26. 03. 39	Tobruk - Tripolis	Briem/Holzschuh
08. 04. 39	Paris - Nice	v. Falkenhausen
08. 04. 39	MCC Land's End Trial	Johnson
10. 04. 39	Brooklands Easter Race	Aldington
13. 04. 39	Bergrennen La Turbie	Werneck
25. 04. 39	RAC Rally	Fane/Aldington
07. 05. 39	Hamburger Stadtparkrennen	Polensky
07. 05. 39	Tiergartenrennen Helsinki	Richter
21. 05. 39	Internationales Eifelrennen	Cristea
22. 05. 39	Herts. County Speed Trial	Johnson
28. 05. 39	Großer Preis von Belgien	Roese
03. 06. 39	Großer Preis von Amsterdam	Nortier
11. 06. 39	Wiener Höhenstraßenrennen	Werneck
11. 06. 39	Vue des Alpes Bergrennen	Kessler
18. 06. 39	24 Stunden von Le Mans	Schaumburg/Wencher
25. 06. 39	Großer Preis von Bukarest	Heinemann
01. 07. 39	Crystal Palace Race	Fane
08. 07. 39	JCC High Speed Trials	Fane
09. 07. 39	Rund um Schotten	v. Hanstein
12. 07. 39	Brooklands Speed Trials	Thomas
13. 07. 39	Internat. Französische Alpenfahrt	Teampreis
23. 03. 39	Lüttich-Chamonix-Lüttich	Heinemann/Krigs
23. 07. 39	Develiers Bergrennen	Kessler
30. 07. 39	Prescott Hillclimb	Frost
31. 07. 39	Internationale Alpenfahrt	Roth
06. 08. 39	Großer Bergpreis von Deutschland	Polensky
13. 08. 39	Großer Preis von Brasov	Werneck
03. 09. 39	Stadtrennen Belgrad	Briem
28. 04. 40	Mille Migia	v. Hanstein/Bäumer
19. 05. 40	Wertungsfahrt Laibach	Ostroznik/Drago
06. 10. 40	Benjica-Rennen	Radic

BMW 335 mit Treibgasanlage.

BMW 326 (1936–1943)

Vorgestellt wurde der Typ 326 auf der Automobilausstellung 1936 in Berlin. Bei diesem relativ großen, komfortablen BMW stand nicht der sportliche Charakter im Vordergrund, sondern der repräsentative Auftritt. Sein Chassis war ein Tiefbett-Kastenrahmen mit vorderer Schwingachse und Querblattfeder, auch gab es hydraulische Bremsen und die bewährte WV-Eindruck-Zentralschmierung. Der 326 war der erste Ganzstahl-Viertürer, den BMW im Programm führte; auch ein vier- und ein zweitüriges Cabriolet waren zu bekommen. Vorn gab es bequeme Einzelsitze, im Fond fanden drei Personen Platz. Die letzten der 15.933 Exemplare wurden 1943 ans Militär geliefert.

BMW 327 (1937–1941)

Von Eleganz und Vornehmheit geprägt war die Linienführung des BMW 327, der die Sportversion des 326 darstellte. Man erhielt diesen Zweitürer zunächst als Cabriolet, zweiplätzig mit einer schmalen Notsitzbank im Fond. Der im November 1937 präsentierte Wagen wurde wahlweise mit einem ZF- oder einem Hurth-Getriebe mit Freilauf angeboten. Der Motor war etwas höher verdichtet als im 326 (6,3 statt 6,0 zu 1), was ein Plus von 5 PS ergab. Im Oktober 1938 kam ein Coupé hinzu. Die Karosserien beider Ausführungen wurden im Karosseriewerk Autenrieth, Darmstadt hergestellt. Gebaut wurden 1396 Exemplare.

Preise	BMW 328 (1937-1939)
Fahrgestell	RM 5900,–
Sportwagen 2 Sitze	RM 7400,–

Preise BMW 327		
327 (55 PS) Cabriolet 2 Sitze	(ab Nov. 1937)	RM 7500,–
327 (55 PS) Coupé 2/2 Sitze	(ab Okt. 1938)	RM 7450,–
327/28 (80 PS) Cabriolet 2 Sitze	(ab April 1938)	RM 8130,–
327/28 (80 PS) Coupé 2/2 Sitze	(ab Okt. 1938)	RM 8100,–

Preise	BMW 335
Fahrgestell	RM 5900,–
Limousine 4 Türen 6 Fenster	RM 7850,–
Cabriolet 2 Türen 4 Fenster	RM 9050,–
Cabriolet 4 Türen 4 Fenster	RM 9700,–

BMW 327/28 (1938–1940)

Das Nonplusultra im BMW-Programm war Ende 1938 der 327/28, zu bekommen als Cabriolet wie als Coupé. Dieses Modell in Gestalt des normalen 327 mit 55 PS hatte den 80 PS leistenden Sechszylindermotor des Sportwagens 328 mit drei Solex-Fallstromvergasern. Der 140 km/h schnelle Traumwagen kostete nur 630 Mark mehr als die Standardausführung und wurde nur 569 Mal gebaut. In einigen Einzelheiten unterschieden sich die Baureihen der Jahre 1938 und 1939, zum Beispiel in der Instrumentierung. Bis in die Zeit nach dem Krieg erhalten gebliebene Exemplare genießen einen hohen Liebhaberwert und wurden teils mit Teilen vom (fast identischen) Bristol-Motor aufgebaut, was zugleich eine etwas höhere Leistung erbrachte. Beim BMW 328 verhält es sich ebenso: Exemplare mit 100 PS sind keine Seltenheit. Wie beim 55-PS-Modell, wurden die nach Ausbruch des Krieges noch fertiggestellten 327/28 ins befreundete Ausland geliefert, um Vertragsverpflichtungen nachzukommen – und dafür Devisen zu kassieren.

BMW 327 bzw. 327/28 Sport-Coupé, 1938/39.

BMW 328 mit Hardtop (Karosserie Wendler), 1937–1939.

BMW 335, Cabriolet 2 Türen (Karosserie Autenrieth), 1939.

BMW 335 (1939–1943)

Unter normalen Verhältnissen hätte BMW mit dem 1939 präsentierten Modell 335 dem Konkurrenten Mercedes gefährlich werden können. Doch erstens gab es eine staatlich verordnete Typenbeschränkung, und zweitens stoppte der Krieg alle diesbezüglichen Planungen. So blieb es bei 415 Stück dieses repräsentativen 3,5-Liter-Sechszylinders mit drei Meter Radstand. Drei letzte Exemplare wurden 1943 fertiggestellt, von denen zwei Limousinen an Wehrmachts-Dienststellen geliefert wurden und ein drittes für den Polizeipräsidenten von München bestimmt war. 158 Fahrzeuge waren zwei- oder viertürige Cabriolets, für die der Listenpreis 9050 Reichsmark betrug (Mercedes-Benz 320 Cabrio: RM 11.800). Wobei die Bereifung ab dem 20. August 1939 nicht einbegriffen war. Es durften an Privatkäufer keine Reifen mehr durch den Autohersteller mitgeliefert werden – die hatte man sich selbst zu besorgen, was nur auf »Bezugsschein« möglich war. Im Chassis-Layout glich der 145 km/h schnelle BMW 335 dem 326, nur wies er im Vergleich zu jenem ein Mehrgewicht von 175 Kilogramm auf.

Ganz oben: BMW 335 von 1939 als viertüriges Cabriolet von Autenrieth (ausschwenkbare Gepäckbrücke).

Darunter: Der letzte BMW 335 verließ das Werk 1943 und war für den NSDAP-Reichsleiter und Münchner Oberbürgermeister Karl Fischer bestimmt.

BMW 328 Stromlinienwagen (1939–1940)

Der 1936 erschienene BMW 328 avancierte zum erfolgreichsten deutschen Sportwagen schlechthin. Die Siegesserie begann mit dem Erfolg von Ernst Henne beim Eifelrennen auf dem Nürburgring; der erste Start in England führte zu einem Dreifach-Triumph bei der TT: In der Zweiliter-Klasse war der Typ 328 in der zweiten Hälfte der 1930er-Jahre nahezu unschlagbar. Er diente dann als Basis einer ganzen Reihe von Spezial- und Rennfahrzeugen für die großen internationalen Langstreckenrennen. BMW brachte vier Typ 328 bei der Mille Miglia 1938 an den Start und meldete 1939 drei Wagen für das 24-Stunden-Rennen von Le Mans, darunter ein Stromliniencoupé mit einem Leichtmetall-Aufbau der italienischen Firma Touring in Mailand. Damit sicherten sich Max Prinz zu Schaumburg-Lippe und Hans Wencher einen überlegenen Sieg in der Sportwagen-Klasse. Für die 1940 durchgeführten 1000 Meilen von Brescia wurden drei Roadster und zwei Coupés gemeldet. Einer der Roadster und ein Coupé ließ die BMW-Rennabteilung in Deutschland – Karosserie Wendler – aufbauen, die anderen entstanden, nach BMW-Plänen, bei Touring in Mailand, wo bereits der Le Mans-Siegerwagen entstanden war. Dieser kam in modifizierter Form auch bei diesem Rennen an den Start und siegte erneut, während das Kamm-Coupé ausschied. Danach karossierte Touring für die seit 1939 geplante Fernfahrt Berlin-Rom 1941 im Auftrag des NSKK drei Stromlinien-Roadster, den letzten im Frühjahr 1941. Zum Einsatz kamen sie nie, aber eines dieser Fahrzeuge hat den Krieg überlebt. Das Touring-Coupé verschwand zunächst in den USA und konnte später von BMW zurückgekauft werden. Die originale, nach den Entwürfen der Aerodynamik-Experten Jaray, Kamm und v. Koenig-Fachsenfeld karossierte »Rennlimousine« wurde hingegen Anfang der 1950er Jahre bei einem Unfall zerstört und anschließend verschrottet. BMW hat aber 2009 eine exakte Replika jenes Wagens erstellen lassen.

Das BMW 328 Stromlinien-Coupé entstand bei Touring in Mailand.

Das Le-Mans-Coupé von Schaumburg-Lippe/Wencher, dahinter der Roadster von Roese/Heinemann an den Boxen. Typisch für die Le-Mans-Fahrzeuge war der Scheinwerfer in der Mitte.

Auf eigener Achse zum Rennen: Am Schlagbaum vorne warten die beiden Coupés, links die in München gebaute Kamm-Rennlimousine, rechts das Touring-Coupé. Im Vordergrund einer der drei Bügelfalten-Roadster.

Die BMW 328 »Rennlimousine« für die Mille Miglia hatte einen gegenüber den Serienfahrzeugen um 20 cm verlängerten Radstand, fiel aber während des Rennens aus. Das Original wurde verschrottet, der Nachbau 2009 vollendet.

Drei BMW 328 Touring-Roadster sollten 1941 beim Rennen Berlin-Rom starten. Eines der Fahrzeuge hat überlebt.

Die Mille-Miglia-Wagen hatten Motorleistungen zwischen 130 und 135 PS, die Höchstgeschwindigkeit lag zwischen 200 und 220 km/h. Der »Bügelfalten«-BMW 328 Roadster mit der Nr. 71 (Wencher/Scholz) beendete das Rennen auf Platz sechs.

Auch bei BMW erlag man dem Irrtum, der Krieg würde die Personenwagenproduktion nur kurz unterbrechen

September 1939: In Europa gehen die Lichter aus

Wer zu denen zählte, die in Deutschland vor Kriegsausbruch einen der letzten BMW Personenwagen in Empfang nahmen, erhielt sein Auto ohne Reifen und ohne Batterie; lediglich bei »bewinkelten« Autos machte man eine Ausnahme. »Wir stellen es unseren Händlern frei, Aufträge zur Belieferung nach dem Krieg anzunehmen«, hieß es in einem Rundschreiben vom 24. Mai 1940. »Falls Kunden unbedingt auf Hereingabe eines Auftrages bestehen, empfehlen wir Vorbehalte. Von uns aus wird Vorsorge getroffen, dass wir die Lieferung nach dem Krieg so bald wie möglich wieder aufnehmen können.«

In der illusionären Erwartung eines alsbaldigen Kriegsendes ignorierte man bei BMW den befohlenen Stopp aller Entwicklungsprojekte und setzte die Arbeiten am Nachfolger des 328 fort. Sie hatten schließlich bereits 1938 begonnen und waren entsprechend weit gediehen.

Einige Projekte hatten aber offiziellen Status erhalten, und deren Verlauf ließ sich später auch zurückverfolgen. Zum Beispiel war es kein Geheimnis, dass man bei BMW drei Entwicklungen parallel betrieb, die den Motor, das Chassis und die Karosserie der geplanten neuen Personenwagen-Baureihe betrafen. BMW hatte ja aufgrund der staatlichen Typenbeschränkungsverordnung (»Schell-Plan«) von 1939 nur einen Pkw-Typ in der Klasse von 2,0 bis 3,0 Liter Hubraum zugesprochen bekommen.

Am 2. März 1939 war vom Planungsbehörden-Minister Hermann Göring nämlich eine »Verordnung über die Typenbegrenzung in der Kraftfahrzeugindustrie« erlassen worden, nach welcher die Herstellung von Kraftfahrzeugen der Genehmigung des Generalbevollmächtigten für das Kraftfahrwesen unterlag. Staatlich vorgeschrieben waren jetzt Bauart, Hubraumklassen, Typenzahlen und Nutzlastgrenzen, die von jedem Hersteller einzuhalten waren. Oberst Adolf von Schell hatte man mit der Ausarbeitung des Plans im Detail beauftragt; er legte sein Programm am 15. März 1939 vor. Ein solches Planwirtschaftsmodell sollte den freien Wettbewerb der Hersteller untereinander künftig ersetzen und dadurch frei werdende Kapazitäten der Rüstungsproduktion zugute kommen.

Dessen ungeachtet liefen bei BMW die Erprobungsarbeiten am 326-Nachfolger 332 weiter, von dem seit 1939 mehrere Versuchsexemplare unter der Leitung von Rudolf Flemming in Dauererprobung getestet wurden. Konstruktive Details dieses Fahrzeugs wie der patentierte »Vollschutzrahmen«, das vom Motor getrennte Getriebe mit Lenkradschaltung und natürlich der zum Baumuster 336 (mit Öl/Wasser-Wärmetauscher) weiterentwickelte 2,0-Liter-Motor sollten 1951/52 im BMW 501 auftauchen.

Immerhin: Von dem Baumuster 330 gab es bereits 1940 ein Exemplar als Versuchswagen, der einen 2,5-Liter-Sechszylindermotor aufwies. Der Motor war eine Neukonstruktion des von Opel zu BMW gekommenen Konstrukteurs Hartmann und ähnelte – was nicht verwundert – dem Kapitän-Motor. Bei einem Bohrung/Hub-Verhältnis von 78 x 86 mm leistete der Sechszylinder mit der Baumusternummer 317 ca. 60 PS. Die geräumige Karosserie dieser viertürigen Limousine kam von Ambi-Budd in Berlin-Johannisthal und bestand aus Aluminium, angefertigt nach Entwürfen von Wilhelm Meyerhuber. 1948/49 wurde der Wagen leider verschrottet. Eine Sportcabrio-Version des 330 war ebenfalls geplant; sie sollte der Nachfolger des BMW 327 werden. Auch für den BMW 328 war 1939 ein Nachfolger in Entwicklung. Für diesen Zweisitzer mit der Typenbezeichnung 318 hatte man einen nach Schleichers Vorstellungen geplanten Tiefbett-Kastenrahmen, hintere Drehstabfedern und die Vorderachse des 326 vorgesehen, er sollte jedoch einen längeren Radstand als der 328 erhalten: 2600 Millimeter. Das Projekt fand ebenfalls keine Realisierung.

Gut bayerisch motorisiert: Mut zur Alternative

BMW 3/15 PS mit Ihle-Karosserie, 1930–31.

Rekonstruierte BMW Kamm-Rennlimousine.

Wesnigk mit BMW-Motor, 1925.

Es gab in den Zwanziger und Dreißiger Jahren einige nicht allzu bedeutende Fremdfabrikate mit BMW-Motorradmotor, aber auch reizvolle Kuriositäten wie den Ihle-BMW sowie Professor Kamms als Versuchsträger entstandenen K-Wagen mit einem BMW-Sechszylindermotor.

ATLANTIC (1921–1922)

Unter dem Namen Atlantic erschien 1921 auf dem deutschen Markt ein so genannter Einspurwagen, gebaut von der Atlantic Aktiengesellschaft für Automobilbau in Berlin. Das ähnlich wie ein Auto karossierte Zweirad mit einziehbaren seitlichen Stützrädern wurde auf der Leipziger Herbstmesse vorgestellt. Es war ein offener Tandem-Zweisitzer mit 6,5 PS leistendem Zweizylinder-Boxermotor mit 494 ccm (BMW M 2 B 15). Das Fahrzeug hatte einen Motorradlenker und ging an die 70 km/h. Die Stützräder befanden sich unterhalb der Trittbretter. Der Atlantic fand kaum Käufer; keine 100 Exemplare wurden abgesetzt.

BIENE (1923)

Die Firma M. F. Curt Zimmermann in Berlin-Wilmersdorf zeigte 1923 auf ihrem Stand der Automobilausstellung das Fahrgestell eines Zweisitzers mit BMW-Motorradmotor und ein weiteres mit Stromlinienkarosserie, gebaut von zwei jungen Technikern namens Kraemer und Melms. Die Biene wurde in nur zwei Exemplaren angefertigt.

B.Z. (1924–1926)

Die Potsdamer Bootswerft Zeppelinhafen baute 1924 bis 1926 eine Reihe von Kleinwagen unter der Markenbezeichnung B.Z. ebenfalls mit einem Zweizylinder-Motorradmotor von BMW (494 ccm). Der B.Z. wies eine Karosserie aus Duraluminium auf, das von der Werft auch im Bootsbau verwendet wurde. Der Aufbau wog lediglich 300 kg. Doch wie vielen damaligen Betrieben fehlte dem Hersteller die Möglichkeit einer rationellen Produktion.

KAMM-WAGEN · F.K.F.S. (1939)

Der deutsche Aerodynamiker Wunibald Kamm lehrte zunächst an der TH in Stuttgart und war ein Verfechter der Stromlinienform. Bekannt wurden seine Kamm- bzw. auch K-Wagen genannten aerodynamischen Versuchsfahrzeuge. An zahlreichen Konstruktionen war Kamm maßgeblich beteiligt, so auch am SHW-Wagen der Schwäbischen Hüttenwerke. 1926 wurde er zum Leiter der Motorenab-

teilung der Deutschen Versuchsanstalt für Luftfahrt in Berlin-Adlershof bestellt. 1930 übertrug man ihm die Leitung des Forschungsinstituts für Kraftfahrzeugwesen und Fahrzeugmotoren in Stuttgart, kurz F.K.F.S., eingerichtet als Stiftung der Industrie. Hier wurden Forschungsarbeiten rund um das Kraftfahrzeugwesen durchgeführt.
K-Wagen mit einer senkrechten, flachen Abrisskante am Heck schuf Kamm auf Basis Mercedes-Benz 170 V und BMW 335. Anfangs wurden 1:10- und 1:5-Modelle in kleinen Windkanälen getestet, bis im Jahr 1938 ein 1:1-Windkanal entstand. Das Kamm-Heck bewirkte, dass die Luftströmung am rückwärtigen Fahrzeugteil durch dessen mäßige Verjüngung so lange wie möglich anliegend erhalten blieb und dadurch ein Druckanstieg zu erzielen war. Kurz vor der Stelle, an der sich die Strömung von der Kontur des Fahrzeugkörpers lösen würde, schnitt Kamm ihn senkrecht ab. Das Kamm-Heck blieb lange Zeit Konstruktionsmerkmal berühmter Renn- und Sportwagen.
Kamms Versuchswagen wurden bei Wendler in Reutlingen karossiert; sie wiesen Führungsflossen auf der Heckpartie auf, denn Kamm war der Ansicht, dass solche Flossen dem Fahrzeug mehr Richtungsstabilität gaben. Durch einen geringen Luftwiderstands-Beiwert wurde vor allem der Kraftstoffverbrauch reduziert.
Der erste, auf dem 3,5 Liter BMW 335 basierende F.K.F.S. Personenwagen von Ende 1938, genannt K1, gilt als verschollen, jedoch befindet sich im Deutschen Museum, München, ein weiteres Exemplar.

IHLE (1930–1935)

Die Karosseriebaufirma der Gebrüder Ihle in Bruchsal, Baden, wurde durch ihre Sportzweisitzer bekannt, die sie ab 1930 u.a auf dem Chassis des BMW 3/15 PS DA-1 und DA-2 anfertigte. Eine solche Neukarosserierung – zum Beispiel eines Unfallfahrzeugs – kostete knapp 1000 Reichsmark und machte aus dem normalen BMW Kleinwagen einen pfiffigen Roadster. Bei Ihle entstand die erste Doppelniere als Kühlergrill, eine abgeflachte Variante des Spitzkühlers und die anschließend auch alle BMW Automobile schmückte. Ihle-Roadster-Karosserien gab es auch für die BMW Modelle 3/20 PS, 315 und 319.

MAJA (1923–1924)

1923–1924 baute die Maja-Werk AG für Motor-Vierrad-Bau in München kleine, zweisitzige Automobile. Richard Hofmann beschreibt den Maja in seinem Buch *Das Klein-Auto für den Selbstfahrer* wie folgt: »Dieses kleine Fahrzeug hat als Antriebsmotor den bekannten, gegenläufigen Bayernmotor, dessen beide Zylinder 68 mm Bohrung und 68 mm Hub aufweisen. Das Chassis ist aus Blech hergestellt. Als Kupplung dient eine Lederkupplung mit Kupplungsbremse. Das Getriebe besitzt drei Gänge, Haupt- und Nebenwelle desselben laufen auf Kugellagern. Der Antrieb erfolgt durch die Kardanwelle auf die Hinterachse. Diese ist mit einer automatischen Kupplung ausgerüstet, die an Stelle eines Differentials den Ausgleich der Hinterräder gewährleistet. Vorder- und Hinterachse sind aus Stahlrohr hergestellt. Die Bremsen wirken als Hand- und Fußbremse voneinander getrennt unmittelbar auf die Hinterräder.«
Wie viele Wagen hergestellt wurden, oder ob es sich nur um Prototypen handelte, lässt sich nicht feststellen.

MAUSER · WINKLER (1923–1929)

Die Mauser-Werke Oberndorf GmbH mussten sich, wie alle Waffenfabriken Deutschlands, nach dem Ersten Weltkrieg ein neues Betätigungsfeld suchen und kamen wie einige andere auch auf den Automobilbau. Das Fahrzeug, das man zu bauen beabsichtigte, war eine Konstruktion des Ingenieurs Gustav Winkler; es stellte eine Kreuzung zwischen Motorrad und Automobil dar.
Das Mauser Einspurauto hatte einen 500-ccm-Einzylindermotor, drei Gänge und Kettenantrieb; wie ein Motorrad hatte es zwei Räder, wies aber im hinteren Drittel beidseitig kleine Stützräder auf, die beim Stand des Fahrzeugs herabgelassen wurden. Die Serienproduktion dieses Tandem-Zweisitzers mit Lenkrad und Cabrioverdeck begann 1923. Ab 1925 führte die Gustav Winkler in eigener Regie die Fabrikation des Einspurautos fort. Der bis 1929 gebaute Winkler hatte jetzt einen 10 PS starken 494-ccm-Boxermotor von BMW.

WESNIGK (1925)

1919 entwarf Dipl.-Ing. Erwin Wesnigk in Berlin einen zweisitzigen Dreiradwagen mit einem stromlinenförmigen Aluminiumaufbau und einem Einzelrad an der Heckseite. Doch nicht vor 1925 wurde eine kleine Serie aufgelegt; der Motor des patentierten Fahrzeugs war ein 4,5-PS-Einzylinder von BMW oder ein 10-PS-Zweizylinder von Kühne.

Es war in jeder Beziehung ein von gegenseitiger Sympathie getragenes Win-win-Business

Frazer Nash-BMW: Deutsch-britische Allianz 1935–1957

Die seit 1937 in Großbritannien unter dem Namen Frazer-Nash 328 angebotenen Sportwagen waren – mit Ausnahme einiger Details, etwa der nach rechts versetzten Lenkung – mit dem kurz zuvor präsentierten BMW 328 aus Eisenach identisch. Doch nur wenige Briten waren sich bewusst, dass der Frazer Nash im Grunde ein aus Deutschland importiertes Auto war: Die Erfolge der schnellen (und meist in British Racing Green lackierten) Roadster wurden in britischen Renn- und Rallyeveranstaltungen fast durchweg durch britische Fahrer errungen und in der Motorpresse als britische Siege gefeiert.

Die Marke Frazer Nash gab es schließlich seit den frühen Zwanziger Jahren; die unterschiedlichsten Baumuster mit einer großen Variationsbreite von Vier- und Sechszylindermotoren hatten aber kein so einheitliches Markenimage entstehen lassen, wie es erst der 328 prägte. Auch die Eisenacher Modelle 315 und 319 hatte es ab 1935 unter dem Label Frazer Nash BMW gegeben.

Frazer-Nash-Chef H. J. Aldington, mit seinem Bruder Inhaber der BMW-Importfirma AFN Ltd., war selbst Rennfahrer; er und sein Freund (und bester Kunde) Albert Fane

Links: Frazer Nash-BMW 315/1 von 1934.

Unten: Den Frazer Nash-BMW 315/1 sah man in England auf vielen Trails.

Links: Lord de Clifford am Steuer seines Frazer Nash-BMW 328.

wie viele andere prominente Privatfahrer hatten im Frazer Nash 328 ein Fahrzeug entdeckt, mit welchem sie in der 2,0-Liter-Klasse der Konkurrenz überlegen waren. Der Motor in diesem Auto war der vom BMW 328 her bekannte, 80 PS starke 1971-ccm-Sechszylinder, mit einer seitlichen Nockenwelle, Aluminiumkolben und Batteriezündung. Getunte Exemplare kamen auf gut 100 PS; sogar Aggregate mit 115 PS hat es gegeben.
Seinen ersten großen Auftritt absolvierte der deutsch-englische Zweisitzer am 15. April 1937, als Sammy Davis, Sportredakteur der Zeitschrift *Autocar*, mit Aldingtons serienmäßigem Privatwagen auf der Brooklands-Rennstrecke einen Rundenschnitt von 103,97 mph (167,3 km/h) fuhr – ein Rekord, der in die Brooklands-Annalen als eine besondere Leistung einging. Mehr als 100 Meilen pro Stunde: So schnell war bisher allenfalls ein Jaguar S.S.100 mit 3,5-Liter-Motor gewesen!
Schon im September 1936 hatte sich ein Team von drei Frazer Nash 328 den Teampreis bei der Tourist Trophy sichern können. Prinz Bira aus Siam (wie Thailand damals hieß), Dritter in der Mannschaft neben Aldington und Fane, wurde im Folgejahr sogar Gesamtsieger und damit Gewinner der begehrten Trophy.
Schnelle Frazer Nash 328 waren 1937 bis 1939 auch in einer großen Zahl von Bergrennen erfolgreich. Immer wieder waren es Aldington und Fane, die in die Schlagzeilen der britischen Motorpresse kamen, aber auch die Privatfahrer David H. Murrey, H. Wood, Hugh C. Hunter, Leslie Johnson und das Ehepaar Ernest und Jill Thomas.
Viele Frazer Nash 328 mischten auch nach dem Krieg wieder mit. Die Firma Bristol hatte sich im Rahmen der Reparationsleistungen an Großbritannien die Baurechte am BMW-2,0-Liter-Motor gesichert, daher gab es noch einige Jahre lang genügend Ersatz für Verschleißteile; der Bristol-328-Motor verfügte zudem von Haus aus über mehr Leistung und verhalf somit so manchem betagten Frazer Nash 328 zu einer zweiten Karriere. Von 1948 bis zum Sommer 1957 sind von der Firma AFN Ltd. noch einmal 86 Frazer Nash Sportzweisitzer mit Bristol-BMW-Motor gebaut worden, sie wurden nach den Erfolgen in ihren Wettbewerbseinsätzen benannt: Le Mans Replica (1949), Targa Florio (1951), Sebring (1952) und Mille Miglia.

Montagehalle der AFN Falcon Works. Man erkennt die im Entstehen begriffene Karosserie des Frazer Nash Fast Tourer (mit welchem Alex von Falkenausen 1953 die Int. Alpenfahrt bestritt) sowie im Hintergund einen der drei BMW 328-Prototypen von 1936. Die Aufnahme entstand am 8. Oktober 1948.

Rahmen des ersten komplett bei AFN gebauten Frazer Nash Sportzweisitzers mit einem Bristol-Motor nach BMW 328-Spezifikation, Oktober 1948.

Oben: Von Touring Milano 1948 karossierter Frazer Nash, Den Roadster erwarb der damalige Schah Reza Pahlevi von Persien.

Unten: Im August 1950 für den Rennfahrer Bob Gerard (links) fertiggestellter Frazer Nash 2,0 Liter Le Mans Replica.

Die Briten haben bekanntlich ein Faible für extravagante Sportwagen

BMW mit sieben Buchstaben: Bristol

1947–1956

Unmittelbar nach Beendigung des Krieges nahm H. J. Aldington mit dem Chairman der Bristol Aeroplane Company, George White, Kontakt auf. Er hatte gehört, dass man bei Bristol die Herstellung von Automobilen plante und unterbreitete White den Vorschlag, eine bewährte Konstruktion zu übernehmen: den Nachbau des BMW 327/28. So entstand im Frühjahr 1946 ein dem BMW 327 ähnelndes Coupé, der Bristol 400. Die Verwandtschaft mit dem BMW war unverkennbar – in den Proportionen, in den Spezifikationen, vor allem in der Gestaltung der Wagenfront. Zwei Coupés wurden als Prototypen gebaut; die nachfolgenden Wagen entstanden als zweitürige Cabriolets. 250 Stück sollten von jeder Version entstehen, doch für das Cabriolet fanden sich kaum Interessenten, so dass nur das Coupé in Serie ging.

Anfang 1947 wurde der Bristol 400 der Öffentlichkeit vorgeführt, und zwar auf dem Genfer Salon. Sein Preis war sehr hoch, aber seine 94 mph (151 km/h) Spitzentempo auch beeindruckend.

Oben und links: Bristol 400, Bauzeit 1946–1950.

Rechts: Eins der fünf von Pinin Farina 1949 karossierten Bristol 402 Cabriolets.

Charme der Vierziger Jahre: Werbeaufnahmen mit dem Bristol 400 im September 1946. Die Coupé-Limousine weist große Ähnlichkeit mit dem BMW 327 auf.

Es gab zwei Serien des in 475 Exemplaren gebauten Bristol 400. Die Wagen der ersten Bauserie sind an den dünnen, tubusförmigen Stoßstangen zu erkennen, bei der zweiten Serie waren sie breiter und flacher.

The Businessman's Express

1948 wurde der Bristol 401 vorgestellt und in einer Auflage von 605 Exemplaren gebaut. Bald hatte er seinen (inoffiziellen) Namen weg: The Businessman's Express.

Beim Bristol 401 waren die Türen vorn angeschlagen, die Sitze im Fond boten etwas mehr Komfort als beim Typ 400. Man hatte die Wahl zwischen einer 80- und einer 85-PS-Version. Als »Type 402« bot Bristol ein Cabriolet mit 80-PS-Motor an; einige Besitzer dieser Fahrzeuge ließen später jedoch den 85-PS-Motor einbauen oder den 100 PS starken Sechszylinder des im Sommer 1953 eingeführten Bristol 403.

Die letzten 401/402 stattete man mit dem leistungsstärkeren Motor vom Typ 100A aus. Dieser Zweiliter – noch immer auf dem 328-Aggregat basierend – wies eingezogene, trockene Laufbüchsen sowie zusätzliche Kanäle zur Wasserführung auf, optional war ein Ölkühler erhältlich. Parallel zum Bristol 403 gab es 1953 bis 1955 das Modell 404, ein Coupé mit kürzerem Radstand und durch seine Heckflossen eine auffallende Erscheinung. Auf der Automobilausstellung in Paris 1954 stellte Bristol das Modell 405 vor, den einzigen je gebauten Viertürer dieser Marke. Das Auto wies zahlreiche Details des 404 auf, was eine reizvolle Stilmischung ergab. Der Bristol 405 ging in die Geschichte als letzter Serienwagen ein, der mit dem Zweiliter-Motor auf Basis des BMW 328 bestückt war. Das Auto wurde 297 mal gebaut.

Arnolt Bristol 1956–1960

Seine ersten signifikanten Aktivitäten in der Sportwagenszene entfaltete der Amerikaner Stanlay Arnolt, als er eine Anzahl MG TD mit Bertone-Karosserien versah und in den USA erfolgreich verkaufte. Doch seine Landsleute erwarteten stärkere Kaliber, und da Arnolt nicht nur MG-, sondern auch Bristol-Importeur war, konnte er diesen Erwartungen durchaus entsprechen. Von Bristol ließ er eine Anzahl überproduzierter Fahrgestelle des Typs 404 samt Motor von Felton/England nach Turin schaffen, wo Bertone in Arnolts Auftrag einen traumhaft schönen Roadster entstehen ließ. Die meisten Exemplare hatten Stahlblechkarosserien, doch für Rennzwecke wurden einige auch mit Aluminiumaufbauten versehen. Arnolt hatte einen Arbeitsvertrag mit Bertone, so dass eine andere Karosseriefirma für diesen Wagen gar nicht in Frage gekommen wäre.

Der Arnolt Bristol mit seinem 2,0-Liter-Motor (Basis BMW 328) kostete nur halb soviel wie das Bristol Coupé 404. Es heißt, Arnolt habe bei jedem Wagen draufgezahlt, doch das hätte ihn kaum gestört, denn seine anderen Geschäfte warfen genug ab, um sich solche Extravaganzen leisten zu können. Er selbst nahm auch an diversen Rennen teil, so in Sebring, wo er einen zweiten, einen dritten und einen vierten Platz belegen konnte. Hätte Bristol die Fertigung des 404 nicht eingestellt, wären vermutlich mehr als nur 142 Arnolt Bristol entstanden.

Arnolt Bristol Coupé 1953, nur dreimal gebaut.

AFM – die Rennwagen des Alex von Falkenhausen 1948–1952

Auf der Basis des BMW 328 Sportwagens schuf der Ingenieur Alex von Falkenhausen 1947 bis 1952 einige Fahrzeuge, von denen sieben Formel-2-Rennwagen waren. Die ersten beiden wiesen einen Rohrrahmen auf, weitere vier einen vom BMW 328 abgeleiteten Rahmen, ferner Doppel-Querlenker, eine De-Dion-Hinterachse sowie den bewährten, vom »weiß-blauen Lord« jedoch modifizierten BMW-328-Motor. Hans Stuck absolvierte mit einem AFM beim Großen Preis von Monza die schnellste Runde, und er siegte in vielen internationalen Bergrennen.

In den Räumen der Bootswerft Joseph Huber auf der Insel Frauenchiemsee wurden Chassis und Karosserie angefertigt. Der Motoren-Spezialist Richard Küchen, Ingolstadt, entwickelte einen neuen 2,0-Liter-Motor, ein V8 mit zwei obenliegenden Nockenwellen und 200 PS. Hans Stuck und der Nürnberger Rennfahrer Fritz Riess steuerten 1950 und 1951 den neuen AFM, wobei der Wagen von Riess einen BMW-328-Motor und Stucks Fahrzeug den V8 aufwies.

1951 baute von Falkenhausen ein elegantes, vier- bis fünfsitziges Luxus-Coupé, dessen Fahrgestell-Konstruktion den Rennwagen entsprach; für den Antrieb verwendete er einen Opel Kapitän-Motor (2,5 Liter, 60 PS). Das Auto blieb wie ein Cabrio mit Alfa-Romeo-Motor und Drews-Karosserie ein Einzelstück.

1954 gab Alex von Falkenhausen seine Tätigkeit als selbständiger Konstrukteur auf und kehrte zu BMW zurück. Er avancierte zur »grauen Eminenz« des Motorenbaus bei BMW und bestritt auch zahlreiche Rallyes und Langstreckenrennen Zu seinen herausragenden Beiträgen zählt sein Einfluss bei der Entstehung der Modellreihe »Neue Klasse«, die BMW 1962 auf den Kurs zu einem Unternehmen von Weltrang brachte. 1972 wurde »Falky« Cheftechniker bei der BMW Motorsport GmbH; 1975 zog er sich ins Privatleben zurück.

Fritz Riess an Steuer eines AFM Monoposto der Formel 2, 1951.

Chassis des AFM Formel 2 Typ 50 mit BMW-328-Motor.

Die Kunst des Improvisierens kam in der frühen Nachkriegszeit auch im Motorsport zu mancher Vollendung

Start auf BMW-Eigenbau: Dabeisein wichtiger als Siegen!

Die Frage, warum nach dem Zweiten Weltkrieg auf der Grundlage des BMW 328 in Deutschland so viele interessante Eigenbauten entstanden, ist leicht zu beantworten.
Wer in den späten 1940er-Jahren als am Rennsport aktiv Interessierter eine Chance haben wollte, in der Zweiliter-Klasse mitzufahren, hatte gar keine andere Wahl, als sich dem bewährten BMW 328 zuzuwenden. Ein solches Fahrzeug zu finden, vielleicht auch nur Teile davon, lag immerhin im Bereich des Möglichen.
Theoretisch galt bis 1954 noch die Rennformel für unaufgeladene Motoren von 4,5 Liter und der mit Kompressor von maximal 1,5 Liter. Doch praktisch kamen keine internationalen Rennen nach dieser Formel zur Austragung. Als Übergangslösung bis zur 1954 in Kraft tretenden neuen Formel 1 (2,5 Liter ohne Kompressor) erklärte man 1952 und 1953 die 2,0-Liter-Formel 2 zur Grand-Prix-Formel. Diese FIA-Entscheidung hatte zur Folge, dass viele Sportwagen mit einem 328-Motor oder einem Derivat davon nun auch an Rennen nach der Grand-Prix-Formel teilnehmen durften, was für deutsche Lizenzfahrer insoweit interessant wurde, als sie ab 1950 auch im Ausland wieder startberechtigt waren.
Viele dieser auf dem 328 basierenden Sport- und Rennwagen-Eigenbauten ließen auf den Ideenreichtum ihrer Erzeuger ebenso schließen wie auf die Abstinenz der großen Herstellerfirmen, die in den vierziger und frühen fünfziger Jahren ganz andere Sorgen hatten, als ihr bescheidenes wirtschaftliches Potenzial sogleich wieder im Rennsport einzusetzen.
Es waren also Privatfahrer, die nun auch als Konstrukteure die Rennszene belebten und mit viel Phantasie und Improvisationskunst entstandene Fahrzeuge an den Start brachten.

HOLBEIN HH47, HH48, HH49

Dipl.-Ing. Hermann Holbeins war 26 Jahre alt, als er 1936 bei BMW eine Position als Versuchsingenieur antrat. Während des Krieges war er dort in der Flugmotoren-Entwicklung tätig. 1946 begann er aus Teilen eines BMW 328 einen Rennwagen zu bauen, mit dem er 1947 an den

328-Derivat: Hermann Holbeins HH47.

Hermann Holbeins Formel-2-Monoposto HH49.

Links: Helmut Polensky in seinem Kurpfalz-BMW.

Rechts: Von der Freiburger Karosseriefirma Müller 1950 aufgebautes Aluminium-Coupé auf dem Chassis eines BMW 328.

Start ging. Diesem HH47 genannten Formel-2-Wagen folgten 1948 ein zweiter (HH48), 1949 ein dritter (HH49). Bekannter wurde Hermann Holbein durch seine 1949 aufgenommene Herstellung eines zweisitzigen Miniaturautos, das unter der Marke Champion gebaut wurde. Die ersten Fahrzeuge entstanden bei ZF; zu den Konstrukteuren des Champion gehörten auch Otto Schwab (Fahrgestell), Lucien Lepoix (Karosserie), August Winter (Getriebe) sowie Josef Vogele (Versuch). Insgesamt entstanden in Friedrichshafen fünf Fahrzeuge. Holbein führte die Arbeiten anschließend in eigener Regie weiter.
Nach seinem Gastspiel bei Fiat wechselte Holbein zum Rheinstahl-Konzern nach Düsseldorf ins Management.

KATHREIN-BMW

Beim BMW-Spezialisten Toni Neumaier in Busenbach entstand 1937 für den Sportfahrer Hermann Kathrein auf der Basis eines 315/1 ein Rennfahrzeug für die 1500-ccm-Klasse; ein ähnliches Auto fertigte er für Willi Spindler aus Pößneck und für Helmut Polensky an. Kathreins bei Neumaier gebauter Wagen nahm bis 1952 an über 50 Rennen teil. Der Wagen wurde in den 1980er-Jahren wiederentdeckt, restauriert und 2007 bei der Techno-Classica gezeigt. Kathrein war 1938 Deutscher Bergmeister der Klasse bis 1500 ccm. Ab 1951 fuhr Hermann Kathrein auch auf Porsche.

NEUMAIER-BMW

Der Mechaniker Toni Neumaier gehörte in den frühen 1930er-Jahren zu jenen Sportfahrern, die sich mit ihren in eigener Regie optimierten Fahrzeugen in vielen Wettbewerben ganz vorn platzieren konnten. Seine umgebauten BMW 3/15 PS Wartburg und 309, auf 1,1 Liter aufgebohrt, waren vor allem am Berg erfolgreich. Neumaier arbeitete auch im Kundenauftrag und baute Spezialfahrzeuge u.a. für Hermann Kathrein, Willy Spindler und Helmut Polensky auch noch nach Ausbruch des Krieges. Neumaiers Wagen tauchten später meist unter anderen Namen in Rennen auf.

POLENSKY-BMW KURPFALZ

Während einer Studienreise in die USA lernte Helmut Polensky, einer der drei Erben der Baufirma Polensky & Zöllner, 1936 an Bord des Schiffes die BMW-Konstrukteure Fiedler und Schleicher kennen. 1937–39 war er zwar bei der Auto Union in der Ausbildung, fuhr aber auf einem gebraucht gekauften BMW verschiedene Rennen mit. Er trat trotz mehrmaliger Aufforderung nicht dem NSKK bei, was ihn von weiteren Starts ausschloss. Mit einem speziell für ihn gebauten 328 (genannt »Kurpfalz«) konnte er erst nach dem Kriege an den Start gehen. Er gründete in Hamburg eine Zylinderschleiferei und baute sich einen neuen Wagen, den Monopol, mit BMW-Motor und VW-Vorderachse, nach Auto-Union-Vorbild als Mittelmotor-Monoposto für die Formel 2 konstruiert. Das Auto erwarb später der Motorenbauer Franz-Xaver Küchen. Kleinere Versionen für die Formel 3 mit BMW-Motorradmotor liefen unter dem Namen »Monopoletta«. 1948 verließ Polensky Hamburg und wurde in Stuttgart Generalvertreter für Vespa. 1951 eröffnete Polensky in Karlsruhe eine VW-Vertretung und betätigte sich erfolgreich als Rallyefahrer auf einem Porsche 1500, auch auf Lancia und Fiat.

Für das Münchner Werk gab es einen Demontagebefehl, in der Fabrik in Eisenach hatten die Sowjets das Sagen

Stunde Null: BMW vor neuen Herausforderungen

1945–1975

Der Zweite Weltkrieg hatte die Bayerischen Motoren Werke hart betroffen. Das Münchner Werk. soweit nach diversen Bombenschäden noch intakt, wurde größtenteils demontiert, die Fabrik in Eisenach von den Sowjets in Beschlag genommen. Dennoch: An beiden Standorten ging das Leben weiter. Im Werk München-Milbertshofen wurden Trümmer beseitigt, einsturzgefährdete Gebäude abgetragen. Die BMW-Ingenieure Alfred Böning und Kurt Deby waren es, die als Erste die Initiative ergriffen und 1946 die Herstellung von Kochtöpfen und Fahrradrahmen aus eingeschmolzenem Aluminum in die Wege leiteten. Die Wie-

deraufnahme der Motorradproduktion wurde ebenfalls erwogen und 1948 auch realisiert.
Der Gedanke, unter der Marke BMW eines Tages auch wieder Automobile herzustellen, gehörte zunächst noch ins Reich der Utopie, doch sowohl in Eisenach als auch in München war er stets präsent – wobei die Eisenacher die Nase vorn hatten, während in München zuvor ja noch niemals BMW Automobile gebaut worden waren. Man musste hier bei Null beginnen. Ein Prototyp aus der Kriegszeit hatte als möglicher Ausgangspunkt zu diesbezüglichen Überlegungen die Wirren überlebt, doch dummerweise wurde dieser als Typ 332 bezeichnete Viertürer verschrottet. Ein weiteres Einzelstück war der kleine 331 mit Motorrad-Boxermotor; dieses Auto blieb erhalten und wurde 1963 dem schwedischen Importeur Alan Söderström als Geschenk überlassen.
Dennoch gediehen allen zeitbedingten Widerständen zum Trotz (Material- und Maschinenmangel, unsichere Energieversorgung, wenig Fachpersonal, geschwächte Wirtschaft, von den Alliieren auferlegte Restriktionen) die Vorbereitungen zu einer Autoproduktion bei BMW in München so weit, dass auf der IAA 1951 eine erste Limousine zu sehen war. Ein bescheideneres Mittelklassemodell wäre indessen sinnvoller gewesen, doch in diesem Segment wollten sich die Bayern nicht auf einen Wettbewerb mit Borgward, Ford und Opel einlassen. Man hatte vielmehr die Herausforderung von Mercedes angenommen, ein geschäftlich sehr hohes Risiko – das nur durch Kleinwagen vom anderen Ende der Skala aufgefangen wurde. Die Isetta ab 1955 und der BMW 700 ab 1959 bewahrten BMW vor dem Desaster, das sich durch die unrentable Luxuswagen-Politik angekündigt hatte und erst mit Erscheinen der »Neuen Klasse« im Jahr 1962 als endgültig vom Tisch zu betrachten war.
1966 wurde von BMW die Hans Glas GmbH in Dingolfing übernommen; auf deren Areal entstand 1973 eine völlig neue Fabrik, die schon zwei Jahre später mit ihrer vollen Kapazität arbeitete.
Die Vorstandsvorsitzenden bei BMW waren bis 1993: Kurt Donath, Hanns Grewening, Dr. Heinrich Richter-Brohm, Dr. Karl-Heinz Sonne, Gerhard Wilcke, Eberhard von Kuenheim. Sie alle trugen zur Profilschärfung der Marke BMW erheblich bei.

Einer der beiden Anfang der 1940er-Jahre entstandenen Versuchswagen Typ 332.

Links: Durch Bomben beschädigte BMW-Werkshallen, München 1944.

Unten: Bei BMW 1946 hergestellter Alu-Fahrradrahmen.

Unten: Dieser Versuchswagen Typ 331 mit Motorrad-Boxermotor im Bug wurde 1949–50 gebaut; er blieb ein Unikat.

Eberhard von Kuenheim (Jahrgang 1928) war 23 Jahre lang BMW Vorstandsvorsitzender und weitere sechs Jahre Chef des Aufsichtsrats.

Links: Erste neue BMW-Karosseriepresse, 1952. Bevor man nach dem Kriege in München imstande war, Autokarosserien selbst zu produzieren, bezog man für den BMW 501 die Aufbauten von Baur in Stuttgart.

Unten: Kontraste – BMW Isetta und BMW 501, 1955–1956.

Auf der IAA 1951 erstmals gezeigt: BMW 501 (baugleich BMW 501 A, BMW 501 B) Limousine, 4 Türen, Serienherstellung 1952–1955.

Kontinuität: BMW baut wieder große Automobile 1952–1975

BMW 501 Sechszylinder (1952–1958)

Erster BMW-Personenwagen nach dem Krieg. Hervorragend durchkonstruiertes Fahrgestell. Karosserie nach dem Muster des englischen Austin zwar recht eigenwillig geformt, aber geräumig, übersichtlich und komfortabel eingerichtet. Doch der Zweiliter-Sechszylindermotor, abgeleitet vom Vorkriegstyp BMW 326, war vom Gewicht und der Klasse des neuen Wagens überfordert. Prototyp auf der Frankfurter Automobil-Ausstellung April 1951. Serienanlauf November 1952. Ab März 1954: BMW 501 A und einfacher ausgestatteter BMW 501 B mit weiter erhöhter Motorleistung. Als Sonderausführungen Coupé und Cabriolets der Karosseriefabrik Baur (Stuttgart). Ab April 1955: Motor auf 2,1 Liter Hubraum aufgebohrt. Ende 1958 lief die Produktion aus, 17 Wagen wurden in den drei folgenden Jahren noch als Nachzügler einzelgefertigt. Insgesamt stellte BMW vom Sechszylinder Basistyp 8951 Wagen her.

BMW 501, BMW 501 A, BMW 501 B. Limousine, 4 Türen, 1952–1955.

	BMW 501 1952–1953	BMW 501 A, BMW 501 B 1954–1955	BMW 501 Sechszylinder 1955–1958
Motor			
Zylinderzahl	6 (Reihe)	6 (Reihe)	6 (Reihe)
Bohrung x Hub	66 x 96 mm	66 x 96 mm	68 x 96 mm
Hubraum	1971 ccm	1971 ccm	2077 ccm
Leistung	65 PS bei 4400/min	72 PS bei 4400/min	72 PS bei 4500/min
Drehmoment	13,2 mkg bei 2000/min	13,3 mkg bei 2500/min	13,5 mkg bei 2500/min
Verdichtung	1:6,8	1:6,8	1:7,0
Vergaser bzw. Einspritzpumpe	1 Doppel-Fallstromverg. Solex 30PMJ	1 Doppel-Fallstromverg. Solex 30PMJ	1 Doppel-Fallstromverg. Solex 32 PAITA
Ventile	Hängend, Stoßstangen und Kipphebel, seitl. Nockenwelle, Antrieb d. Duplexkette	Hängend, Stoßstangen und Kipphebel, seitl. Nockenwelle, Antrieb d. Duplexkette	Stoßstangen und Kipphebel Seitliche Nockenwelle, Duplexkette
Kurbelwellenlager	4	4	4
Kühlung	Pumpe, 7,25 l Wasser	Pumpe, 7,25 l Wasser	Pumpe, 7,5 Liter Öl
Schmierung	Druckumlauf, 4,5 Liter Öl	Druckumlauf, 4,5 Liter Öl	Druckumlauf, 4,5 Liter Öl
Batterie	12 V 50 Ah (im Motorraum)	12 V 50 Ah (im Motorraum)	12 V 50 Ah (im Motorraum)
Lichtmaschine	Gleichstrom 160 W	Gleichstrom 160 W	Gleichstrom 160 W
Kraftübertragung	Antrieb auf Hinterräder, Getriebe unter Vordersitzen, kurze Kardanwelle zw. Kuppl. u. Getriebe	Antrieb auf Hinterräder, Getriebe unter Vordersitzen, kurze Kardanwelle zw. Kuppl. u. Getriebe	Antrieb auf Hinterräder, Getriebe unter Vordersitzen, kurze Kardanwelle zw. Kuppl. u. Getriebe
Kupplung	Einscheibentrockenkupplung	Einscheibentrockenkupplung	Einscheibentrockenkupplung
Schaltung	Lenkradschaltung	Lenkradschaltung	Lenkradschaltung
Getriebe	4-Gang	4-Gang	4-Gang
Synchronisierung	I–IV	I–IV	I–IV
Übersetzungen	I. 4,24 – II. 2,35 – III. 1,49 – IV. 1,00	I. 4,24 – II. 2,35 – III. 1,49 – IV. 1,00	I. 4,24 – II. 2,35 – III. 1,49 – IV. 1,00
Antriebs-Übersetzung	4,225	4,225	4,551 oder 4,225
Fahrwerk	Rahmen aus Kasten-Längs- u. Rohr-Querträgern, m. Boden d. Ganzstahlkar. verschweißt	Rahmen aus Kasten-Längs- u. Rohr-Querträgern, m. Boden d. Ganzstahlkar. verschweißt	Rahmen aus Kasten-Längs- u. Rohr-Querträgern, m. Boden d. Ganzstahlkar. verschweißt
Vorderradaufhängung	Doppel-Querlenker, Längs-Federstäbe	Doppel-Querlenker, Längs-Federstäbe	Doppel-Querlenker, Längs-Federstäbe
Hinterradaufhängung	Starrachse, Dreieck-Schublenker, Längs-Federst.	Starrachse, Dreieck-Schublenker, Längs-Federst.	Starrachse, Dreieck-Schublenker, Längs-Federst.
Lenkung	Kegelrad (gebogene Zahnstange) 16,5:1, 3,5 Lenkraddrehungen	Kegelrad (gebogene Zahnstange) 16,5:1, 3,5 Lenkraddrehungen	Kegelrad (gebogene Zahnstange) 16,5:1, 3,5 Lenkraddrehungen
Fußbremse	Hydraul., Trommel-Ø 284 mm, Bremsfl. 840 cm²	Hydraul., Trommel-Ø 284 mm, Bremsfl. 840 cm²	Hydraul., Trommel-Ø 284 mm, Bremsfl. 1050 cm²
Allgemeine Daten			
Radstand	2835 mm	2835 mm	2835 mm
Spur	1322/1408 mm	1322/1408 mm	1322/1408 mm
Gesamtmaße	4730 x 1780 x 1530 mm	4730 x 1780 x 1530 mm	4730 x 1780 x 1530 mm
Felgen	4,00 E x 16	4,00 E x 16	4,00 E x 16 oder 4½ K x 15
Reifen	5,50-16	5,50-16	5,50-16 oder 6,40-15
Wendekreis	12 Meter	12 Meter	12 Meter
Wagengewicht	1340 kg	1340 kg	1340 kg
Zuläss. Gesamtgewicht	1725 kg	1725 kg	1800 kg
Höchstgeschwindigkeit	135 km/h	140 km/h	145 km/h
Beschleunigung 0–100 km/h	27 sec	23 sec	
Verbrauch/100 km	12,5 Liter	13 Liter	13 Liter
Kraftstofftank	58 Liter (im Heck)	58 Liter (im Heck)	58 Liter (im Heck)

BMW V-Achtzylinder 501/502 (1954–1963)

BMW 502: Erster deutscher Achtzylinder-Personenwagen nach dem Krieg. Fahrgestell wie BMW 501, ebenso Karosserie, jedoch mehr Chrom, eingebaute Nebelleuchten, Blinker statt Winker und ab September 1955 Panorama-Heckscheibe. Völlig neuer, Format und Klasse des Wagens entsprechender Leichtmetall-V8-Motor. Vorgestellt Genfer Salon 1954. Gebaut ab Juli 1954 bis März 1964. Typenbezeichnung ab Herbst 1958: BMW 2,6 Luxus. Ab September 1961: BMW 2600 L (mehr Drehmoment/Leistung, Scheibenbremsen, runde Heckleuchten).
BMW 501 Achtzylinder: BMW 501 (Karosserie mit kleinerem Heckfenster und ohne zusätzlichen Chrom) mit 2,6-Liter-V8-Motor. Gebaut ab April 1955 bis Sommer 1962. Typenbezeichnung ab Herbst 1958: BMW 2,6. Ab September 1961: BMW 2600 (mehr Leistung, Scheibenbremsen, runde Heckleuchten).
BMW 502 3,2 Liter: Gleicher Wagen wie BMW 502, jedoch V8-Motor auf 3,2 Liter aufgebohrt. Vorgestellt Frankfurter Automobilausstellung im September 1955. Gebaut ab Oktober 1955 bis Sommer 1962. Typenbezeichnung ab Herbst 1958: BMW 3,2. Ab September 1961: BMW 3200 L (mehr Leistung, Scheibenbremsen, runde Heckleuchten).
BMW 502 3,2 Liter Super: Noch höhere Motorleistung. Gebaut ab April 1957 bis März 1964. Ab Oktober 1959 Scheibenbremsen serienmäßig. Typenbezeichnung ab September 1961: BMW 3200 S (mehr Leistung, runde Heckleuchten). Insgesamt fertigte BMW im Rahmen dieser Modellreihen rund 9000 Wagen mit 2,6-Liter- und rund 4500 Wagen mit 3,2-Liter-Motor. Die Karosseriefabrik Baur (Stuttgart) lieferte 1954/55 insgesamt 280 Cabriolets und Coupés mit Sechs- und Achtzylindermotoren, eingerechnet 50 Viertüren-Cabriolets.

BMW 503 (1956–1959)

Coupé und Cabriolet mit langer Motorhaube, insgesamt etwas monströs ausgefallen. Entwurf: Georg Bertram und Graf Goertz. Vorgestellt auf der IAA 1955. Gebaut von Mai 1956 bis März 1959. Gesamtzahl 413 Wagen.

BMW 507 (1956–1959)

Hinreißend schöner Roadster, der noch 20 Jahre später als Rarität zum Neupreis gehandelt wurde und heute nahezu unbezahlbar ist. Entwurf: Graf Goertz. Vorgestellt Frankfurter Automobilausstellung im September 1955. Gebaut von November 1956 bis März 1959. Gesamtzahl 254 Wagen.

Preise							
		BMW 501					
1952–1953		DM 15150,- (einschl. Radio)					
	BMW 501 B	**BMW 501 A**			**BMW 501 A Coupé 2/2 Sitze**	**BMW 501 A Cabriolet 2/2 Sitze**	**BMW 501 A Cabriolet 4 Türen**
März 1954	DM 12680,-	DM 14180,-			–	–	–
August 1954	DM 11950,-	DM 13150,-			DM 18100,-	DM 18200,-	DM 18200,-
		BMW 501 6 Zylinder			**BMW 501 6 Zyl. Coupé 2/2 Sitze**	**BMW 501 6 Zyl. Cabriolet 2/2 Sitze**	
April 1955		DM 12500,-			DM 17850,-	DM 17950,-	
Juli 1956		DM 11500,-			–	–	
	BMW 501 8 Zylinder	**BMW 502 2,6 Liter**	**BMW 502 3,2 Liter**	**BMW 502 3,2 Liter Super**	**BMW 502 2,6 Liter Coupé 2/2 Sitze**	**BMW 502 2,6 Liter Coupé 2/2 Sitze**	**BMW 502 2,6 Liter Cabriolet 4 Türen**
1954	–	DM 17800,-	–	–	DM 21800,-	DM 21900,-	DM 21900,-
1955	DM 13950,-	DM 16450,-	DM 17850,-	–	DM 20850,-	DM 20950,-	–
					BMW 503 Coupé	**BMW 503 Cabriolet**	**BMW 507 Roadster**
1956	DM 14450,-	DM 16950,-	DM 18350,-	–	DM 29500,-	DM 29500,-	DM 26500,-
September 1957	DM 13450,-	DM 16450,-	DM 17850,-	DM 19770,-	DM 31500,-	DM 31500,-	DM 28500,-
Juli 1958	DM 13450,-	DM 16450,-	DM 17850,-	DM 19770,-	DM 32950,-	DM 32950,-	DM 29950,-
März 1960	DM 13450,-	DM 16450,-	DM 17850,-	DM 20240,-	–	–	–
April 1960	DM 15450,-	DM 17450,-	DM 18850,-	DM 21240,-	–	–	–
	BMW 2600	**BMW 2600 L**	**BMW 3200 L**	**BMW 3200 S**	**BMW 3200 CS**		
1961–1963	DM 16240,-	DM 18240,-	DM 19640,-	DM 21240,-	DM 29850,-		

BMW 501 Sechs- und Achtzylinder, Limousine, 4 Türen (1955–1958), BMW 2,6 Luxus, Limousine, 4 Türen (1958–1961).

BMW 502 3,2 Liter, BMW 502 3,2 Liter Super, Limousine, 4 Türen, 1955–1961.

BMW 2600 L, BMW 3200 L, BMW 3200 S, Limousine, 4 Türen, 1961–1963.

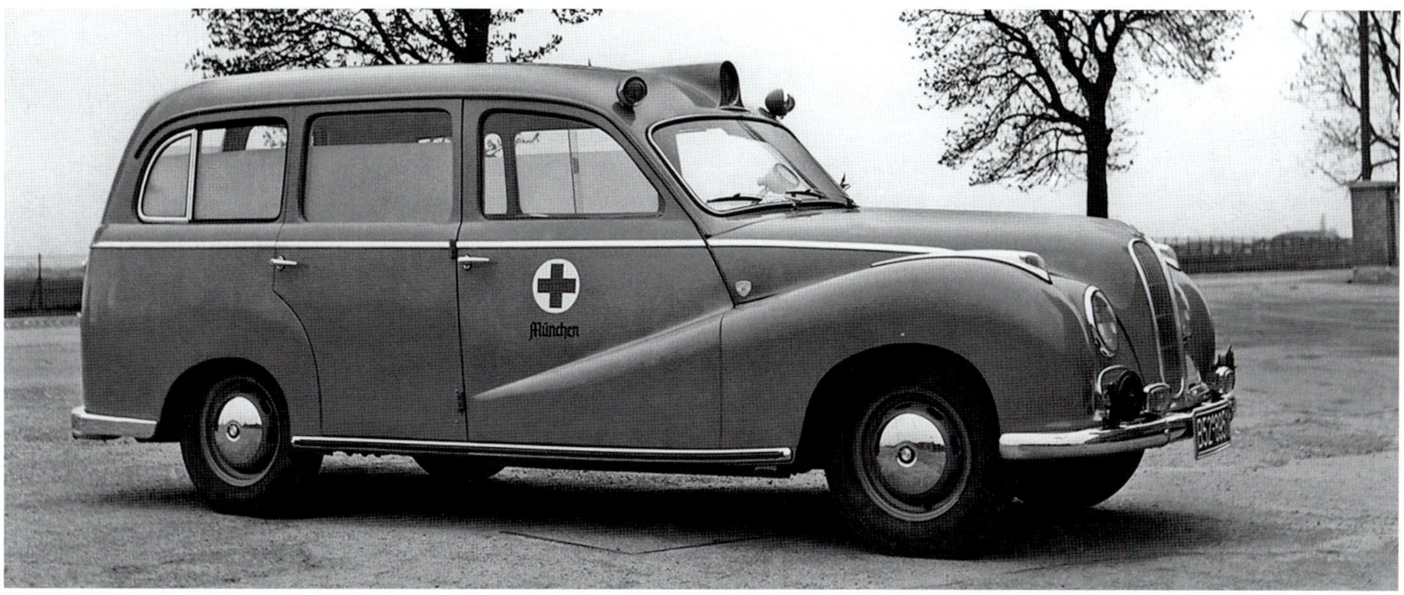

BMW 501 Krankenwagen (Heidemann/München). Einzelstück 1956.

	BMW 502 – 2,6 Liter, 1954–1961 BMW 501 Achtzylinder, 1955–1961	BMW 502 – 3,2 Liter 1955–1961	BMW 502 – 3,2 Liter 1957–1961
Motor			
Zylinderzahl	V8 (90°-V-Form), Leichtmetallblock, nasse Zylinderlaufbüchsen	V8 (90°-V-Form), Leichtmetallblock, nasse Zylinderlaufbüchsen	V8 (90°-V-Form), Leichtmetallblock, nasse Zylinderlaufbüchsen
Bohrung x Hub	74 x 75 mm	82 x 75 mm	82 x 75 mm
Hubraum	2580 ccm	3168 ccm	3168 ccm
Leistung	501: 95 PS 4800/min 502: 100 PS 4800/min	120 PS bei 4800/min	140 PS bei 4800/min
Drehmoment	501: 18,0 mkg bei 2500/min 502: 18,4 mkg bei 2500/min	502: 21,4 mkg bei 2500/min	502: 22,0 mkg bei 2500/min
Verdichtung	1:7,0	1:7,2	1:7,3
Vergaser bzw. Einspritzpumpe	1 Doppel-Fallstromverg. Solex 30PMJ ab 1957: Zenith 32 NDIX	1 Doppel-Fallstromverg. Zenith 32 NDIX	1 Doppel-Fallstromverg. Zenith 32 NDIX
Ventile	Hängend, Stoßstangen und Kipphebel, zentr. Nockenwelle, Antrieb d. Duplexkette	Hängend, Stoßstangen und Kipphebel, zentr. Nockenwelle, Antrieb d. Duplexkette	Hängend, Stoßstangen und Kipphebel, zentr. Nockenwelle, Antrieb d. Duplexkette
Kurbelwellenlager	5	5	5
Kühlung	Pumpe, 10 l Wasser	Pumpe, 10 l Wasser	Pumpe, 10 l Wasser
Schmierung	Druckumlauf, 6,5 Liter Öl	Druckumlauf, 6,5 Liter Öl	Druckumlauf, 6,5 Liter Öl
Batterie	12 V 56 Ah (im Motorraum)	12 V 56 Ah (im Motorraum)	12 V 56 Ah (im Motorraum)
Lichtmaschine	Gleichstrom 160 W	Gleichstrom 160 W	Gleichstrom 160 W
Kraftübertragung	Antrieb auf Hinterräder, Getriebe unter Vordersitzen, kurze Kardanwelle zw. Kuppl. u. Getriebe	Antrieb auf Hinterräder, Getriebe unter Vordersitzen, kurze Kardanwelle zw. Kuppl. u. Getriebe	Antrieb auf Hinterräder, Getriebe unter Vordersitzen, kurze Kardanwelle zw. Kuppl. u. Getriebe
Kupplung	Einscheibentrockenkupplung	Einscheibentrockenkupplung	Einscheibentrockenkupplung
Schaltung	Lenkradschaltung	Lenkradschaltung	Lenkradschaltung
Getriebe	4-Gang	4-Gang	4-Gang
Synchronisierung	I–IV	I–IV	I–IV
Übersetzungen	I. 3,78 – II. 2,35 – III. 1,49 – IV. 1,00	I. 3,78 ab'60: 3,71 II. 2,35 ab'60: 2,27 III. 1,49 IV. 1,00	I. 3,78 ab'60: 3,71 II. 2,35 ab'60: 2,27 III. 1,49 IV. 1,00
Antriebs-Übersetzung	4,225	3,89 oder 3,90	3,89 oder 3,90
Fahrwerk	Rahmen aus Kasten-Längs- u. Rohr-Querträgern, m. Boden d. Ganzstahlkar. verschweißt	Rahmen aus Kasten-Längs- u. Rohr-Querträgern, m. Boden d. Ganzstahlkar. verschweißt	Rahmen aus Kasten-Längs- u. Rohr-Querträgern, m. Boden d. Ganzstahlkar. verschweißt
Vorderradaufhängung	Doppel-Querlenker, Längs-Federstäbe	Doppel-Querlenker, Längs-Federstäbe	Doppel-Querlenker, Längs-Federstäbe
Hinterradaufhängung	Starrachse, Dreieck-Schublenker, Längs-Federst.	Starrachse, Dreieck-Schublenker, Längs-Federst.	Starrachse, Dreieck-Schublenker, Längs-Federst.
Lenkung	Kegelrad (gebogene Zahnstange) 16,5:1, 3,5 Lenkraddrehungen	Kegelrad (gebogene Zahnstange) 16,5:1, 3,5 Lenkraddrehungen	Kegelrad (gebogene Zahnstange) 16,5:1, 3,5 Lenkraddrehungen
Fußbremse	Hydraul., Trommel-Ø 284 mm, Bremsfl. 1050 cm^2 ab 1959 auf Wunsch: Servohilfe, ab 1960 auf Wunsch: Scheibenbr. vorn 267 mm m. Servohilfe	Hydraul., Trommel-Ø 284 mm, Bremsfl. 1256 cm^2 ab 1959 auf Wunsch: Servohilfe, ab 1960 auf Wunsch: Scheibenbr. vorn 267 mm m. Servohilfe	Hydraul., Trommel-Ø 284 mm, Bremsfl. 1256 cm^2 ab September 1959: Scheibenbremse vorn 267 mm mit Servohilfe
Allgemeine Daten			
Radstand	2835 mm	2835 mm	2835 mm
Spur	1330/1416 mm	1330/1416 mm	1330/1416 mm
Gesamtmaße	4730 x 1780 x 1530 mm	4730 x 1780 x 1530 mm	4730 x 1780 x 1530 mm
Felgen	4½ K x 15	4½ K x 15	4½ K x 15
Reifen	6,40 S 15 L	6,40 S 15 L	6,40 S 15 L bzw. (ab 1959) 6,50/6, 70 H 15 L
Wendekreis	12 Meter	12 Meter	12 Meter
Wagengewicht	501: 1430 kg. 502: 1440 kg	1470 kg	1500 kg
Zuläss. Gesamtgewicht	1900 kg	1900 kg	1900 kg, ab 1959: 2000 kg
Höchstgeschwindigkeit	160 km/h	170 km/h	175 km/h
Beschleunigung 0–100 km/h	17,5 sec	15 sec	14,5 sec
Verbrauch/100 km	14,5 Liter Super	15 Liter Super	16 Liter Super
Kraftstofftank	70 Liter (im Heck)	70 Liter (im Heck)	70 Liter (im Heck)

BMW 502 Coupé (Baur), 2 Türen, 5 Sitze, 1954–1955.

BMW 501 A Cabriolet (Baur), 4 Türen, 5 Sitze.

BMW 502 Coupé (Autenrieth).

BMW 502 Coupé (Beutler).

BMW 501 Cabriolet (Baur), 2 Türen, 4 Sitze, 1954–1955.

	BMW 2600, 1961–1962 BMW 2600 L, 1961–1963	BMW 3200 L 1961–1962	BMW 3200 S 1961–1963
Motor			
Zylinderzahl	V8 (90°-V-Form), Leichtmetallblock, nasse Zylinderlaufbüchsen	VB (90°-V-Form), Leichtmetallblock, nasse Zylinderlaufbüchsen	VB (90°-V-Form), Leichtmetallblock, nasse Zylinderlaufbüchsen
Bohrung x Hub	74 x 75 mm	82 x 75 mm	82 x 75 mm
Hubraum	2580 ccm	3168 ccm	3168 ccm
Leistung	2600: 100 PS bei 4800/min 2600 L: 110 PS bei 4900/min	140 PS bei 5400/min	160 PS bei 5400/min
Drehmoment	2600: 18,5 mkg bei 2500/min 2600 L: 18,6 mkg bei 3000/min	24,2 mkg bei 3000/min	24,2 mkg bei 3000/min
Verdichtung	1:7,5	1:7,5	1:9,0
Vergaser bzw. Einspritzpumpe	1 Doppel-Fallstromverg. Zenith 32 NDIX	1 Doppel-Fallstromverg. Zenith 36 NDIX	1 Doppel-Fallstromverg. Zenith 36 NDIX
Ventile	Hängend, Stoßstangen und Kipphebel, zentr. Nockenwelle, Antrieb d. Duplexkette	Hängend, Stoßstangen und Kipphebel, zentr. Nockenwelle, Antrieb d. Duplexkette	Hängend, Stoßstangen und Kipphebel, zentr. Nockenwelle, Antrieb d. Duplexkette
Kurbelwellenlager	5	5	5
Kühlung	Pumpe, 10 l Wasser	Pumpe, 10 l Wasser	Pumpe, 10 l Wasser
Schmierung	Druckumlauf, 6,5 Liter Öl	Druckumlauf, 6,5 Liter Öl	Druckumlauf, 6,5 Liter Öl
Batterie	12 V 56 Ah (im Motorraum)	12 V 56 Ah (im Motorraum)	12 V 56 Ah (im Motorraum)
Lichtmaschine	Gleichstrom 160 W	Gleichstrom 160 W	Gleichstrom 200 W
Kraftübertragung	Antrieb auf Hinterräder, Getriebe unter Vordersitzen, kurze Kardanwelle zw. Kuppl. u. Getriebe	Antrieb auf Hinterräder, Getriebe unter Vordersitzen, kurze Kardanwelle zw. Kuppl. u. Getriebe	Antrieb auf Hinterräder, Getriebe unter Vordersitzen, kurze Kardanwelle zw. Kuppl. u. Getriebe
Kupplung	Einscheibentrockenkupplung	Einscheibentrockenkupplung	Einscheibentrockenkupplung
Schaltung	Lenkradschaltung	Lenkradschaltung	Lenkradschaltung
Getriebe	4-Gang	4-Gang	4-Gang
Synchronisierung	I–IV	I–IV	I–IV
Übersetzungen	I. 3,71 – II. 2,27 – III. 1,49 – IV. 1,00	I. 3,71 – II. 2,27 – III. 1,49 – IV. 1,00	I. 3,71 – II. 2,27 – III. 1,49 – IV. 1,00
Antriebs-Übersetzung	4,225	3,9	3,9
Fahrwerk	Rahmen aus Kasten-Längs- u. Rohr-Querträgern, m. Boden d. Ganzstahlkar. verschweißt	Rahmen aus Kasten-Längs- u. Rohr-Querträgern, m. Boden d. Ganzstahlkar. verschweißt	Rahmen aus Kasten-Längs- u. Rohr-Querträgern, m. Boden d. Ganzstahlkar. verschweißt
Vorderradaufhängung	Doppel-Querlenker, Längs-Federstäbe	Doppel-Querlenker, Längs-Federstäbe	Doppel-Querlenker, Längs-Federstäbe
Hinterradaufhängung	Starrachse, Dreieck-Schublenker, Längs-Federst.	Starrachse, Dreieck-Schublenker, Längs-Federst.	Starrachse, Dreieck-Schublenker, Längs-Federst.
Lenkung	Kegelrad (gebogene Zahnstange) 16,5:1,3, 5 Lenkraddrehungen H	Kegelrad (gebogene Zahnstange) 16,5:1,3, 5 Lenkraddrehungen H	Kegelrad (gebogene Zahnstange) 16,5:1,3, 5 Lenkraddrehungen H
Fußbremse	Hydraulisch, Servohilfe, Scheiben vorn 267 mm Ø, Trommel hinten 284 mm Ø	Hydraulisch, Servohilfe, Scheiben vorn 267 mm Ø, Trommel hinten 284 mm Ø	Hydraulisch, Servohilfe, Scheiben vorn 267 mm Ø, Trommel hinten 284 mm Ø
Allgemeine Daten			
Radstand	2835 mm	2835 mm	2835 mm
Spur	1330/1416 mm	1330/1416 mm	1330/1416 mm
Gesamtmaße	4730 x 1780 x 1530 mm	4730 x 1780 x 1530 mm	4730 x 1780 x 1530 mm
Felgen	4½ K x 15	4½ K x 15	4½ K x 15
Reifen	6,40 S 15 L	6,40 S 15 L	6,40/6,70 H 15 L
Wendekreis	12 Meter	12 Meter	12 Meter
Wagengewicht	1440 kg	1470 kg	1490 kg
Zuläss. Gesamtgewicht	1900 kg	1900 kg	2000 kg
Höchstgeschwindigkeit	2600: 162 km/h 2600 L: 165 km/h	175 km/h	190 km/h
Beschleunigung 0–100 km/h	2600: 17,5 sec 2600 L: 17 sec	14 sec	14 sec
Verbrauch/100 km	14,5 Liter Super	15,5 Liter Super	16 Liter Super
Kraftstofftank	70 Liter (im Heck)	70 Liter (im Heck)	70 Liter (im Heck)

Geschlossene Hardtop-Ausführung des BMW 503.

Unten: Den unter Mitarbeit von Willi Martini und Heinz Jacht konstruierten Roadster 507a ließ Ernst Loof 1954 auf eigene Kosten bei der Firma Baur in Stuttgart karossieren. Es handelte sich um eine Alternative zum von Albrecht Graf Goertz gezeichneten Typ 507, dem BMW den Vorzug gab.

BMW 503 Cabriolet, 2/2 Sitze, 1956–1959. Die Felgen beim links abgebildeten Wagens erhielt man optional auch für den BMW 507.

BMW 507 Touring Sport, Roadster (mit Hardtop), 2 Sitze, 1956–1959.

BMW 3200 CS (1962–1965)

Nachfolger des BMW 503. Karosserie Bertone. Sehr solide gebaut. Wirkte zu seiner Zeit fast zu unauffällig, doch zeigte sich die Brillanz seiner Linie erst beim Vergleich mit dem späteren Werks-Coupé, das er noch zehn Jahre später mühelos in den Schatten stellte. Auch der BMW 3200 CS ist heute ein unter Kennern hochgeschätztes Modell. Vorgestellt auf der Frankfurter Automobilausstellung September 1961. Gebaut Februar 1962 bis September 1965. Gesamtzahl 603 Wagen.

BMW 3200 CS Coupé, Prototyp mit runden Blink- und Standleuchten und Ausschnitt dafür in der Vorderstoßstange.

Unten: BMW 3200 CS Cabriolet, Einzelanfertigung für Herbert Quandt (Chassis 76006 von 1961).

Serienausführung des BMW 3200 CS Coupés (Bertone), 4 Sitze, 1962–1965 (mitte links und unten).

	BMW 503 1956–1959	BMW 507 1956–1959	BMW 3200 CS 1962–1965
Motor			
Zylinderzahl	V8 (90°-V-Form), Leichtmetallblock, nasse Zylinderbüchsen	V8 (90°-V-Form), Leichtmetallblock, nasse Zylinderbüchsen	V8 (90°-V-Form), Leichtmetallblock, nasse Zylinderbüchsen
Bohrung x Hub	82 x 75 mm	82 x 75 mm	82 x 75 mm
Hubraum	3168 ccm	3168 ccm	3168 ccm
Leistung	140 PS bei 4800/min	150 PS bei 5000/min	160 PS bei 5600/min
Drehmoment	22,0 mkg bei 3800/min	24,0 mkg bei 4000/min	24,5 mkg bei 3600/min
Verdichtung	1:7,3	1:7,8	1:9
Vergaser bzw. Einspritzpumpe	2 Doppel-Fallstromverg. Zenith 32 NDIX	2 Doppel-Fallstromverg. Zenith 32 NDIX	2 Doppel-Fallstromverg. Zenith 36 NDIX
Ventile	Hängend, Stoßstangen und Kipphebel, zentr. Nockenwelle, Antrieb d. Duplexkette	Hängend, Stoßstangen und Kipphebel, zentr. Nockenwelle, Antrieb d. Duplexkette	Hängend, Stoßstangen und Kipphebel, zentr. Nockenwelle, Antrieb d. Duplexkette
Kurbelwellenlager	5	5	6
Kühlung	Pumpe, 10 Liter Wasser	Pumpe, 10 Liter Wasser	Pumpe, 10 Liter Wasser
Schmierung	Druckumlauf 6,5 Liter Öl	Druckumlauf 6,5 Liter Öl	Druckumlauf 6,5 Liter Öl
Batterie	12 V 56 Ah (im Motorraum)	12 V 56 Ah (im Motorraum)	13 V 56 Ah (im Motorraum)
Lichtmaschine	Gleichstrom 200 W	Gleichstrom 200 W	Gleichstrom 200 W
Kraftübertragung	Antrieb auf Hinterräder, Getriebe unter Vordersitzen	Antrieb auf Hinterräder, Getriebe mit Motor verblockt	Antrieb auf Hinterräder, Getriebe unter Vordersitzen
Kupplung	Einscheibentrockenkupplung	Einscheibentrockenkupplung	Einscheibentrockenkupplung
Schaltung	Lenkradschaltung ab Sept. 1957: Knüppelschaltung Mitte	Knüppelschaltung Mitte	Lenkradschaltung oder wahlweise Knüppelschaltung Mitte
Getriebe	4-Gang	4-Gang	4-Gang
Synchronisierung	I–IV	I–IV	I–IV
Übersetzungen	4-Gang: I. 3,78 II. 2,35 III. 1,49 IV. 1,00 4-Gang-Sport: I. 3,540 II. 2,202 III. 1,395 IV. 1,00	4-Gang: I. 3,387 II. 2,073 III. 1,364 IV. 1,00	4-Gang: I. 3,71 II. 2,27 III. 1,49 IV. 1,00
Antriebs-Übersetzung	3,90 auf Wunsch: 3,42	3,70 auch 3,42 oder 3,90	3,90 auf Wunsch: 3,70
Fahrwerk		Rahmen aus Kasten-Längs- u. Rohr-Querträgern, mit Karosseriegerippe verschweißt, Außenhaut der Karosserie und Türen aus Leichtmetall	
Vorderradaufhängung		Doppel-Querlenker, Längs-Federstäbe	
Hinterradaufhängung	Starrachse, Dreieck-Schublenker Längs-Federstäbe	Starrachse, Zug- und Schubstreben, Längs-Federstäbe, Panhardstab	Starrachse, Zug- und Schubstreben, Längs-Federstäbe, Panhardstab
Lenkung	Kegelrad (gebog. Zahnstange) 16,5:1, 3,5 Lenkraddrehungen	Kegelrad (gebog. Zahnstange) 16,5:1, 3,5 Lenkraddreh., Lenkrad axial verstellbar	Kegelrad (gebog. Zahnstange) 16,5:1, 3,5 Lenkraddrehungen
Fußbremse	Hydraul., Servohilfe, Trommel-Ø 284 mm Bremsfläche 1256 cm²	Hydraul., Servohilfe, Trommel-Ø 284 mm Bremsfläche 1256 cm²	Hydraulisch, Servohilfe, Trommel 267 mm Ø, hinten 284 mm Ø
Allgemeine Daten			
Radstand	2835 mm	2480 mm	2835 mm
Spur	1400/1420 mm	1445/1425 mm	1330/1416 mm
Gesamtmaße	4750 x 1710 x 1440 mm	4380 x 1650 x 1300 mm	4830 x 1720 x 1460 mm
Felgen	4,50 E x 16	4,50 E x 16	5 J x 15
Reifen	6,00 H 16 (6 PR)	6,00 H 16 (6 PR)	7,00 H 15 L od. 185 HR 15
Wendekreis	12 Meter	10,7 Meter	12 Meter
Wagengewicht	1500 kg	1330 kg	1500 kg
Zuläss. Gesamtgewicht	1800 kg	1500 kg	1900 kg
Höchstgeschwindigkeit	190 km/h	H'Achse 3,90: 190 km/h; H-Achse 3,70: 200 km/h H'Achse 3,42: 220 km/h	200 km/h
Beschleunigung 0–100 km/h	13 sec	11,5 sec	14 sec
Verbrauch/100 km	16 Liter Super	17 Liter Super	16 Liter Super
Kraftstofftank	17 Liter (im Heck)	65 od. 110 Liter (im Heck)	75 Liter (im Heck)

BMW Isetta (1955–1962)

Nach einer Lizenz der italienischen Firma Iso von BMW unter Verwendung des Motorradmotors R 25 entwickeltes Kleinfahrzeug. Die BMW Isetta war wohl das solideste und seriöseste unter den zahlreichen Rollermobilen und Kleinstwagen jener Jahre. Gebaut wurde die ursprüngliche Ausführung mit Glaskuppel und Faltdach von April 1955 (Isetta 300 von Februar 1956) bis März 1957, die modernisierte Ausführung mit festem Dach (auf Wunsch mit Faltdach) ab Oktober 1956 bis Mai 1962. Die Gesamtzahl betrug 161.728 Fahrzeuge, davon über die Hälfte mit 247-ccm-Motor (zu fahren mit dem Führerschein der Klasse IV).

BMW Isetta in der 1955–1956 gebauten Ausführung. Wahlweise erhielt man das Fahrzeug mit 247- oder (ab Februar 1965) 298-ccm-Motor.

BMW Isetta (1955–1956), oben links Isetta Export (1956–1962), unten links Post-Sondermodell mit bombiertem Heckfenster. Für die 250-ccm-Version entschieden sich 74.312 der insgesamt 161.728 Käufer, weil sie als Motorrad-Umsteiger nur im Besitz eines Führerscheins der damaligen Klasse IV waren. Der Einzylindermotor der 250er Isetta war identisch mit dem in der BMW R25/3. Für den Export in Länder, die den (auch steuerbegünstigten) Motorradstatus nur dreirädrigen »Kabinenrollern« zugestanden, gab es eine in 1500 Exemplaren aufgelegte Version mit hinterem Einzelrad.

Eine Isetta mit breiterer Spurweite hinten und zwei Kindersitzen blieb ein Entwurf; erst im BMW 600 kam ein entsprechendes Konzept zur Ausführung – vernünftigerweise auch mit einer zusätzlichen Tür.

Links: Werbeaufnahme der »Export« genannten Ausführung der Isetta, wie sie 1958 bis 1962 hergestellt wurde.

Preise				
Motorcoupé 2 Sitze	**1955**	**1956**	**1957**	**Oktober 1958**
Isetta 250	DM 2580,-	DM 2780,-	DM 2780,-	DM 2695,-
Isetta 300	DM –	DM 2920,-	DM 2890,-	DM 2795,-

	BMW Isetta 250 1955–1962	BMW Isetta 300 1956–1962	BMW 600 1957–1959
Motor			
Zylinderzahl	Viertakt-Einzylinder	Viertakt-Einzylinder	2 Zylinder (Boxer)
Bohrung x Hub	68 x 68 mm	72 x 73 mm	74 x 68 mm
Hubraum	245 ccm	298 ccm	582 ccm
Leistung	12 PS bei 5800/min	13 PS bei 5200/min	19,5 PS bei 4500/min
Drehmoment	1,45 mkg bei 4500/min	1,88 mkg bei 4600/min	3,9 mkg bei 2800/min
Verdichtung	1:6,8	1:7,0	1:6,8
Vergaser bzw. Einspritzpumpe	1 Schieberverg. Sing 1 /24. Ab 1957: 1 / 22	1 Schieberverg. Sing 1 /24. Ab 1957: 1 / 22	1 Flachstromvergaser Zenith 28 KLP 1
Ventile	Hängend, Stoßstange und Kipphebel, seitl. Nockenwelle, Antrieb durch Kette	Hängend, Stoßstange und Kipphebel, seitl. Nockenwelle, Antrieb durch Kette	V-förm. hängend, Stoßstangen u. Kipphebel zentr. Nockenwelle, Antrieb durch Stirnräder
Kurbelwellenlager	2	2	3
Kühlung	Gebläse - Luft	Gebläse - Luft	Gebläse - Luft
Schmierung	Druckumlauf 1,25, ab Frühj. 1956 1,75 l Öl	Druckumlauf, 1,75 Liter Öl	Pumpe, 7,5 Liter Öl
Batterie	12 V 24 Ah (unter Sitzbank)	12 V 24 Ah (unter Sitzbank)	12 V 24 Ah (unter Rücksitz)
Lichtmaschine	Gleichstrom 130 W	Gleichstrom 130 W	Gleichstrom 130 W
Kraftübertragung	Motor seitl. querstehend hinter rechtem Sitz Antrieb auf Hinterräder (kein Differential) über querliegende kurze Gelenkwelle und Duplexkette im Ölbad		Hecktriebblock Motor hinten, Getriebe vor der Hinterachse
Kupplung	Einscheibentrockenkupplung	Einscheibentrockenkupplung	Einscheibentrockenkupplung
Schaltung	Schalthebel an linker Seitenwand	Schalthebel an linker Seitenwand	Schaltstock Wagenmitte
Getriebe	4-Gang-Klauengetriebe	4-Gang-Klauengetriebe	4-Gang
Synchronisierung	ohne	ohne	I–IV
Übersetzungen	I. 4,35 – II. 2,22 – III. 1,52 – IV. 1,17	I. 4,35 – II. 2,22 – III. 1,52 – IV. 1,17	I. 3,54 – II. 1,94 – III. 1,27 – IV. 0,846
Antriebs-Übersetzung	2,31	2,31	5,43
Fahrwerk	Stahlrohrrahmen, Ganzstahlkarosserie mit Fronteinstieg	Stahlrohrrahmen, Ganzstahlkarosserie mit Fronteinstieg	Stahlrohrrahmen, Ganzstahlkarosserie mit Fronteinstieg, 1 Seitentür hinten rechts
Vorderradaufhängung	geschob. Längsschwingen, Schraubenfedern		
Hinterradaufhängung	Schmalspur-Starrachse, Viertelelliptik-Ausleger-Blattfedern	Schmalspur-Starrachse, Viertelelliptik-Ausleger-Blattfedern	Schräglenker, Schraubenfedern
Lenkung	Spindel 15,4:1, 2,5 Lenkraddrehungen	Spindel 15,4:1, 2,5 Lenkraddrehungen	Spindel 15,4:1, 2,5 Lenkraddrehungen
Fußbremse	Hydraul., Trommel-Ø 180 mm, 1 Bremstrommel für beide Hinterräder, Bremsfläche 840 cm^2	Hydraul., Trommel-Ø 180 mm, 1 Bremstrommel für beide Hinterräder, Bremsfläche 840 cm^2	Hydraul., Trommel-Ø 180 mm, Bremsfl. 432 cm^2
Allgemeine Daten			
Radstand	1500 mm	1500 mm	1700 mm
Spur	1200/520 mm	1200/520 mm	1220/1160 mm
Gesamtmaße	1955–57: 2285 x 1380 x 1340 mm 1956–62: 2255 x 1380 x 1340 mm	1955–57: 2285 x 1380 x 1340 mm 1956–62: 2255 x 1380 x 1340 mm	2900 x 1400 x 1375 mm
Felgen	3,00 x 10	3,00 x 10	3,50 x 10
Reifen	4,80-10	4,80-10	5,20-10
Wendekreis	8,3 Meter	8,3 Meter	8,3 Meter
Wagengewicht	360 kg	360 kg	550 kg
Zuläss. Gesamtgewicht	580, zuletzt 600 kg	580, zuletzt 600 kg	900 kg
Höchstgeschwindigkeit	85 km/h	85 km/h	103 km/h
Beschleunigung 0–100 km/h	0–80 km/h: 40 sec	0–80 km/h: 40 sec	0–100 km/h: 58 sec
Verbrauch/100 km	5,5 Liter	5,5 Liter	6 Liter
Kraftstofftank	13 Liter (im Heck)	13 Liter (im Heck)	23 Liter (im Heck)

BMW 600 (1957–1959)

Aus der Isetta entwickelter Kleinwagen mit Fronteinstieg und einer Seitentür hinten rechts. Zweizylinder-Boxermotor, abgeleitet aus dem der großen BMW-Motorräder. Das Fahrzeug zeichnet sich durch saubere Technik und Verarbeitung aus, wirkt aber in der Gesamtkonzeption damals nicht überzeugend genug. Vorgestellt Ende August 1957. Von Dezember 1957 bis November 1959 wurden insgesamt 34.813 Fahrzeuge gebaut.

Preise	
Limousine 4 Sitze	DM 3985,-

BMW 600, 1957–1959. Das Bild Mitte rechts zeigt einen Prototypen (abweichende Gestaltung der Rückleuchten).

BMW 600, gebaut vom August 1957 bis November 1959. Es war ein Stadtwagen par excellence. Mit seinem 19,5 PS leistenden Boxermotor (wie im Motorrad R69) war das Fahrzeug 100 km/h schnell. 34.813 Exemplare wurden gebaut.

BMW 700 (1959–1964)
BMW 700 LS (1962–1965)

BMW 700: Vom BMW 600 abgeleiteter Kleinwagen normalen Aussehens. Karosserie-Entwurf Michelotti. Das Coupé wurde ab August 1959 bis April 1964, die Limousine ab Dezember 1959 (Luxus-Limousine ab Januar 1961) bis April 1962 gebaut.

Preise	
BMW 700 Limousine 2 Türen	DM 4760,-
BMW 700 Luxus Limousine 2 Türen	DM 4995,-
BMW 700 Coupé 2/2 Sitze	DM 5300,- bzw. (ab 1963) DM 5500,-

BMW 700 Sport: BMW 700 Coupé mit höherer Motorleistung und sportgerechter Ausstattung. Typenbezeichnung ab 1963: BMW 700 CS. Gebaut ab August 1960 bis Mai 1964. BMW 700 Cabriolet (Karosserie Baur, Stuttgart) ab September 1961 bis November 1964.

Preise	
BMW 700 Sport Coupé 2/2 Sitze	DM 5850,-
BMW 700 Cabriolet 2 Sitze	DM 6950,-

BMW LS: Nachfolger der BMW 700 Limousine. Gleicher Wagen mit längerem Radstand. LS Luxus ab März 1962 bis September 1965. LS mit einfacher Ausstattung ab Februar 1963 bis Dezember 1963.

Preise	
BMW LS Limousine 2 Türen	DM 3985,-
BMW LS Luxus Limousine 2 Türen	DM 5320,- bzw. (ab 1964) DM 4985,-

BMW LS Coupé: Nachfolger des BMW 700 Coupés und des BMW 700 Sport. Gleicher Wagen wie letzteres Modell, jedoch längerer Radstand. Ab September 1964 bis September 1965.

Preise	
BMW LS Coupé 2/2 Sitze	DM 5850,-

BMW fertigte von allen 700- und LS-Modellen zusammen ab August 1959 bis September 1965 insgesamt 186.921 Wagen inkl. CKD-Teilesätze (154.357 Limousinen, 29.972 Coupés und 2592 Cabriolets).

BMW 700 Limousine, 1960–1961.

BMW 700 Coupé (1959–1964), BMW 700 Sport (1960–1964).

BMW 700 Cabriolet (Baur), 1961–1964.

BMW LS Coupé, 1964–1965.

BMW LS Luxus, Limousine, 1962–1965.

	BMW 700, 1960–1961 BMW 700 Coupé, 1959–1964	BMW 700 Sport 1960–1964	BMW LS Luxus 1962–1965	BMW LS Coupé 1964–1965
Motor				
Zylinderzahl	2 Zylinder (Boxer) Leichtmetall-Kurbelgehäuse	2 Zylinder (Boxer) Leichtmetall-Kurbelgehäuse	2 Zylinder (Boxer) Leichtmetall-Kurbelgehäuse	2 Zylinder (Boxer) Leichtmetall-Kurbelgehäuse
Bohrung x Hub	78 x 73 mm	78 x 73 mm	78 x 73 mm	78 x 73 mm
Hubraum	697 ccm	697 ccm	697 ccm	697 ccm
Leistung	30 PS bei 5000/min ab Feb.'63: 32 PS bei 5000/min	40 PS bei 5700/min	30 PS bei 5000/min ab Feb.'63: 32 PS bei 5000/min	40 PS bei 5700/min
Drehmoment	5,1 mkg bei 3400/min	5,2 mkg bei 4500/min	5,1 mkg bei 3400/min	5,2 mkg bei 4500/min
Verdichtung	1:7,5	1:9,0	1:7,5	1:9,0
Vergaser bzw.	1 Fallstromvergaser	2 Fallstromvergaser	1 Fallstromvergaser	2 Fallstromvergaser
Einspritzpumpe	Solex 34PCI	Solex 34PCI	Solex 34PCI	Solex 34PCI
Ventile	V-förmig hängend, Stoßstangen u. Kipphebel, zentr. Nockenwelle, Antrieb d. Stirnräder	V-förmig hängend, Stoßstangen u. Kipphebel, zentr. Nockenwelle, Antrieb d. Stirnräder	V-förmig hängend, Stoßstangen u. Kipphebel, zentr. Nockenwelle, Antrieb d. Stirnräder	V-förmig hängend, Stoßstangen u. Kipphebel, zentr. Nockenwelle, Antrieb d. Stirnräder
Kurbelwellenlager	3	3	3	3
Kühlung	Gebläse - Luft	Gebläse - Luft	Gebläse - Luft	Gebläse - Luft
Schmierung	Druckumlauf, 2 l Öl	Druckumlauf, 2 l Öl	Druckumlauf, 2 l Öl	Druckumlauf, 2 l Öl
Batterie	12 V 24 Ah (im Motorraum)	12 V 24 Ah (im Motorraum)	12 V 24 Ah (im Motorraum)	12 V 24 Ah (im Motorraum)
Lichtmaschine	Gleichstrom 130 W	Gleichstrom 130 W	Gleichstrom 130 W	Gleichstrom 130 W
Kraftübertragung	Hecktriebblock, Motor hinter, Getriebe vor der Hinterachse	Hecktriebblock, Motor hinter, Getriebe vor der Hinterachse	Hecktriebblock, Motor hinter, Getriebe vor der Hinterachse	Hecktriebblock, Motor hinter, Getriebe vor der Hinterachse
Kupplung	Einscheibentrockenkupplung	Einscheibentrockenkupplung	Einscheibentrockenkupplung	Einscheibentrockenkupplung
Schaltung	Stockschalthebel Wagenmitte	Stockschalthebel Wagenmitte	Stockschalthebel Wagenmitte	Stockschalthebel Wagenmitte
Getriebe	4-Gang	4-Gang	4-Gang	4-Gang
Synchronisierung	I–IV	I–IV	I–IV	I–IV
Übersetzungen	I. 3,54 II. 1,94 III. 1,27 IV. 0,839	Coupé ab '61: I. 2,667 II. 1,600 III. 1,148 IV. 0,839 Cabriolet: I. 3,54 II. 1,94 II. 1,27 IV. 0,839	I. 3,54 II. 1,94 III. 1,27 IV. 0,839	I. 3,54 II. 1,94 III. 1,27 IV. 0,839
Antriebs-Übersetzung	5,43	5,43	5,43	5,43
Fahrwerk	Selbsttragende Ganzstahlkarosserie			
Vorderradaufhängung	Geschobene Längsschwingen, Schraubenfedern	Geschobene Längsschwingen, Schraubenfedern	Geschobene Längsschwingen, Schraubenfedern	Geschobene Längsschwingen, Schraubenfedern
Hinterradaufhängung	Schräglenker, Schraubenfedern	Schräglenker, Schraubenfedern, Coupé: Stabilisator	Schräglenker, Schraubenfedern, Gummi-Hohlfedern	
Lenkung	Zahnst. 17,85:1, 3 Lenkraddreh.	Zahnst. 17,85:1, 3 Lenkraddreh.	Zahnst. 17,85:1, 3 Lenkraddreh.	Zahnst. 17,85:1, 3 Lenkraddreh.
Fußbremse	Hydraul., Trommel-Ø 200 mm, Bremsfläche 588 cm^2	Hydraul., Trommel-Ø 200 mm, Bremsfläche 588 cm^2	Hydraul., Trommel-Ø 200 mm, Bremsfläche 588 cm^2	Hydraul., Trommel-Ø 200 mm, Bremsfläche 588 cm^2
Allgemeine Daten				
Radstand	2120 mm	2120 mm	2280 mm	2280 mm
Spur	1270/1200 mm	1270/1200 mm	1270/1200 mm	1270/1200 mm
Gesamtmaße	Lim.: 3540 x 1480 x 1345 mm Coupé: 3540 x 1480 x 1270 mm	Coupé: 3540 x 1480 x 1270 mm Cabrio.: 3540 x 1480 x 1290 mm	3860 x 1480 x 1360 mm	3860 x 1480 x 1360 mm
Felgen	3,50 x 12	3,0 x 12	3,50 x 12	3,50 x 12
Reifen	5,20-12	5,20-12 bzw. (ab Herbst '63): 5,50-12	5,20-12 bzw. (ab Herbst '63): 5,50-12	5,50-12
Wendekreis	10,1 Meter	10,1 Meter	10,6 Meter	10,6 Meter
Wagengewicht	640 kg	650, Cabriolet 685 kg	680 kg	690 kg
Zuläss. Gesamtgewicht	Lim.: 960 kg, Coupé: 860 kg	Coupé: 860 kg, Coupé: 910 kg	1050 kg	1050 kg
Höchstgeschwindigkeit	Lim.: 120 km/h, Coupé: 125 km/h	135 km/h	120 km/h	135 km/h
Beschleunig. 0–100 km/h	Lim.: 30 sec, Coupé: 26,5 sec	20 sec	33 sec	22 sec
Verbrauch/100 km	7 Liter	7,5 Liter Super	7,5 Liter Super	7,5 Liter Super
Kraftstofftank	30 Liter (vorn im Wagen)	30 Liter (vorn im Wagen)	30 Liter (vorn im Wagen)	30 Liter (vorn im Wagen)

BMW 1500 bis BMW 2000 (1962–1972)

BMW 1500: Beginn einer Modellreihe, welche die Bayerischen Motoren Werke zu neuer Blüte brachte. Prototyp (75 PS, Verdichtung 1:8,2, Reifen 5,90-13, Richtpreis DM 8.500,–) auf der Frankfurter Automobilausstellung September 1961. Zwar war der Prototyp noch längst nicht serienreif, doch fanden Technik und Form des neuen Modells begeisterten Beifall. Allgemeines Urteil: Endlich wieder ein echter BMW! In der Serie war und blieb dann der BMW 1500 allerdings ein mit vielen Problemen behaftetes Automobil. Vorserie ab Februar 1962, reguläre Produktion ab Oktober 1962 bis Dezember 1964. Gesamtzahl 23.554 BMW 1500.

BMW 1600: Nachfolger des BMW 1500. Äußerlich kein Unterschied, doch ein in Ausreifung und Detailqualität unvergleichlich besseres Auto. Aber es litt einerseits zu Unrecht unter dem schlechten Ruf des Vorgängers und stand andererseits im Schatten des BMW 1800. Gebaut wurden ab März 1964 bis April 1966 insgesamt 9728 BMW 1600. BMW 1800: Gleicher Wagen wie der BMW 1600, jedoch größerer Motor und durchgehender Chromstreifen. Vorgestellt wurden BMW 1800 und 1800 TI im September 1963. Die Produktion des ersteren begann sofort, die des BMW 1800 TI im Februar 1964. Auch diese beiden Modelle bereiteten im ersten Jahr noch reichlich Kummer. Seit Ende 1964 bis Herbst 1965 war ferner der BMW 1800 TI/SA (= TI/Sport-Ausführung) für DM 13.500,– in einer Auflage von nur 200 Stück lieferbar und als Wettbewerbsfahrzeug ausschließlich Lizenzfahrern vorbehalten. Die Produktion des 1800 TI endete im Herbst 1968, nachdem dieses Modell angesichts des inzwischen herausgekommenen BMW 2000 uninteressant geworden war. Der normale BMW 1800 hingegen behielt weiterhin wegen seiner Wirtschaftlichkeit und Zuverlässigkeit einen treuen Kundenstamm. Ab August 1968 lief der BMW 1800 durch Übergang auf Kurzhubmotor zur Hochform auf. Während seither Motorblock und Kolben mit dem 1600, hingegen die Kurbelwelle mit dem 2000 baugleich waren, besitzt der 1800 nunmehr gerade umgekehrt Block und Kolben des 2000 sowie die Kurbelwelle des 1600. Dieser Motor läuft bei gleicher Nennleistung ruhiger, elastischer und drehfreudiger. Neu außerdem Doppel-Zweikreisbremse und schwarzer Grill mit Mittelstreifen. Ab April 1971 Rechteck-Scheinwerfer und äußere Merkmale entsprechend BMW 2000. Ende der Produktion Juli 1972. Insgesamt wurden 147.160 BMW 1800 gebaut.

BMW 2000: Ende Januar 1966 erschienen BMW 2000 mit 100-PS- und BMW 2000 TI mit 120-PS-Zweiliter-Motor. BMW 2000 mit Rechteck-Scheinwerfern. BMW 2000 TI behielt Gesicht des BMW 1800, was jedoch wenig Anklang fand, weshalb ab Juli 1966 BMW 2000 tilux mit Rechteck-Scheinwerfern erschien und BMW 2000 TI im Sommer 1968 aus dem Programm genommen wurde. Ab August 1968 alle Modelle mit Doppel-Zweikreisbremse. BMW 2000 tilux lief bis März 1970. Als dessen Nachfolger gab es ab Ende 1969 den BMW 2000 tii mit Einspritzmotor, der jedoch wegen seines hohen Preises und der im Verhältnis dazu nur unwesentlich höheren

Preise						
	BMW 1500	**BMW 1800**	**BMW 1800 TI**			
Oktober 1962	DM 9485,-	–	–			
September 4963	DM 9485,-	DM 2780,-	–			
	BMW 1600			**BMW 2000**	**BMW 1600 tilux**	**BMW 2000 CS**
März 1964	DM 9485,-	DM 9985,-	DM 10960,-	–	–	–
1965	DM 9485,-	DM 9985,-	DM 10960,-	–	–	DM 17000,-
April 1966	DM 9485,-	DM 10400,-	DM 11160,-	DM 11475,-	DM 12750,-	DM 17500,-
August 1968	–	DM 10715,-	–	DM 11800,-	DM 12865,-	DM 17660,-
November 1969	–	DM 11580,-	–	DM 12680,-	DM 123765,-	–
					BMW 2000 tii	
Juli 1970	–	DM 11580,-	–	DM 12680,-	DM 14290,-	–
September 1971	–	DM 12370,-	–	DM 13290,-	DM 14960,-	–
Januar 1972	–	DM 12870,-	–	DM 13790,-	DM 15460,-	–
Automatik (nur für BMW 1800 und 2000) + DM 1200,-						

	BMW 1500 1962–1964	BMW 1600 1964–1966	BMW 1800 1963–1968
Motor			
Zylinderzahl	4 (Reihe), Block um 30° rechts seitl. geneigt	4 (Reihe), Block um 30° rechts seitl. geneigt	4 (Reihe), Block um 30° rechts seitl. geneigt
Bohrung x Hub	82 x 71 mm	84 x 71 mm	84 x 80 mm
Hubraum	1499 ccm	1573 ccm	1773 ccm
Leistung	80 PS bei 5700/min	83 PS bei 5500/min	90 PS bei 5250/min
Drehmoment	12,0 mkg bei 3000/min	12,6 mkg bei 3000/min	14,6 mkg bei 3000/min
Verdichtung	1:8,8	1:8,6	1:8,6
Vergaser bzw. Einspritzpumpe	1 Fallstromvergaser Solex 34 PICB. 1964: Solex 36-40 PDSI	1 Fallstromvergaser Solex 36-40 PDSI	1 Fallstromvergaser Solex 36-40 PDSI
Ventile	V-förmig hängend, obenliegende Nockenwelle, Antrieb durch Duplexkette	V-förmig hängend, obenliegende Nockenwelle, Antrieb durch Duplexkette	V-förmig hängend, obenliegende Nockenwelle, Antrieb durch Duplexkette
Kurbelwellenlager	5	5	5
Kühlung	Pumpe, 7 Liter Wasser	Pumpe, 7 Liter Wasser	Pumpe, 7 Liter Wasser
Schmierung	Druckumlauf, 4,25 l Öl	Druckumlauf, 4,25 l Öl	Druckumlauf, 4,25 l Öl
Batterie	6 V 77 Ah (im Motorraum)	6 V 77 Ah (im Motorraum)	6 V 77 Ah (im Motorraum)
Lichtmaschine	Gleichstrom 200 W	Gleichstrom 250 W	Gleichstrom 250 W
Kraftübertragung	Antrieb auf Hinterräder, kurze Kardanwelle	Antrieb auf Hinterräder, kurze Kardanwelle	Antrieb auf Hinterräder, kurze Kardanwelle
Kupplung	Einscheibentrockenkupplung	Einscheibentrockenkupplung	Einscheibentrockenkupplung
Schaltung	Schalthebel Wagenmitte	Schalthebel Wagenmitte	Schalthebel Wagenmitte
Getriebe	4 -Gang	4-Gang	4-Gang
Synchronisierung	I–IV	I–IV	I–IV
Übersetzungen	I. 3,816 II. 2,170 III. 1,355 IV. 1,000	I. 3,816 II. 2,070 III. 1,330 IV. 1,000	I. 3,816 II. 2,070 III. 1,330 IV. 1,000 ab 1966 auf Wunsch: ZF Automatik Hydr. Wandler + 3 Gang-Planetengetr., Wählhebel Wagenmitte, I. 2,56 II. 1,52 III. 1,0 Wandler 1,94-fach
Antriebs-Übersetzung	4,375	4,275	4,22 Automatik 4,11
Fahrwerk		Selbsttragende Ganzstahlkarosserie	
Vorderradaufhängung	McPherson-Federbeine, Schraubenfedern	McPherson-Federbeine, Schraubenfedern	McPherson-Federbeine, Schraubenfedern, auf Wunsch: Stabilisator
Hinterradaufhängung	Schräglenker, Schraubenfedern	Schräglenker, Schraubenfedern	Schräglenker, Schraubenfedern
Lenkung	Schnecke 17,58:1, 3,75 Lenkraddreh.	Schnecke 17,58:1, 3,75 Lenkraddreh.	Schnecke 17,58:1, 3,75 Lenkraddreh.
Fußbremse	Hydraul., Scheibenbr. vorn 268 mm Ø, Trommelbremsen hinten 250 mm Ø	Hydraul., Scheibenbr. vorn 268 mm Ø, Trommelbremsen hinten 250 mm Ø	Hydraul., Scheibenbr. vorn 268 mm Ø, Trommelbremsen hinten 250 mm Ø
Allgemeine Daten			
Radstand	2550 mm	2550 mm	2550 mm
Spur	1320/1366 mm	1320/1366 mm	1320/1366 mm
Gesamtmaße	4500 x 1710 x 1450 mm	4500 x 1710 x 1450 mm	4500 x 1710 x 1450 mm
Felgen	4½ J x 14	4½ J x 14	4½ J x 14
Reifen	6,00-14; auf Wunsch: 165 SR 14	6,00-14; auf Wunsch: 165 SR 14	6,00-14; auf Wunsch: 165 SR 14
Wendekreis	10,6/10,8 Meter	10,6/10,8 Meter	10,6/10,8 Meter
Wagengewicht	1060 kg	1070 kg	1090 kg
Zuläss. Gesamtgewicht	1450 kg	1450 kg	1470 kg
Höchstgeschwindigkeit	148 km/h	155 km/h	166, Automatik 158 km/h
Beschleunig. 0–100 km/h	16 sec	14 sec	13 sec, Automatik 15 sec
Verbrauch/100 km	11 bzw. (ab 1964) 11,5 Liter Super	12 Liter Super	12, Automatik 13 Liter Super
Kraftstofftank	53 Liter (im Heck)	53 Liter (im Heck)	53 Liter (im Heck)

Leistung wenig Anklang fand. Gleichbleibender Beliebtheit und hoher Wertschätzungbis zuletzt erfreute sich hingegen der normale BMW 2000. Die Produktion des BMW 2000 und des 2000 tii endete schließlich im Juni 1972. Insgesamt wurden 143.464 BMW 2000 Limousinen aller Ausführungen gebaut, darunter lediglich 1952 BMW 2000 tii.

BMW 2000 C, 2000 CS (1965–1969)

Noch vor den BMW 2000 Limousinen erschien im Juni 1965 das Coupé, entwickelt bei BMW und gebaut bei Karmann. Formgebung weniger überzeugend als bei der Limousine. Gebaut wurden bis Sommer 1969 insgesamt 2837 BMW 2000 C (meist mit Automatik) und 8883 BMW 2000 CS.

BMW 1500 Limousine, 4 Türen (1962–1964), BMW 1600 Limousine, 4 Türen (1964–1966).

	BMW 1800 TI 1964–1966	BMW 1800 TI/SA 1964–1965	BMW 1800 1968–1972
Motor			
Zylinderzahl	4 (Reihe), Block um 30° rechts seitl. geneigt	4 (Reihe), Block um 30° rechts seitl. geneigt	4 (Reihe), Block um 30° rechts seitl. geneigt
Bohrung x Hub	84 x 80 mm	84 x 80 mm	89 x 71 mm
Hubraum	1773 ccm	1773 ccm	1766 ccm
Leistung	110 PS bei 5800/min	130 PS bei 5800/min	90 PS bei 5250/min
Drehmoment	15,1 mkg bei 4000/min	16,0 mkg bei 5250/min	14,6 mkg bei 3000/min
Verdichtung	1:9,5	1:10,5	1:8,6
Vergaser bzw. Einspritzpumpe	2 Doppel- Flachstromvergaser Solex 40 PHH	2 Doppel- Flachstromvergaser Weber 45 DCOE	1 Fallstromvergaser Solex 36-40 PDSI
Ventile	V-förmig hängend, obenliegende Nockenwelle, Antrieb durch Duplexkette	V-förmig hängend, obenliegende Nockenwelle, Antrieb durch Duplexkette	V-förmig hängend, obenliegende Nockenwelle, Antrieb durch Duplexkette
Kurbelwellenlager	5	5	5
Kühlung	Pumpe, 7 Liter Wasser	Pumpe, 7 Liter Wasser	Pumpe, 7 Liter Wasser
Schmierung	Druckumlauf, 5,25 l Öl	Druckumlauf, 5,25 l Öl	Druckumlauf, 4,25 l Öl
Batterie	6 V 66 Ah (im Motorraum)	6 V 66 Ah (im Motorraum)	12 V 44 Ah (im Motorraum)
Lichtmaschine	Drehstrom 360 W	Drehstrom 360 W	Drehstrom 490 W
Kraftübertragung	Antrieb auf Hinterräder, kurze Kardanwelle	Antrieb auf Hinterräder, geteilte Kardanwelle	Antrieb auf Hinterräder, geteilte Kardanwelle
Kupplung	Einscheibentrockenkupplung	Einscheibentrockenkupplung	Einscheibentrockenkupplung
Schaltung	Schalthebel Wagenmitte	Schalthebel Wagenmitte	Schalthebel Wagenmitte
Getriebe	4-Gang	4 -Gang	4-Gang
Synchronisierung	I–IV	I–IV	I–IV
Übersetzungen	I. 3,816 II. 2,070 III. 1,330 IV. 1,000	I. 3,330 II. 2,150 III. 1,565 IV. 1,000; auf Wunsch: Sperrdifferential	I. 3,835 II. 2,053 III. 1,345 IV. 1,00; auf Wunsch: ZF Automatik Hydr. Wandler + 3 Gang-Planetengetr., Wählhebel Wagenmitte, I. 2,56 II. 1,52 III. 1,0 Wandler 1,94-fach
Antriebs-Übersetzung	4,11 oder auch 3,89	4,11, 4,22, 4,75 oder 5,86	4,11
Fahrwerk		Selbsttragende Ganzstahlkarosserie	
Vorderradaufhängung	McPherson-Federbeine, Schraubenfedern, auf Wunsch: Stabilisator	McPherson-Federbeine, Schraubenfedern, auf Wunsch: Stabilisator	McPherson-Federbeine, Schraubenfedern, auf Wunsch: Stabilisator
Hinterradaufhängung	Schräglenker, Schraubenfedern, auf Wunsch: Stabilisator	Schräglenker, Schraubenfedern, auf Wunsch: Stabilisator	Schräglenker, Schraubenfedern, auf Wunsch: Stabilisator
Lenkung	Schnecke 17,58:1, 3,75 Lenkraddreh.	Schnecke 14,5:1, 3 Lenkraddreh.	Schnecke 17,58:1, 3,75 Lenkraddreh.
Fußbremse	Hydraul., Servoh., Scheibenbr. vorn 268 mm Ø, Trommelbremsen hinten 250 mm Ø	Hydraul., Servoh., Scheibenbr. vorn 272 mm Ø, Trommelbremsen hinten 250 mm Ø	Doppel-Zweikreis-Hydr., Servo, Scheibenbr. vorn 272 mm Ø, Trommelbr. hinten 250 mm Ø
Allgemeine Daten			
Radstand	2550 mm	2550 mm	2550 mm
Spur	1330/1376 mm	1330/1376 mm	1330/1376 mm
Gesamtmaße	4500 x 1710 x 1450 mm	4500 x 1710 x 1450 mm	4500 x 1710 x 1450 mm
Felgen	5 JK x 14	5 JK x 14	5 JK x 14
Reifen	6,00 S auf Wunsch: 165 SR 14	165 HR 14 o. 6,00-14 Racing	6,45/165 S 14, auf Wunsch bzw. ab Juli 1970 Serie: 165 SR 14
Wendekreis	10,6/10,8 Meter	10,6/10,8 Meter	10,6/10,8 Meter
Wagengewicht	1120 kg	1050 kg	1130 kg
Zuläss. Gesamtgewicht	1440 kg	1440 kg	1500 kg, ab 1971: 1550 kg
Höchstgeschwindigkeit	175 km/h	186 km/h	166, Automatik 162 km/h
Beschleunig. 0–100 km/h	11 sec	9 sec	13 sec, Automatik 15 sec
Verbrauch/100 km	14 Liter Super	16 Liter Super	12, Automatik 13 Liter Super
Kraftstofftank	53 Liter (im Heck)	53 Liter (im Heck), auf Wunsch: 105 Liter	53 Liter (im Heck)

	BMW 2000 C 1965–1969	BMW 2000 CS 1965–1969	BMW 2000 1966–1972
Motor			
Zylinderzahl	4 (Reihe), Block um 30° rechts seitl. geneigt	4 (Reihe), Block um 30° rechts seitl. geneigt	4 (Reihe), Block um 30° rechts seitl. geneigt
Bohrung x Hub	89 x 80 mm	89 x 80 mm	89 x 80 mm
Hubraum	1990 ccm	1990 ccm	1990 ccm
Leistung	100 PS bei 5500/min	120 PS bei 5500/min	100 PS bei 5500/min
Drehmoment	16,0 mkg bei 3000/min	17,0 mkg bei 3600/min	16,0 mkg bei 3000/min
Verdichtung	1:8,5	1:9,3	1:8,5
Vergaser bzw. Einspritzpumpe	1 Fallstromvergaser Solex 40 PDSI	2 Doppel- Flachstromvergaser Solex 40 PHH	1 Fallstromvergaser Solex 40 PDSI
Ventile	V-förmig hängend, obenliegende Nockenwelle, Antrieb durch Duplexkette	V-förmig hängend, obenliegende Nockenwelle, Antrieb durch Duplexkette	V-förmig hängend, obenliegende Nockenwelle, Antrieb durch Duplexkette
Kurbelwellenlager	5	5	5
Kühlung	Pumpe, 7 Liter Wasser	Pumpe, 7 Liter Wasser	Pumpe, 7 Liter Wasser
Schmierung	Druckumlauf, 4,25 l Öl	Druckumlauf, 4,25 l Öl	Druckumlauf, 4,25 l Öl
Batterie	12 V 44 Ah (im Motorraum)	12 V 44 Ah (im Motorraum)	12 V 44 Ah (im Motorraum)
Lichtmaschine	Drehstrom 490 W	Drehstrom 490 W	Drehstrom 490 W
Kraftübertragung	Antrieb auf Hinterräder, geteilte Kardanwelle	Antrieb auf Hinterräder, geteilte Kardanwelle	Antrieb auf Hinterräder, geteilte Kardanwelle
Kupplung	Einscheibentrockenkupplung	Einscheibentrockenkupplung	Einscheibentrockenkupplung
Schaltung	Schalthebel Wagenmitte	Schalthebel Wagenmitte	Schalthebel Wagenmitte
Getriebe	4-Gang	4-Gang	4-Gang
Synchronisierung	I–IV	I–IV	I–IV
Übersetzungen	I. 3,835 II. 2,053 III. 1,345 IV. 1,000 auf Wunsch: ZF Automatik Hydr. Wandler + 3 Gang-Planetengetr., Wählhebel Wagenmitte, I. 2,56 II. 1,52 III. 1,0 Wandler 1,94-fach	I. 3,835 II. 2,053 III. 1,345 IV. 1,000	I. 3,835 II. 2,053 III. 1,345 IV. 1,00; auf Wunsch: ZF Automatik Hydr. Wandler + 3 Gang-Planetengetr., Wählhebel Wagenmitte, I. 2,56 II. 1,52 III. 1,0 Wandler 1,94-fach
Antriebs-Übersetzung	4,11	3,9	4,11
Fahrwerk		Selbsttragende Ganzstahlkarosserie	
Vorderradaufhängung	McPherson-Federbeine, Schraubenfedern, auf Wunsch: Stabilisator	McPherson-Federbeine, Schraubenfedern, Stabilisator	McPherson-Federbeine, Schraubenfedern, auf Wunsch (ab Aug.'68): Stabilisator
Hinterradaufhängung	Schräglenker, Schraubenfedern, auf Wunsch: Stabilisator	Schräglenker, Schraubenfedern, Stabilisator	Schräglenker, Schraubenfedern, auf Wunsch: Stabilisator
Lenkung	Schnecke 17,58:1, 3,75 Lenkraddreh.	Schnecke 17,58:1, 3,75 Lenkraddreh.	Schnecke 17,58:1, 3,75 Lenkraddreh.
Fußbremse	Hydraul., Servoh. ab Juli '68: Doppel-Zweikreis-Hydraulik Scheibenbr. vorn 272 mm Ø, Trommelbremsen hinten 250 mm Ø	Hydraul., Servoh. ab Juli '68: Doppel-Zweikreis-Hydraulik Scheibenbr. vorn 272 mm Ø, Trommelbremsen hinten 250 mm Ø	Hydraul., Servoh. ab Juli '68: Doppel-Zweikreis-Hydraulik Scheibenbr. vorn 272 mm Ø, Trommelbremsen hinten 250 mm Ø
Allgemeine Daten			
Radstand	2550 mm	2550 mm	2550 mm
Spur	1330/1376 mm	1330/1376 mm	1330/1376 mm
Gesamtmaße	4500 x 1675 x 1360 mm	4530 x 1675 x 1360 mm	4500 x 1710 x 1450 mm
Felgen	5½ J x 14	5½ J x 14	5½ J x 14
Reifen	6,95/175 S 14 (4 PR) auf Wunsch: 175 SR 14	6,95/175 S 14 (4 PR) auf Wunsch: 175 SR 14	6,45/165 S 14 (4 PR), auf Wunsch bzw. ab Juli 1970 Serie: 165 SR 14
Wendekreis	10,6/10,8 Meter	10,6/10,8 Meter	10,6/10,8 Meter
Wagengewicht	1200, Automatik 1220 kg	1200, Automatik 1220 kg	1170, Automatik 1190 kg
Zuläss. Gesamtgewicht	1580 kg	1580 kg	1580 kg
Höchstgeschwindigkeit	172, Automatik 168 km/h	185 km/h	168, Automatik 164 km/h
Beschleunig. 0–100 km/h	13, Automatik 14 sec	12 sec	13, Automatik 14 sec
Verbrauch/100 km	13, Automatik 13,5 Liter Super	13,5 Liter Super	13, Automatik 13,5 Liter Super
Kraftstofftank	53 Liter (im Heck)	53 Liter (im Heck)	53 Liter (im Heck)

BMW 1800 Limousine, 4 Türen, 1963–1968.

BMW 1800 Limousine, 4 Türen, 1968–1971.

BMW 1800 TI Limousine,
4 Türen, 1964–1968,
BMW 2000 TI Limousine,
4 Türen, 1966–1968.

BMW 2000 C,
BMW 2000 CS Coupé mit den typischen »Schlafaugen«-Leuchten (Karosserie Baur), 4 Sitze; 1965–1969.

	BMW 2000 TI, 1966–1968 BMW 2000 tilux, 1966–1970	BMW 2000 tii 1969–1972
Motor		
Zylinderzahl	4 (Reihe), Block um 30° rechts seitl. geneigt	4 (Reihe), Block um 30° rechts seitl. geneigt
Bohrung x Hub	89 x 80 mm	89 x 80 mm
Hubraum	1990 ccm	1990 ccm
Leistung	120 PS bei 5500/min	130 PS bei 5500/min
Drehmoment	17,0 mkg bei 3600/min	18,1 mkg bei 4500/min
Verdichtung	1:9,3	1:9,5
Vergaser bzw.	2 Doppel-Flachstromvergaser	Einspritzpumpe
Einspritzpumpe	Solex 40 PHH	Kugelfischer PL 04
Ventile	V-förmig hängend, obenliegende Nockenwelle, Antrieb durch Duplexkette	V-förmig hängend, obenliegende Nockenwelle, Antrieb durch Duplexkette
Kurbelwellenlager	5	5
Kühlung	Pumpe, 7 Liter Wasser	Pumpe, 7 Liter Wasser
Schmierung	Druckumlauf, 4,25 l Öl	Druckumlauf, 4,25 l Öl
Batterie	12 V 44 Ah (im Motorraum)	12 V 44 Ah (im Motorraum)
Lichtmaschine	Drehstrom 490 W	Drehstrom 630 W
Kraftübertragung	Antrieb auf Hinterräder, geteilte Kardanwelle	Antrieb auf Hinterräder, geteilte Kardanwelle
Kupplung	Einscheibentrockenkupplung	Einscheibentrockenkupplung
Schaltung	Schalthebel Wagenmitte	Schalthebel Wagenmitte
Getriebe	4-Gang	4-Gang
Synchronisierung	I–IV	I–IV
Übersetzungen	I. 3,835 II. 2,053 III. 1,345 IV. 1,000	I. 3,835 II. 2,053 III. 1,345 IV. 1,000
Antriebs-Übersetzung	3,9	3,9
Fahrwerk	Selbsttragende Ganzstahlkarosserie	Selbsttragende Ganzstahlkarosserie
Vorderradaufhängung	McPherson-Federbeine, Schraubenfedern, Stabilisator	McPherson-Federbeine, Schraubenfedern, Stabilisator
Hinterradaufhängung	Schräglenker, Schraubenfedern, Stabilisator	Schräglenker, Schraubenfedern, Stabilisator
Lenkung	Schnecke 17,58:1, 3,75 Lenkraddreh.	Schnecke 17,58:1, 3,75 Lenkraddreh.
Fußbremse	Hydraulik, Servohilfe ab Juli 1968: Doppel-Zweikreis-Hydraulik Scheibenbremsen vorn 272 mm Ø, Trommelbremsen hinten 250 mm Ø	Doppel-Zweikreis-Hydraulik, Servohilfe Scheibenbremsen vorn 272 mm Ø, Trommelbremsen hinten 250 mm Ø
Allgemeine Daten		
Radstand	2550 mm	2550 mm
Spur	1330/1376 mm	1330/1376 mm
Gesamtmaße	4500 x 1710 x 1450 mm	4500 x 1710 x 1450 mm
Felgen	5½ J x 14	5½ J x 14
Reifen	6,95/175 H 14 (6 PR) auf Wunsch: 175 SR o. HR 14	175 HR 14
Wendekreis	10,6/10,8 Meter	10,6/10,8 Meter
Wagengewicht	TI 1150, tilux 1170 kg	1170 kg
Zuläss. Gesamtgewicht	1540 kg	1560 kg
Höchstgeschwindigkeit	181 km/h	185 km/h
Beschleunig. 0–100 km/h	12 sec	11 sec
Verbrauch/100 km	13,5 Liter Super	13,5 Liter Super
Kraftstofftank	53 Liter (im Heck)	53 Liter (im Heck)

BMW 2000 C, BMW 2000 CS Coupé (Baur), 4 Sitze, 1965–1969.

BMW 1800, BMW 2000, BMW 2000 tii, Limousine, 4 Türen, 1971–1972.

BMW 2000 Limousine, 4 Türen (1966–1971), BMW 2000 tilux Limousine, 4 Türen (1966–1970), BMW 2000 tii Limousine, 4 Türen (1969–1971).

BMW 1600-2 – BMW 1502 (1966–1977)

Modellreihe mit kleinerer Karosserie, aber gleichen Motoren und ähnlichem Fahrwerk wie BMW 1600/1800/2000 Viertüren-Limousinen. Kleinere Zweitüren-Limousine von coupéähnlicher Beschaffenheit, wenn auch stilistisch ohne jede Brillanz. Dennoch fand die 02-Modellreihe eine begeisterte Kundschaft, die das sportliche Leistungsvermögen dieser Wagen und oft gerade auch ihre äußere Unscheinbarkeit schätzte. Vorgestellt wurde dieser BMW als 1600-2 (2 zur Unterscheidung vom größeren BMW 1600 mit 4 Türen) auf dem Genfer Salon im März 1966. Die Produktion begann wenige Wochen später. Im September 1967 folgte der BMW 1600 TI mit Zweivergasermotor,

BMW 1602 ab 1971, zu erkennen an längeren Stoßstangen mit Gummi (oben links und unten), und BMW 1600-2 Limousine, 2 Türen, 1966–1971 (oben rechts).

Servobremse, Stabilisatoren, hinteren Ausstellfenstern und Drehzahlmesser. Er lebte allerdings nur bis November 1968, denn inzwischen gab es bereits den BMW 2002 und 2002 ti. Ab September 1967 erhielt der 1600-2 die 12-Volt-Elektrik mit Drehstrom-Lichtmaschine, ab September 1968 Doppel-Zweikreisbremse mit Servohilfe. Ab April 1971 lautete die Typenbezeichnung BMW 1602. Von da an erhielt er, wie die gesamte Modellreihe, zusätzliche seitliche Gummileisten in Höhe der Stoßfänger. Den BMW 2002 mit Zweiliter-Motor gab es seit Januar 1968. Im September 1968 erhielt er die Zweikreisbremse, ab September 1969 war er mit Automatik erhältlich und ab April 1971 trug auch er die seitlichen Gummileisten. Als Nachfolger für den 1600 TI gab es ab September 1968 den BMW 2002 ti mit Zweivergasermotor, der seinerseits im Februar 1971 durch den BMW 2002 tii mit Einspritzmotor abgelöst wurde.

Ab März 1971 war der BMW 1802 mit 1,8-Liter-Kurzhubmotor erhältlich, der bald zur meistverkauften Ausführung dieser Modellreihe wurde.

Als Kombi-Limousinen mit zwei Seitentüren und großer, oben angeschlagener Heckklappe erschienen im Februar 1971 BMW 1600, 2000 und 2000 tii Touring. Dazu kam im September 1971 der 1800 Touring, wogegen im September 1972 der 1600 Touring entfiel. Ab 1973 lautete die Modellbezeichnung BMW Touring 1802, 2002 und 2002 tii. Die Touring-Modelle boten zwar einige praktische Vorteile, fuhren sich aber wegen ihrer Hecklastigkeit und Windempfindlichkeit weniger angenehm als die normalen Limousinen. Sie verkauften sich längst nicht so gut wie erwartet, weshalb sie im Juli 1974 wieder aus dem Programm verschwanden. Sehr bald schon, nämlich bereits im September 1967, erschien das BMW 1600 Cabriolet (Karosserie Baur, Stuttgart) mit voll versenkbarem Verdeck. Es wurde im April 1971 durch das BMW 2002 Cabriolet mit Überrollbügel ersetzt. Letzteres bot zwar mehr passive Sicherheit sowie mehr Festigkeit, die den Einbau des stärkeren Motors erlaubte, andererseits aber nicht mehr den Genuss des völlig offenen Fahrens. Von 1967 bis 1975 hat Baur etwa 4000 Cabriolets hergestellt. Ab September 1973 wurde die gesamte Modellreihe überarbeitet, äußerlich erkennbar am schwarzen Grill, Kopfstützen, Sitzgurten sowie eckigen statt runden Heckleuchten bei den Limousinen und runden Heckleuchten beim Touring.

Zur Frankfurter Automobilausstellung September 1973 erschien als zusätzliches Modell der BMW 2002 turbo, bestückt mit Einspritzmotor und Abgas-Turbolader, Leistung 170 PS. Die poppig angemalte Sportlimousine stieß allein schon wegen der ursprünglich dafür vorgesehenen Spiegelschrift auf dem Frontspoiler auf heftige Kritik, und der Zeitpunkt ihrer Vorstellung war denkbar unglücklich gewählt (Ölkrise, Wirtschaftsrezession). Zudem enttäuschten die Leistungen des Wagens in den normalen Fahrbereichen. Nur 1670 BMW turbo wurden bis zur Produktionseinstellung Ende 1974 ausgeliefert.

Im Januar 1975 verfiel das Werk ins andere Extrem und brachte einen abgemagerten 1602 als BMW 1502 heraus. Dieses Sparmodell, nur etwa 1000 DM billiger als der 1602, fand noch erstaunlich viel Anklang, obwohl bereits bekannt war, dass die 02-Reihe bald durch den neuen BMW 316/318/320 abgelöst würde, was dann ja auch im Juli 1975 geschah.

Insgesamt erreichte die 02-Reihe die stattliche Auflage von 750.000 Stück.

Martini-BMW 1600 CS, 1967.

BMW 1602, BMW 1802, Limousine, 2 Türen, 1971–1973, im Bild ein leistungsgesteigertes Modell für den Rennsport von Alpina.

Preise							
	BMW 1600-2			**BMW 1600 TI**		**BMW 1600 Cabriolet**	
März 1966	DM 8650,-			–		–	
September 1967	DM 8650,-			DM 9950,-		DM 11980,-	
			BMW 2002				
Januar 1968	DM 8680,-		DM 9400,-	DM 10356,-		DM 11980,-	
Juli 1968	DM 8760,-		DM 9480,-	DM 10125,-		DM 12090-	
				BMW 2002 ti			
Oktober 1968	DM 8760,-		DM 9480,-	DM 10990,-		DM 12090,-	
November 1969	DM 9280,-		DM 9980,-	DM 11990,-		DM 13255,-	
Januar 1971	DM 9990,-		DM 10770,-	DM 12325,-		DM 13255,-	
	BMW 1602	**BMW 1802**		**BMW 2002 tii**	**BMW 2000 Touring**	**BMW 2002 Cabriolet**	
April 1971	DM 9990,-	DM 10435,-	DM 10880,-	DM 12765,-	DM 11545,-	DM 14985,-	
September 1971	DM 10250,-	DM 10770,-	DM 11230,-	DM 13180,-	DM 11920,-	DM 14985,-	
Januar 1972	DM 10650,-	DM 11200,-	DM 11700,-	DM 13740,-	DM 12370,-	DM 15490,-	
Februar 1973	DM 11100,-	DM 11700,-	DM 12300,-	DM 14400,-	DM 13000,-	DM 15985,-	
							BMW 2002 turbo
September 1973	DM 11280,-	DM 11880,-	DM 12530,-	DM 14630,-	DM 13230,-	DM 16215,-	DM 18720,-
März 1974	DM 11890,-	DM 12620,-	DM 13290,-	DM 15560,-	DM 14030,-	DM 17160,-	DM 19980,-
Juni 1974	DM 12390,-	DM 13180,-	DM 13880,-	DM 16180,-	DM 14030,-	DM 17880,-	DM 20780,-
März 1975	DM 13090,-	DM 13860,-	DM 14640,-	DM 16980,-	–	DM 17880,-	–

BMW 2002, BMW 2002 ti,
Limousine, 2 Türen,
1971–1973.

BMW 2002, BMW 2002 tii,
Limousine, 2 Türen,
1971–1973.

BMW 1502 Limousine, 2 Türen, ab 1975.

BMW 2002 Topcabrio (Baur), 1973–1975.

	BMW 1502 ab 1975	BMW 1600-2, BMW 1602, 1966–75 BMW 1600 Cabriolet, 1967–71	BMW 1600 Touring 1971–1972	BMW 1600 TI 1967–1968
Motor				
Zylinderzahl	4 (Reihe), Block um 30° rechts seitlich geneigt	4 (Reihe), Block um 30° rechts seitlich geneigt	4 (Reihe), Block um 30° rechts seitlich geneigt	4 (Reihe), Block um 30° rechts seitlich geneigt
Bohrung x Hub	84 x 71 mm	84 x 71 mm	84 x 71 mm	84 x 71 mm
Hubraum	1573 ccm	1573 ccm	1573 ccm	1573 ccm
Leistung	75 PS bei 5800/min	85 PS bei 5700/min	85 PS bei 5700/min	105 PS bei 6000/min
Drehmoment	12,0 mkg bei 3700/min	12,6 mkg bei 3000/min	12,6 mkg bei 3000/min	13,4 mkg bei 4500/min
Verdichtung	1:8,00	1:8,60	1:8,60	1:9,50
Vergaser bzw. Einspritzpumpe	1 Fallstromvergaser Solex 38 PDSI	1 Fallstromvergaser Solex 38 PDSI	1 Fallstromvergaser Solex 38 PDSI	2 Doppel-Flachstromvergaser Solex 40 PHH
Ventile	V-förmig hängend. Obenliegende Nockenwelle, Antrieb durch Duplexkette			
Kurbelwellenlager	5	5	5	5
Kühlung	Pumpe, 7 Liter Wasser	Pumpe, 7 Liter Wasser	Pumpe, 7 Liter Wasser	Pumpe, 7 Liter Wasser
Batterie	12 V 36 Ah (im Motorraum)	6 V 77 Ah (im Motorraum) ab Sep. 1967: 12 V 36 Ah	6 V 36 Ah (im Motorraum)	12 V 44 Ah (im Motorraum)
Lichtmaschine	Drehstrom 490 W	Gleichstrom 250 W ab Sep. 1967: 490 W	Drehstrom 490 W	Drehstrom 490 W
Kraftübertragung	Antrieb auf Hinterräder, geteilte Kardanwelle	Antrieb auf Hinterräder, geteilte Kardanwelle	Antrieb auf Hinterräder, geteilte Kardanwelle	Antrieb auf Hinterräder, geteilte Kardanwelle
Kupplung	Einscheibentrockenkupplung	Einscheibentrockenkupplung	Einscheibentrockenkupplung	Einscheibentrockenkupplung
Schaltung	Schalthebel Wagenmitte	Schalthebel Wagenmitte	Schalthebel Wagenmitte	Schalthebel Wagenmitte
Getriebe	4-Gang	4-Gang	4-Gang	4-Gang, auf Wunsch: 5-Gang
Synchronisierung	I–IV	I–IV	I–IV	I–IV bzw. I–V
Übersetzungen	I. 3,764 II. 2,020 III. 1,320 IV. 1,000	bis 1971: I. 3,835 II. 2,053 III. 1,345 IV. 1,000 ab 1971: I. 3,764 II. 2,020 III. 1,320 IV. 1,000	I. 3,764 II. 2,020 III. 1,320 IV. 1,000	4.-Gang: I. 3,835 II. 2,053 III. 1,345 IV. 1,000 5-Gang: I. 3,368 II. 2,160 III. 1,579 IV. 1,241 V. 1,000
Antriebs-Übersetzung	4,11	4,11	4,11	3,9
Fahrwerk	Selbsttragende Ganzstahlkarosserie			
Vorderradaufhängung	McPherson-Federbeine, Schraubenfedern, auf Wunsch (bei 1600 TI Serie): Drehstab-Stabilisator			
Hinterradaufhängung	Schräglenker, Schraubenfedern auf Wunsch (bei 1600 TI Serie): Drehstab-Stabilisator			
Lenkung	Schnecke 17,58:1, 3,75			
Fußbremse	Zweikreis-Hydraulik, Servohilfe Scheibenbremsen vorn 250 mm Ø Trommelbremsen hinten 230 mm Ø	Hydraulik bzw. (ab Sept. 1968) Doppel-Zweikreis-Hydraulik, Servoh. Scheibenbremsen vorn 240 mm Ø Trommelbremsen hinten 200 mm Ø	Doppel-Zweikreis-Hydraulik, Servoh. Scheibenbremsen vorn 240 mm Ø Trommelbremsen hinten 200 mm Ø	Doppel-Zweikreis-Hydraulik, Servoh. Scheibenbremsen vorn 240 mm Ø Trommelbremsen hinten 200 mm Ø
Allgemeine Daten				
Radstand	2500 mm	2500 mm	2500 mm	2500 mm
Spur	1330/1330 mm	1330/1330 mm bzw. (ab Sept. 1973): 1342/1342 mm	1330/1330 mm	1330/1330 mm
Gesamtmaße	4230 x 1590 x 1410 mm	4230 x 1590 x 1410 mm Cabriolet: 4230 x 1590 x 1360 mm	4110 x 1590 x 1380 mm	4230 x 1590 x 1410 mm
Felgen	4½ J x 13	4½ J x 13 bzw. (ab Sept. 1973) 5 J x 13	4½ J x 13	4½ J x 13
Reifen	165 SR 13	6,00 S 1. Auf Wunsch bzw (ab Aug. 1970) Serie: 165 SR 13	165 SR 13	165 SR 13
Wendekreis	10,4 Meter	10,4 Meter	10,4 Meter	10,4 Meter
Wagengewicht	980 kg	940 kg, ab Sep. 1973: 980 kg Cabriolet: 980 kg	1030 kg	960 kg
Zuläss. Gesamtgewicht	1380 kg	1320 kg, ab Sep. 1970: 1370 kg Cabriolet: 1320 kg	1450 kg	1335 kg
Höchstgeschwindigkeit	157 km/h	162 km/h	162 km/h	175 km/h
Beschleunig. 0–100 km/h	14,5 sec	13,5 sec	13,5 sec	11 sec
Verbrauch/100 km	12 Liter	11,5 Liter Super	11,5 Liter Super	12,5 Liter Super
Kraftstofftank	50 Liter (im Heck)	46 bzw. (ab Sep.'73) 50 Liter (im Heck)	52 Liter (im Heck)	46 Liter (im Heck)

BMW 1600 Cabriolet (Baur), 2/2 Sitze, 1967–1971.

BMW 2002 Topcabrio (Baur), 1971–1973.

	BMW 1802 1971–1975	BMW 1800 Touring 1971–1974	BMW 2002, 1968–1975 BMW 2002 Cabriolet, 1971–1975	BMW 2000 Touring 1971–1974
Motor				
Zylinderzahl	4 (Reihe), Block um 30° rechts seitlich geneigt	4 (Reihe), Block um 30° rechts seitlich geneigt	4 (Reihe), Block um 30° rechts seitlich geneigt	4 (Reihe), Block um 30° rechts seitlich geneigt
Bohrung x Hub	89 x 71 mm	89 x 71 mm	89 x 80 mm	89 x 80 mm
Hubraum	1766 ccm	1766 ccm	1990 ccm	1990 ccm
Leistung	90 PS bei 5250/min	90 PS bei 5250/min	100 PS bei 5500/min	100 PS bei 5500/min
Drehmoment	14,6 mkg bei 3000/min	14,6 mkg bei 3000/min	16,0 mkg bei 3500/min	16,0 mkg bei 3500/min
Verdichtung	1:8,6	1:8,6	1:8,5	1:8,5
Vergaser bzw. Einspritzpumpe	1 Fallstromvergaser Solex 38 PDSI	1 Fallstromvergaser Solex 38 PDSI	1 Fallstromvergaser Solex 40 PDS	1 Fallstromvergaser Solex 40 PDS
Ventile	V-förmig hängend. Obenliegende Nockenwelle, Antrieb durch Duplexkette			
Kurbelwellenlager	5	5	5	5
Kühlung	Pumpe, 7 Liter Wasser	Pumpe, 7 Liter Wasser	Pumpe, 7 Liter Wasser	Pumpe, 7 Liter Wasser
Schmierung	Druckumlauf, 4,25 Liter Öl	Druckumlauf, 4,25 Liter Öl	Druckumlauf, 4,25 Liter Öl	Druckumlauf, 4,25 Liter Öl
Batterie	12 V 44 Ah (im Motorraum)	12 V 44 Ah (im Motorraum)	12 V 44 Ah (im Motorraum)	12 V 44 Ah (im Motorraum)
Lichtmaschine	Drehstrom 490 W bzw. (ab April 1971) 630 W	Drehstrom 490 W bzw. (ab April 1971) 630 W	Drehstrom 490 W bzw. (ab April 1971) 630 W	Drehstrom 490 W bzw. (ab April 1971) 630 W
Kraftübertragung	Antrieb auf Hinterräder, geteilte Kardanwelle	Antrieb auf Hinterräder, geteilte Kardanwelle	Antrieb auf Hinterräder, geteilte Kardanwelle	Antrieb auf Hinterräder, geteilte Kardanwelle
Kupplung	Einscheibentrockenkupplung			
Schaltung	Schalthebel Wagenmitte			
Getriebe	4-Gang o. (gg. Aufpreis) 5-Gang			
Synchronisierung	I–IV bzw. I–V			
Übersetzungen	I. 3,764 II. 2,020 III. 1,320 IV. 1,000 5-Gang I. 3,368 II. 2,160 III. 1,579 IV. 1,241 V. 1,000	I. 3,764 II. 2,020 III. 1,320 IV. 1,000 5-Gang I. 3,368 II. 2,160 III. 1,579 IV. 1,241 V. 1,000	I. 3,764 II. 2,020 III. 1,320 IV. 1,000 5-Gang I. 3,368 II. 2,160 III. 1,579 IV. 1,241 V. 1,000. auf Wunsch: ZF Automatik Hydr. Wandler + 3 Gang- Planetengetriebe, Wählhebel Wagenmitte I. 2,56 II. 1,52 III. 1,0 Wandler 1,94 fach	
Antriebs-Übersetzung	4,11	4,11	3,64	3,64
Fahrwerk	Selbsttragende Ganzstahlkarosserie			
Vorderradaufhängung	McPherson-Federbeine, Schraubenfedern, 1800 Touring, 2002 Limousine, 2000 Touring: Drehstab-Stabilisator, 1802 Limousine, beim 2002 Cabriolet auf Wunsch: Drehstab-Stabilisator, Schräglenker, Schraubenfedern, 1800 Touring, 2002 Limousine, 2000 Touring: Drehstab-Stabilisator			
Hinterradaufhängung	1802 Lim. 2002 Cabriolet auf Wunsch: Drehstab-Stabilisator	1802 Lim. 2002 Cabriolet auf Wunsch: Drehstab-Stabilisator	1802 Lim. 2002 Cabriolet auf Wunsch: Drehstab-Stabilisator	1802 Lim. 2002 Cabriolet auf Wunsch: Drehstab-Stabilisator
Lenkung	Schnecke 17,58:1, 3,75 Lenkradd.	Schnecke 17,58:1, 3,75 Lenkradd.	Schnecke 17,58:1, 3,75 Lenkradd.	Schnecke 17,58:1, 3,75 Lenkradd.
Fußbremse	Doppelkreis-Hydraulik, Servohilfe Scheibenbremsen vorn 240 mm Ø Trommelbremsen hinten 200 mm Ø	Doppelkreis-Hydraulik, Servohilfe Scheibenbremsen vorn 240 mm Ø Trommelbremsen hinten 200 mm Ø	Doppelkreis-Hydraulik, Servohilfe Scheibenbremsen vorn 240 mm Ø Trommelbremsen hinten 200 mm Ø	Doppelkreis-Hydraulik, Servohilfe Scheibenbremsen vorn 240 mm Ø Trommelbremsen hinten 200 mm Ø
Allgemeine Daten				
Radstand	2500 mm	2500 mm	2500 mm	2500 mm
Spur	1330/1330 mm ab Sep. 1973: 1342/1342 mm	1330/1330 mm ab Sep. 1973: 1342/1342 mm	1330/1330 mm ab Sep. 1973: 1342/1342 mm	1330/1330 mm ab Sep. 1973: 1342/1342 mm
Gesamtmaße	4230 x 1590 x 1410 mm	4230 x 1590 x 1410 mm	4230 x 1590 x 1410 mm Cabriolet: 4230 x 1590 x 1360 mm	4110 x 1590 x 1380 mm
Felgen	4½ J x 13 ab Sep. '73: 5 J x 13	4½ J x 13 ab Sep. '73: 5 J x 13	4½ J x 13 ab Sep. '73: 5 J x 13	4½ J x 13 ab Sep. '73: 5 J x 13
Reifen	165 SR 13	165 SR 13	165 SR 13	165 SR 13
Wendekreis	10,4 Meter	10,4 Meter	10,4 Meter	10,4 Meter
Wagengewicht	980 kg	1030 kg	990, Cabr. 1040 kg Automatik + 20 kg	1030 kg Automatik + 20 kg
Zuläss. Gesamtgewicht	1370 kg	1450 kg	1390 kg	1450 kg
Höchstgeschwindigkeit	167 km/h	167 km/h	173, Automatik 169 km/h	173, Automatik 169 km/h
Beschleunig. 0–100 km/h	12 sec	12 sec	11, Automatik 12 sec	11, Automatik 12 sec
Verbrauch/100 km	12 Liter Super	12 Liter Super	12,5, Automatik 13 Liter Super	12,5, Automatik 13 Liter Super
Kraftstofftank	46 Liter (im Heck) ab Sep. '73: 50 Liter (im Heck)	52 Liter (im Heck)	46 Liter (im Heck) ab Sep. '73: 50 Liter (im Heck)	52 Liter (im Heck)

BMW 2000 Touring, BMW 2000 tii Touring, Kombilimousine, 2 Türen, 1971–1973.

	BMW 2002 tii 1968–1971	BMW 2002 tii 1971–1975	BMW 2001 tii Touring 1971–1974	BMW 2000 turbo 1973–1974
Motor				
Zylinderzahl	4 (Reihe), Block um 30° rechts seitlich geneigt	4 (Reihe), Block um 30° rechts seitlich geneigt	4 (Reihe), Block um 30° rechts seitlich geneigt	4 (Reihe), Block um 30° rechts seitlich geneigt
Bohrung x Hub	89 x 80 mm	89 x 80 mm	89 x 80 mm	89 x 80 mm
Hubraum	1990 ccm	1990 ccm	1990 ccm	1990 ccm
Leistung	120 PS bei 5500/min	130 PS bei 5800/min	130 PS bei 5800/min	170 PS bei 5800/min
Drehmoment	17,0 mkg bei 3600/min	18,1 mkg bei 4500/min	18,1 mkg bei 4500/min	24,5 mkg bei 4000/min
Verdichtung	1:9,3	1:9,5	1:9,5	1:6,9
Vergaser bzw. Einspritzpumpe	2 Doppel-Flachstromvergaser Solex 40 PHH	Kugelfischer Einspritzpumpe PL 04	Kugelfischer Einspritzpumpe PL 04	Kugelfischer Einspritzpumpe PL 04, Turbolader KKK BLD
Ventile	V-förm. hängend. Obenliegend. Nockenwelle, Antrieb d. Duplexkette	V-förm. hängend. Obenliegend. Nockenwelle, Antrieb d. Duplexkette	V-förm. hängend. Obenliegend. Nockenwelle, Antrieb d. Duplexkette	V-förm. hängend. Obenliegend. Nockenwelle, Antrieb d. Duplexkette
Kurbelwellenlager	5	5	5	5
Kühlung	Pumpe, 7 Liter Wasser	Pumpe, 7 Liter Wasser	Pumpe, 7 Liter Wasser	Pumpe, 7 Liter Wasser
Schmierung	Druckumlauf, 4,25 Liter Öl	Druckumlauf, 4,25 Liter Öl	Druckumlauf, 4,25 Liter Öl	Druckumlauf, 4,25 Liter Öl
Batterie	12 V 44 Ah (im Motorraum)	12 V 44 Ah (im Motorraum)	12 V 44 Ah (im Motorraum)	12 V 44 Ah (im Motorraum)
Lichtmaschine	Drehstrom 490 W bzw. (ab April 1971) 630 W	Drehstrom 630 W	Drehstrom 630 W	Drehstrom 630 W
Kraftübertragung	Antrieb auf Hinterräder, geteilte Kardanwelle	Antrieb auf Hinterräder, geteilte Kardanwelle	Antrieb auf Hinterräder, geteilte Kardanwelle	Antrieb auf Hinterräder, geteilte Kardanwelle
Kupplung	Einscheibentrockenkupplung	Einscheibentrockenkupplung	Einscheibentrockenkupplung	Einscheibentrockenkupplung
Schaltung	Schalthebel Wagenmitte	Schalthebel Wagenmitte	Schalthebel Wagenmitte	Schalthebel Wagenmitte
Getriebe	4-Gang o. (gg. Aufpreis) 5-Gang	4-Gang o. (gg. Aufpreis) 5-Gang	4 Gang o. (gg. Aufpreis) 5-Gang	4-Gang o. (gg. Aufpreis) 5-Gang
Synchronisierung	I–IV bzw. I–V	I–IV bzw. I–V	I–IV bzw. I–V	I–IV bzw. I–V
Übersetzungen	I. 3,835 II. 2,053 III. 1,345 IV. 1,000 5-Gang I. 3,368 II. 2,160 III. 1,579 IV. 1,241 V. 1,000	I. 3,764 II. 2,020 III. 1,320 IV. 1,000 5-Gang I. 3,368 II. 2,160 III. 1,579 IV. 1,241 V. 1,000	I. 3,764 II. 2,020 III. 1,320 IV. 1,000 5-Gang I. 3,368 II. 2,160 III. 1,579 IV. 1,241 V. 1,000	I. 3,764 II. 2,020 III. 1,320 IV. 1,000 5-Gang I. 3,368 II. 2,160 III. 1,579 IV. 1,241 V. 1,000
Antriebs-Übersetzung	3,64	3,64	3,64	3,64
Fahrwerk	Selbsttrag. Ganzstahlkarosserie	Selbsttrag. Ganzstahlkarosserie	Selbsttrag. Ganzstahlkarosserie	Selbsttrag. Ganzstahlkarosserie
Vorderradaufhängung	McPherson-Federbeine, Schraubenfedern, 1800 Touring, 2002 Limousine, 2000 Touring: Drehstab-Stabilisator, 1802 Limousine, 2002 Cabriolet auf Wunsch: Drehstab-Stabilisator, Schräglenker, Schraubenfedern, 1800 Touring, 2002 Lim., 2000 Touring: Drehstab-Stabilisator			
Hinterradaufhängung	1802 Lim. 2002 Cabriolet, auf Wunsch: Drehstab-Stabilisator			
Lenkung	Schnecke 17,58:1, 3,75 Lenkraddrehungen			
Fußbremse	Doppelkreis-Hydraulik, Servohilfe Scheibenbremsen vorn 240 mm Ø Trommelbremsen hinten 200 mm Ø			
Allgemeine Daten				
Radstand	2500 mm	2500 mm	2500 mm	2500 mm
Spur	1342/1342 mm	1342/1342 mm	1342/1342 mm	1375/1362 mm
Gesamtmaße	4230 x 1590 x 1410 mm	4230 x 1590 x 1410 mm	4100 x 1590 x 1380 mm	4220 x 620 x 1410 mm
Felgen	5 J x 13	5 J x 13	5 J x 13	5½ J x 13 (Stahl), auf Wunsch: 5 J x 13 (Alu)
Reifen	165 HR 13	165 HR 13	165 HR 13	185/70 HR 13
Wendekreis	10,4 Meter	10,4 Meter	10,4 Meter	10,5 Meter
Wagengewicht	990 kg	1010 kg	1050 kg	1080 kg
Zuläss. Gesamtgewicht	1350 kg	1410 kg	1450 kg	1440 kg
Höchstgeschwindigkeit	185 km/h	190 km/h	190 km/h	211 km/h
Beschleunig. 0–100 km/h	10 sec	10 sec	10 sec	8 sec
Verbrauch/100 km	13 Liter Super	13 Liter Super	13 Liter Super	14,5 Liter Super
Kraftstofftank	46 Liter (im Heck)	46 Liter (im Heck) ab Sep. '73: 50 Liter (im Heck)	52 Liter (im Heck)	70 Liter (im Heck)

BMW 2002 turbo Limousine, 2 Türen, 1973–1974.

BMW 2500 bis BMW 3,3 L (E3, 1968–1977)

Im September 1968 begann die Produktion der damals völlig neuen BMW 2500 und 2800 Limousinen. Sie stimmten in Form, Größe, Gewicht, Leistung und Preis nahezu genau mit den entsprechenden Modellen der kleineren Mercedes-Reihe überein. Diesen gegenüber machten sie einerseits wegen des nervöseren Motors und der härteren Federung einen sportlicheren Eindruck, boten aber andererseits weniger Komfort und auch weniger Perfektion in manchen Details. Der BMW 2800, zunächst wesentlich reichhaltiger ausgestattet als der 2500, besaß bis Ende 1971 serienmäßig Niveauregulierung und Sperrdifferenzial. Ab September 1973 erhielten beide Modelle einen schwarzen Grill, neue Felgen, Sitzhöhen- und Lenksäulenverstellung sowie Kopfstützen und Automatikgurte. Im April 1971 folgte der BMW 3,0 S mit Dreiliter-Vergaser und im September 1971 der BMW 3,0 Si mit Dreiliter-Einspritzmotor. Im August 1973 erschien als Spitzenmodell dieser Reihe der BMW 3,3 L mit 10 cm längerem Radstand, entsprechend verlängerter Karosserie und besonders luxuriöser Ausstattung. Die Produktion des BMW 3,3 L begann im März 1974. Ab Februar 1975 gab es mit der gleichen langen Karosserie den 2,8 L und den 3,0 L, wogegen der seitherige BMW 2800 entfiel, nachdem sich inzwischen ohnehin die meisten Käufer für den Dreiliter-Motor entschieden. Schon die Grundmodelle, aber auch die verlängerten Karosserien waren überfordert, wenn sie, was oft laienhaft geschieht, den zeitgenössischen S-Typen von Mercedes vergleichsweise gegenübergestellt wurden. Sie konnten mit ihnen weder im Format noch in Bezug auf Komfort und Prestige konkurrieren. Dabei kostete der BMW 3,3 L ebenso viel wie ein Mercedes-Benz 450 SE.

BMW 2800, BMW 3.0 S, 1969–1973, in der Mitte auf Winterreifen mit blauen Laufflächen von Metzeler.

	BMW 2500 1968–1973	BMW 2800 1968–1974	BMW 2,8 1975–1977	BMW 3,0 S 1971–1977
Motor				
Zylinderzahl	6 (Reihe), Block um 30° rechts seitlich geneigt	6 (Reihe), Block um 30° rechts seitlich geneigt	6 (Reihe), Block um 30° rechts seitlich geneigt	6 (Reihe), Block um 30° rechts seitlich geneigt
Bohrung x Hub	86 x71,6 mm	86 x 80 mm	86 x 80 mm	89 x 80 mm
Hubraum	2494 ccm	2788 ccm	2788 ccm	2985 ccm
Leistung	150 PS (110 kW) bei 6000/min	170 PS (125 kW) bei 6000/min	170 PS (125 kW) bei 6000/min	180 PS (132 kW) bei 6000/min
Drehmoment	21,5 mkg bei 3700/min	23,8 mkg bei 3700/min	23,8 mkg bei 3700/min	26,0 mkg bei 3700/min
Verdichtung	1:9,0	1:9,0	1:9,0	1:9,0
Vergaser bzw. Einspritzpumpe	2 Fallstrom-Registerverg. Zenith 35/40 bzw. (ab Sep. 1973) 32/40 INAT m. Startautomatik	2 Fallstrom-Registervergaser Zenith 35/40 INAT m. Startautomatik	Fallstrom-Registervergaser Zenith 35/40 INAT m. Startautomatik	Fallstrom-Registervergaser Zenith 35/40 INAT m. Startautomatik
Ventile	V-förm. hängend. Obenliegend. Nockenwelle, Antrieb d. Duplexkette	V-förm. hängend. Obenliegend. Nockenwelle, Antrieb d. Duplexkette	V-förm. hängend. Obenliegend. Nockenwelle, Antrieb d. Duplexkette	V-förm. hängend. Obenliegend. Nockenwelle, Antrieb d. Duplexkette
Kurbelwellenlager	7	7	7	7
Kühlung	Pumpe, 12 Liter Wasser	Pumpe, 12 Liter Wasser	Pumpe, 12 Liter Wasser	Pumpe, 12 Liter Wasser
Schmierung	Druckumlauf, 6 Liter Öl	Druckumlauf, 6 Liter Öl	Druckumlauf, 6 Liter Öl	Druckumlauf, 6 Liter Öl
Batterie	12 V 55 Ah (im Motorraum)	12 V 55 Ah (im Motorraum)	12 V 55 Ah (im Motorraum)	12 V 55 Ah (im Motorraum)
Lichtmaschine	Drehstrom 500 W bzw. (ab März 1970) 630 W	Drehstrom 500 W bzw. (ab März 1970) 630 W	Drehstrom 500 W bzw. (ab März 1970) 630 W	Drehstrom 630 oder 770 W
Kraftübertragung	Antrieb auf Hinterräder, geteilte Kardanwelle	Antrieb auf Hinterräder, geteilte Kardanwelle	Antrieb auf Hinterräder, geteilte Kardanwelle	Antrieb auf Hinterräder, geteilte Kardanwelle
Kupplung	Einscheibentrockenkupplung	Einscheibentrockenkupplung	Einscheibentrockenkupplung	Einscheibentrockenkupplung
Schaltung	Schaltstock Wagenmitte	Schaltstock Wagenmitte	Schaltstock Wagenmitte	Schaltstock Wagenmitte
Getriebe	4-Gang	4-Gang	4-Gang	4-Gang
Synchronisierung	I–IV	I–IV	I–IV	I–IV
Übersetzungen	Bis April '71: I. 3,85 II. 2,08 III. 1,375 IV. 1,00 ab April '71: I. 3,855 II. 2,2020 III. 1,401 IV. 1,00 auf Wunsch: ZF Automatik Hydr. Wandler + 3 Gang Planetengetr., Wählhebel Wagenmitte I. 2,56 II. 1,52 III. 1,00 Wandler 1,94 fach	Bis April '71: I. 3,85 II. 2,08 III. 1,375 IV. 1,00 ab April '71: I. 3,855 II. 2,2020 III. 1,401 IV. 1,00 auf Wunsch: ZF Automatik Hydr. Wandler + 3 Gang Planetengetr., Wählhebel Wagenmitte I. 2,56 II. 1,52 III. 1,00 Wandler 1,94 fach	Bis April '71: I. 3,85 II. 2,08 III. 1,375 IV. 1,00 ab April '71: I. 3,855 II. 2,2020 III. 1,401 IV. 1,00 auf Wunsch: ZF Automatik Hydr. Wandler + 3 Gang Planetengetr., Wählhebel Wagenmitte I. 2,56 II. 1,52 III. 1,00 Wandler 1,94 fach	I. 3,855 II. 2,020 III. 1,401 IV. 1,00 auf Wunsch: Borg-Warner Automatik Hydr. Wandler+ 3 Gang-Planetengetriebe, Wählhebel Wagenmitte I. 2,39 II. 1,45 III. 1,00 Wandler 2fach
Antriebs-Übersetzung	3,64	3,64	3,64	3,45
Fahrwerk	Selbsttrag. Ganzstahlkarosserie	Selbsttrag. Ganzstahlkarosserie	Selbsttrag. Ganzstahlkarosserie	Selbsttrag. Ganzstahlkarosserie
Vorderradaufhängung	McPherson-Federbeine, Schraubenfedern, auf Wunsch bzw. (ab 1971), Serie: Drehstab-Stabilisator	McPherson-Federbeine, Schraubenfedern, auf Wunsch bzw. (ab 1971), Serie: Drehstab-Stabilisator	McPherson-Federbeine, Schraubenfedern, auf Wunsch bzw. (ab 1971), Serie: Drehstab-Stabilisator	McPherson-Federbeine, Schraubenfedern, Drehstab-Stabilisator
Hinterradaufhängung	Schräglenker, Federbeine, Schraubenfedern, bis 1971 auf Wunsch bzw. (bei BMW 2800) Serie Boge-Nivomat + Stab.	Schräglenker, Federbeine, Schraubenfedern, bis 1971 auf Wunsch bzw. (bei BMW 2800) Serie Boge-Nivomat + Stab.	Schräglenker, Federbeine, Schraubenfedern, bis 1971 auf Wunsch bzw. (bei BMW 2800) Serie Boge-Nivomat + Stab.	Schräglenker, Federbeine, Schraubenfedern
Lenkung	ZF-Gemmer Schnecke 22,5:1, 4,5 Lenkraddreh. auf Wunsch 18,05:1 + Servohilfe, 4 Lenkraddreh.	ZF-Gemmer Schnecke 22,5:1, 4,5 Lenkraddreh. auf Wunsch 18,05:1 + Servohilfe, 4 Lenkraddreh.	ZF-Gemmer Schnecke 22,5:1, 4,5 Lenkraddreh. auf Wunsch 18,05:1 + Servohilfe, 4 Lenkraddreh.	ZF-Gemmer Schnecke 18,05:1 + Servohilfe, 4 Lenkraddreh.
Fußbremse	Doppel-Zweikreis-Hydraulik, Servohilfe, Scheibenbremsen vorn und hinten 272 mm Ø	Doppel-Zweikreis-Hydraulik, Servohilfe, Scheibenbremsen vorn und hinten 272 mm Ø	Doppel-Zweikreis-Hydraulik, Servohilfe, Scheibenbremsen vorn und hinten 272 mm Ø	Doppel-Zweikreis-Hydraulik, Servohilfe, Scheibenbremsen vorn und hinten 272 mm Ø
Allgemeine Daten				
Radstand	2692 mm	2392 mm	2792 mm	2692 mm
Spur	1446/1464 mm	1446/1464 mm	1470/1426 mm	1446/1464 mm
Gesamtmaße	4700 x 1750 x 1450 mm	4700 x 1750 x 1450 mm	4800 x 1750 x 1450 mm	4700 x 1750 x 1450 mm
Felgen	6 J x 14 H 2	6 J x 14 H 2	6 J x 14 H 2	6 J x 14 H 2
Reifen	175 HR 14	195/70 HR14	195/70 HR14	195/70 HR14
Wendekreis	11,0/11,2 Meter	11,0/11,2 Meter	11,2/11,4 Meter	11,0/11,2 Meter
Wagengewicht	1360 kg, Automatik + 20 kg	1360 kg, Automatik + 20 kg	1430 kg, Automatik + 20 kg	1400 kg, Automatik + 20 kg
Zuläss. Gesamtgewicht	1830 kg	1830 kg	1900 kg	1870 kg
Höchstgeschwindigkeit	190 km/h	200 km/h	195 km/h	205 km/h
Beschleunig. 0–100 km/h	11 sec	10 sec	10 sec	9 sec
Verbrauch/100 km	16 Liter Super	16,5 Liter Super	16,5 Liter Super	17,5 Liter Super
Kraftstofftank	75 Liter (im Heck)	75 Liter (im Heck)	75 Liter (im Heck)	75 Liter (im Heck)

BMW 2500, BMW 2800, Limousine, 4 Türen, 1968–1973.

BMW 2500, BMW 2800, Limousine, 4 Türen (1973–1974), BMW 3,0 S, BMW 3,0 Si, Limousine, 4 Türen (1971–1977).

BMW 2,8 L, BMW 3,0 L, BMW 3,3 L, Limousine, 4 Türen, 1974–1977.

	BMW 3,0 L 1975–1977	BMW 3,0 Si 1971–1977	BMW 3,3 L 1974–1977
Motor			
Zylinderzahl	6 (Reihe), Block um 30° rechts seitl. geneigt	6 (Reihe), Block um 30° rechts seitl. geneigt	6 (Reihe), Block um 30° rechts seitl. geneigt
Bohrung x Hub	89 x 80 mm	89 x 80 mm	89 x 88,4 mm
Hubraum	2985 ccm	2985 ccm	3295 ccm
Leistung	180 PS (132 kW) bei 6000/min	200 PS (147 kW) bei 5500/min	190 PS (140 kW) bei 5500/min
Drehmoment	26,0 mkg bei 3700/min	27,7 mkg bei 4300/min	29,5 mkg bei 3500/min
Verdichtung	1:9,0	1:9,5	1:9,0
Vergaser bzw. Einspritzpumpe	2 Register- Fallstromvergaser Zenith 35/40 INAT m. Startautomatik	Elektronisch gesteuerte Benzineinspritzung Bosch	2 Register- Fallstromvergaser Zenith 35/40 INAT m. Startautomatik
Ventile	V-förmig hängend, obenliegende Nockenwelle, Antrieb durch Duplexkette	V-förmig hängend, obenliegende Nockenwelle, Antrieb durch Duplexkette	V-förmig hängend, obenliegende Nockenwelle, Antrieb durch Duplexkette
Kurbelwellenlager	7	7	7
Kühlung	Pumpe, 12 Liter Wasser	Pumpe, 12 Liter Wasser	Pumpe, 12 Liter Wasser
Schmierung	Druckumlauf, 6 l Öl	Druckumlauf, 6 l Öl	Druckumlauf, 6 l Öl
Batterie	12 V 55 Ah (im Motorraum)	12 V 55 Ah (im Motorraum)	12 V 55 Ah (im Motorraum)
Lichtmaschine	Drehstrom 630 oder 770 W	Drehstrom 630 oder 770 W	Drehstrom 630 oder 770 W
Kraftübertragung	Antrieb auf Hinterräder, geteilte Kardanwelle	Antrieb auf Hinterräder, geteilte Kardanwelle	Antrieb auf Hinterräder, geteilte Kardanwelle
Kupplung	Einscheibentrockenkupplung	Einscheibentrockenkupplung	Einscheibentrockenkupplung
Schaltung	Schaltstock Wagenmitte	Schaltstock Wagenmitte	Schaltstock Wagenmitte
Getriebe	4-Gang	4-Gang	4-Gang
Synchronisierung	I–IV	I–IV	I–IV
Übersetzungen	I. 3,835 II. 2,202 III. 1,401 IV. 1,00 auf Wunsch: Borg-Warner Automatik Hydraul. Wandler + 3-Gang-Planetengetr., Wählhebel Wagenmitte, I. 2,39 II. 1,45 III. 1,00 Wandler 2-fach	I. 3,835 II. 2,202 III. 1,401 IV. 1,00 auf Wunsch: Borg-Warner Automatik Hydraul. Wandler + 3-Gang-Planetengetr., Wählhebel Wagenmitte, I. 2,39 II. 1,45 III. 1,00 Wandler 2-fach	I. 3,835 II. 2,202 III. 1,401 IV. 1,00 auf Wunsch: Borg-Warner Automatik Hydraul. Wandler + 3-Gang-Planetengetr., Wählhebel Wagenmitte, I. 2,39 II. 1,45 III. 1,00 Wandler 2-fach
Antriebs-Übersetzung	3,45	3,45	3,45
Fahrwerk		Selbsttragende Ganzstahlkarosserie	
Vorderradaufhängung	McPherson-Federbeine, Schraubenfedern, Drehstab-Stabilisator	McPherson-Federbeine, Schraubenfedern, Drehstab-Stabilisator	McPherson-Federbeine, Schraubenfedern, Drehstab-Stabilisator
Hinterradaufhängung	Schräglenker, Federbeine, Schraubenfedern	Schräglenker, Federbeine, Schraubenfedern	Schräglenker, Federbeine, Schraubenfedern
Lenkung	ZF-Gemmer Schnecke 18,05:1 + Servohilfe, 4 Lenkraddrehungen	ZF-Gemmer Schnecke 18,05:1 + Servohilfe, 4 Lenkraddrehungen	ZF-Gemmer Schnecke 18,05:1 + Servohilfe, 4 Lenkraddrehungen
Fußbremse	Doppel-Zweikreis-Hydraulik, Servohilfe, Scheibenbremsen vorn u. hinten 272 mm Ø	Doppel-Zweikreis-Hydraulik, Servohilfe, Scheibenbremsen vorn u. hinten 272 mm Ø	Doppel-Zweikreis-Hydraulik, Servohilfe, Scheibenbremsen vorn u. hinten 272 mm Ø
Allgemeine Daten			
Radstand	2792 mm	2692 mm	2792 mm
Spur	1470/1426 mm	1446/1464 mm	1470/1426 mm
Gesamtmaße	4800 x 1750 x 1450 mm	4800 x 1750 x 1450 mm	4800 x 1750 x 1450 mm
Felgen	6 J x 14 H 2	6 J x 14 H 2	6 J x 14 H 2 (Alu)
Reifen	195/70 HR 14	195/70 VR 14	195/70 VR 14
Wendekreis	10,2/11,4 Meter	11,0/11,2 Meter	11,2/11,4 Meter
Wagengewicht	1470 kg, Automatik + 20 kg	1420 kg, Automatik + 20 kg	1490 kg, Automatik + 20 kg
Zuläss. Gesamtgewicht	1900 kg	1870 kg	1900 kg
Höchstgeschwindigkeit	200 km/h	211 km/h	205 km/h
Beschleunig. 0–100 km/h	9 sec	8,5 sec	9 sec
Verbrauch/100 km	17,5 Liter Super	17,5 Liter Super	17,5 Liter Super
Kraftstofftank	75 Liter (im Heck)	75 Liter (im Heck)	75 Liter (im Heck)

BMW 2800 CS bis 2,5 CS (E9, 1968–1975)

Das BMW 2800 CS Coupé wurde im September 1968 vorgestellt und ab Dezember 1968 in Serie gebaut. Es besaß die gleiche, von Karmann hergestellte Karosserie wie der frühere BMW 2000 CS, wirkte aber durch längere Motorhaube und wesentlich geschicktere Frontgestaltung sehr viel ansehnlicher. 9400 Stück dieses Modells wurden bis April 1971 ausgeliefert. Als Nachfolger erschienen, zusammen mit den entsprechenden Limousinen, der BMW 3,0 CS im April 1971 und der BMW 3,0 CSi im September 1971. Äußerlich unterschieden sie sich kaum vom 2800 CS, technisch hauptsächlich durch den größeren Motor und Vierrad-Scheibenbremsen. Im Mai 1971 entstand das aus dem 3,0 CS entwickelte Leichtbau-Coupé 3,0 CSL mit zunächst unverändertem 180-PS-Vergasermotor, dem im August 1972 die Ausführung mit 200-PS-Einspritzmotor und im August 1973 die dritte Version mit 3154-ccm-Motor folgten. Gedacht waren die CSL als Basisfahrzeuge für den Rennsport, wo sie auch mit großem Erfolg Verwendung fanden, doch wurden die meisten CSL von Privatleuten mit der dem 3,0 CS entsprechenden Komfortausstattung für den normalen Straßenverkehr gekauft. Im Hinblick auf die Wirtschaftslage lieferte BMW das Coupé seit April 1974 auch mit dem 2,5-Liter-Motor sowie einfacherer Ausstattung als BMW 2,5 CS.

BMW 3.0 CSL, 1971–1972.

Preise							
	BMW 2500	BMW 2800	BMW 2,8 L	BMW 3,0 S	BMW 3,0 L	BMW 3,0 Si	BMW 3,3 L
Oktober 1968	DM 15485,-	DM 17250,-	–	–	–	–	–
November 1969	DM 16350,-	DM 18450,-	–	–	–	–	–
Januar 1971	DM 16875,-	DM 18985,-	–	–	–	–	–
April 1971	DM 16985,-	DM 18985,-	–	DM 19980,-	–	–	–
August 1971	DM 17530,-	DM 18450,-	–	DM 20620,-	–	DM 22690,-	–
Januar 1972	DM 18280,-	DM 19250,-	–	DM 21490,-	–	DM 23590,-	–
Februar 1973	DM 19200,-	DM 20300,-	–	DM 22600,-	–	DM 24800,-	–
August 1973	DM 19650,-	DM 20750,-	–	DM 22930,-	–	DM 25130,-	DM 35600,-
März 1974	DM 20540,-	DM 21700,-	–	DM 23980,-	–	DM 26280,-	DM 37550,-
Juni 1974	DM 21280,-	DM 22530,-	–	DM 24860,-	–	DM 27280,-	DM 38980,-
März 1975	DM 22430,-	–	DM 25980,-	DM 26990,-	DM 28920,-	DM 29500,-	DM 39980,-
	BMW 2,5 CS	BMW 2800 CS	BMW 3,0 CS	BMW 3,3 CSi	BMW 3,0 CSL	Automatic	
Oktober 1968	–	DM 22980,-	–	–	–	+ DM 1380,-	
November 1969	–	DM 24510,-	–	–	–	+ DM 1340,-	
Januar 1971	–	DM 24975,-	–	–	–	+ DM 1340,-	
April 1971	–	–	DM 26975,-	–	–	+ DM 1390,-	
August 1971	–	–	DM 27840,-	–	DM 31950,-	+ DM 1450,-	
Juni 1972	–	–	DM 28950,-	DM 30650,-	DM 31950,-	+ DM 1550,-	
Februar 1973	–	–	DM 30300,-	DM 32100,-	DM 32700,-	+ DM 1550,-	
August 1973	–	–	DM 30540,-	DM 32340,-	DM 35700,-	+ DM 1550,-	
März 1974	–	–	DM 31930,-	DM 33810,-	DM 37580,-	+ DM 1580,-	
Juni 1974	DM 28550,-	–	DM 32980,-	DM 34980,-	DM 38860,-	+ DM 1580,-	
März 1975	DM 30180,-	–	DM 34720,-	DM 36820,-	DM 40880,-	+ DM 1580,-	

	BMW 2,5 CS 1974–1975	BMW 2800 CS 1968–1971	BMW 3,0 CS, 1971–1972 BMW 3,0 CSL, 1971–1972
Motor			
Zylinderzahl	6 (Reihe), Block um 30° rechts seitl. geneigt	6 (Reihe), Block um 30° rechts seitl. geneigt	6 (Reihe), Block um 30° rechts seitl. geneigt
Bohrung x Hub	86 x 71,6 mm	86 x 80 mm	89 x 80 mm
Hubraum	2494 ccm	2788 ccm	2985 ccm
Leistung	150 PS (110 kW) bei 6000/min	170 PS (125 kW) bei 6000/min	180 PS (132 kW) bei 6000/min
Drehmoment	21,5 mkg bei 3700/min	23,8 mkg bei 3700/min	26,0 mkg bei 3700/min
Verdichtung	1:9,0	1:9,0	1:9,0
Vergaser bzw. Einspritzpumpe	2 Fallstrom-Registervergaser Zenith 32/40 INAT mit Startautomatik	2 Fallstrom-Registervergaser Zenith 32/40 INAT mit Startautomatik	2 Fallstrom-Registervergaser Zenith 32/40 INAT mit Startautomatik
Ventile	V-förmig hängend, obenliegende Nockenwelle, Antrieb durch Duplexkette	V-förmig hängend, obenliegende Nockenwelle, Antrieb durch Duplexkette	V-förmig hängend, obenliegende Nockenwelle, Antrieb durch Duplexkette
Kurbelwellenlager	7	7	7
Kühlung	Pumpe, 12 Liter Wasser	Pumpe, 12 Liter Wasser	Pumpe, 12 Liter Wasser
Schmierung	Druckumlauf, 6 l Öl	Druckumlauf, 6 l Öl	Druckumlauf, 6 l Öl
Batterie	12 V 55 Ah (im Motorraum)	12 V 55 Ah (im Motorraum)	12 V 55 Ah (im Motorraum)
Lichtmaschine	Drehstrom 630 W	Drehstrom 630 W	Drehstrom 630 oder 770 W
Kraftübertragung	Antrieb auf Hinterräder, geteilte Kardanwelle	Antrieb auf Hinterräder, geteilte Kardanwelle	Antrieb auf Hinterräder, geteilte Kardanwelle
Kupplung	Einscheibentrockenkupplung	Einscheibentrockenkupplung	Einscheibentrockenkupplung
Schaltung	Schaltstock Wagenmitte	Schaltstock Wagenmitte	Schaltstock Wagenmitte
Getriebe	4-Gang	4-Gang	4-Gang
Synchronisierung	I–IV	I–IV	I–IV
Übersetzungen	I. 3,855 II. 2,202 III. 1,401 IV. 1,00 auf Wunsch: ZF Automatik Hydr. Wandler + 3-Gang-Planetengetr., Wählhebel Wagenmitte, I. 2,56 II. 1,52 III. 1,0 Wandler 1,94-fach	I. 3,855 II. 2,202 III. 1,401 IV. 1,00 auf Wunsch: ZF Automatik Hydr. Wandler + 3-Gang-Planetengetr., Wählhebel Wagenmitte, I. 2,56 II. 1,52 III. 1,0 Wandler 1,94-fach	I. 3,855 II. 2,202 III. 1,401 IV. 1,00 auf Wunsch: ZF Automatik Hydr. Wandler + 3-Gang-Planetengetr., Wählhebel Wagenmitte, I. 2,56 II. 1,52 III. 1,0 Wandler 1,94-fach
Antriebs-Übersetzung	3,64	3,45	3,45
Fahrwerk		Selbsttragende Ganzstahlkarosserie	
Vorderradaufhängung	McPherson-Federbeine, Schraubenfedern, Drehstab-Stabilisator	McPherson-Federbeine, Schraubenfedern, Drehstab-Stabilisator	McPherson-Federbeine, Schraubenfedern, Drehstab-Stabilisator
Hinterradaufhängung	Schräglenker, Federbeine, Schraubenfedern	Schräglenker, Federbeine, Schraubenfedern	Schräglenker, Federbeine, Schraubenfedern Drehstab-Stabilisator
Lenkung	ZF-Gemmer Schnecke 22,5:1, 4,5 Lenkraddr. auf Wunsch 18,05:1 + Servohilfe 4 Lenkradrehungen	ZF-Gemmer Schnecke 18,05:1, + Servohilfe 4 Lenkradrehungen	ZF-Gemmer Schnecke 18,05:1, + Servohilfe 4 Lenkradrehungen
Fußbremse	Doppel-Zweikreis-Hydraulik, Servohilfe, Scheibenbremsen vorn u. hinten 272 mm Ø	Doppel-Zweikreis-Hydraulik, Servohilfe, Scheibenbremsen vorn 272 mm Ø, Trommelbremsen hinten 250 mm Ø	Doppel-Zweikreis-Hydraulik, Servohilfe, Scheibenbremsen vorn u. hinten 272 mm Ø
Allgemeine Daten			
Radstand	2625 mm	2625 mm	2625 mm
Spur	1446/1398 mm	1446/1402 mm	1446/1402 mm
Gesamtmaße	4660 x 1670 x 1370 mm	4660 x 1670 x 1370 mm	4660 x 1670 x 1370 mm
Felgen	6 J x 14 H 2 (Stahl)	6 J x 14 H 2 (Stahl)	CS: 6 J x 14 H 2 (Alu) CSL: 7 J x 14 H 2 (Alu)
Reifen	175 HR 14	195/70 HR 14	175/70 VR 14
Wendekreis	10,6/10,8 Meter	10,6/10,8 Meter	10,6/10,8 Meter
Wagengewicht	1400, Automatik 1420 kg	1355, Automatik 1375 kg	CS: 1400, Automatik 1420 kg CSL: 1200 kg
Zuläss. Gesamtgewicht	1770 kg	1770 kg	CS 1750, CSL: 1650 kg
Höchstgeschwindigkeit	201 km/h	206 km/h	CS 213, CSL 215 km/h
Beschleunig. 0–100 km/h	10,5 sec	10 sec	CS 9, CSL 8 sec
Verbrauch/100 km	16 Liter Super	16 Liter Super	17,5 Liter Super
Kraftstofftank	70 Liter (im Heck)	70 Liter (im Heck)	70 Liter (im Heck)

BMW 2800 CS Coupé, 4 Sitze (1968–1971), BMW 3,0 CS, BMW 3,0 CSi, Coupé, 4 Sitze (1971–1975).

	BMW 3,0 CSi 1971–1975	BMW 3,0 CSL 1972–1973	BMW 3,0 CSL 1972–1975
Motor			
Zylinderzahl	6 (Reihe), Block um 30° rechts seitl. geneigt	6 (Reihe), Block um 30° rechts seitl. geneigt	6 (Reihe), Block um 30° rechts seitl. geneigt
Bohrung x Hub	89 x 80 mm	89,25 x 80 mm	89,25 x 84 mm
Hubraum	2485 ccm	3003 ccm	3154 ccm
Leistung	200 PS (147 kW) bei 5500/min	200 PS (147 kW) bei 5500/min	206 PS (149 kW) bei 5600/min
Drehmoment	27,7 mkg bei 4300/min	27,7 mkg bei 4300/min	29,2 mkg bei 4200/min
Verdichtung	1:9,5	1:9,5	1:9,5
Vergaser bzw. Einspritzpumpe	Elektronisch gesteuerte Benzineinspritzung Bosch	Elektronisch gesteuerte Benzineinspritzung Bosch	Elektronisch gesteuerte Benzineinspritzung Bosch
Ventile	V-förmig hängend, obenliegende Nockenwelle, Antrieb durch Duplexkette	V-förmig hängend, obenliegende Nockenwelle, Antrieb durch Duplexkette	V-förmig hängend, obenliegende Nockenwelle, Antrieb durch Duplexkette
Kurbelwellenlager	7	7	7
Kühlung	Pumpe, 12 Liter Wasser	Pumpe, 12 Liter Wasser	Pumpe, 12 Liter Wasser
Schmierung	Druckumlauf, 6 l Öl	Druckumlauf, 6 l Öl	Druckumlauf, 6 l Öl
Batterie	12 V 55 Ah (im Motorraum)	12 V 55 Ah (im Motorraum)	12 V 55 Ah (im Motorraum)
Lichtmaschine	Drehstrom 630 oder 770 W	Drehstrom 630 oder 770 W	Drehstrom 630 oder 770 W
Kraftübertragung	Antrieb auf Hinterräder, geteilte Kardanwelle	Antrieb auf Hinterräder, geteilte Kardanwelle	Antrieb auf Hinterräder, geteilte Kardanwelle
Kupplung	Einscheibentrockenkupplung	Einscheibentrockenkupplung	Einscheibentrockenkupplung
Schaltung	Schaltstock Wagenmitte	Schaltstock Wagenmitte	Schaltstock Wagenmitte
Getriebe	4-Gang	4-Gang	4-Gang
Synchronisierung	I–IV	I–IV	I–IV
Übersetzungen	I. 3,855 II. 2,202 III. 1,401 IV. 1,00 auf Wunsch: Borg-Warner Automatik Hydr. Wandler + 3-Gang-Planetengetr., Wählhebel Wagenmitte, I. 2,39 II. 1,45 III. 1,00 Wandler 2-fach	I. 3,855 II. 2,202 III. 1,401 IV. 1,00 auf Wunsch: Borg-Warner Automatik Hydr. Wandler + 3-Gang-Planetengetr., Wählhebel Wagenmitte, I. 2,39 II. 1,45 III. 1,00 Wandler 2-fach	I. 3,855 II. 2,202 III. 1,401 IV. 1,00 auf Wunsch: Borg-Warner Automatik Hydr. Wandler + 3-Gang-Planetengetr., Wählhebel Wagenmitte, I. 2,39 II. 1,45 III. 1,00 Wandler 2-fach
Antriebs-Übersetzung	3,25	3,25	3,25
Fahrwerk	Selbsttragende Ganzstahlkarosserie	Selbsttragende Ganzstahlkarosserie	Selbsttragende Ganzstahlkarosserie
Vorderradaufhängung	McPherson-Federbeine, Schraubenfedern, Drehstab-Stabilisator	McPherson-Federbeine, Schraubenfedern, Drehstab-Stabilisator	McPherson-Federbeine, Schraubenfedern, Drehstab-Stabilisator
Hinterradaufhängung	Schräglenker, Federbeine, Schraubenfedern Drehstab-Stabilisator	Schräglenker, Federbeine, Schraubenfedern Drehstab-Stabilisator	Schräglenker, Federbeine, Schraubenfedern Drehstab-Stabilisator
Lenkung	ZF-Gemmer Schnecke 18,05:1 + Servohilfe 4 Lenkradrehungen	ZF-Gemmer Schnecke 22,5:1, 4,5 Lenkraddreh., auf Wunsch: 18,05:1 + Servohilfe, 4 Lenkradrehungen	ZF-Gemmer Schnecke 22,5:1, 4,5 Lenkraddreh., auf Wunsch: 18,05:1 + Servohilfe, 4 Lenkradrehungen
Fußbremse	Doppel-Zweikreis-Hydraulik, Servohilfe, Scheibenbremsen vorn u. hinten 272 mm Ø	Doppel-Zweikreis-Hydraulik, Servohilfe, Scheibenbremsen vorn u. hinten 272 mm Ø	Doppel-Zweikreis-Hydraulik, Servohilfe, Scheibenbremsen vorn u. hinten 272 mm Ø
Allgemeine Daten			
Radstand	2625 mm	2625 mm	2625 mm
Spur	1446/1402 mm	1426/1422 mm	1426/1422 mm
Gesamtmaße	4660 x 1670 x 1370 mm	4630 x 1730 x 1370 mm	4630 x 1730 x 1370 mm
Felgen	6 J x 14 H 2 (Alu)	7 J x 14 H 2 (Alu)	7 J x 14 H 2 (Alu)
Reifen	195/70 VR 14	195/70 VR 14	195/70 VR 14
Wendekreis	10,6/10,8 Meter	10,6/10,8 Meter	10,6/10,8 Meter
Wagengewicht	1400, Automatik 1420 kg	1270 kg	1270 kg
Zuläss. Gesamtgewicht	1750 kg	1730 kg	1730 kg
Höchstgeschwindigkeit	220 km/h	220 km/h	220 km/h
Beschleunig. 0–100 km/h	8 sec	7,5 sec	7,5 sec
Verbrauch/100 km	17,5 Liter Super	17,5 Liter Super	17,5 Liter Super
Kraftstofftank	70 Liter (im Heck)	70 Liter (im Heck)	70 Liter (im Heck)

Global Player BMW beschleunigt auf der Überholspur 1975–2000

Für die Bayerischen Motoren Werke gestaltet sich das letzte Quartal des 20. Jahrhunderts zum erfolgreichsten in ihrer Geschichte. Es beginnt die Ära der durch Ziffern gekennzeichneten Baureihen, angeführt vom 5er BMW, gefolgt vom 3er, 6er und 7er. 1979 feiert man den dreimillionsten Pkw seit Aufnahme der Ptoduktion nach dem Krieg, es erfolgt die Einführung hocheffizienter Dieselmotoren, produziert in einem hierfür eigens gebauten Motorenwerk in Steyr, und 1987 die Vorstellung des ersten deutschen V12-Automobils seit 1939. Ab 1991 erfolgt die Ausstattung aller BMW Serienfahrzeuge mit ABS, 1994 die Übernahme der Rover Group und 1998 von Rolls-Royce.

In den USA errichtet BMW ein Werk zur Herstellung des Sportwagens Z3, nachdem 1984 in Regensburg und 1992 in Eisenach – ein Standort von historischer BMW-Relevanz – ebenfalls neue Werke enstanden waren. Auch im Motorsport sorgt BMW für Schlagzeilen durch eine Vielzahl von Siegen und Meisterschaftstiteln. 1983 gibt es sogar einen ersten Weltmeistertitel für einen Turbo: Es ist der BMW-Brabham Formel Eins, und 1999 gewinnt BMW die 24 Stunden von Le Mans. Im gleichen Jahr wird der X5 als Vertreter einer neuen Fahrzeuggeneration vorgestellt und die Serienfertigung des Sportwagens Z8 im Werk Regensburg vorbereitet, der in einem James-Bond-Film sein Debüt gibt; die Serienfertigung beginnt 2001.

Die BMW-Modellpalette der frühen 1990er Jahre, einschließlich des Motorrad-Programms.

BMW 5er-Reihe (E12, 1972–1981)

Die 5er-Modellreihe wurde im September 1972 mit dem BMW 520 (gesprochen: fünf-zwanzig) eröffnet, der den BMW 2000 ablöste. Gegenüber dem Vorgänger blieben Motor, Getriebe und Fahrwerk im Wesentlichen gleich, während sich die Karosserie in völlig neuer Gestalt vorstellte. Der ganze Wagen wurde voluminöser, er wirkte nicht mehr so sportlich und spritzig. BMW leitete offenbar einen Stilwandel ein: Es sollte mehr als zuvor für den Komfort getan werden, und zwar möglichst ohne die »Freude am Fahren« zu beeinträchtigen. Das gelang zwar, doch rutschte halt auch der Preis erheblich nach oben. Überhaupt lag die Frage nahe, warum man nicht bei den äußeren Dimensionen des Vorgängers blieb, zumal die Autos der neuen 5er-Reihe, ausgerüstet mit den Sechszylinder-Motoren, fast gleich groß, gleich schwer und auch gleich teuer waren wie die großen BMW 2500/2800. Seit September 1973 gab es nämlich den 525 (fünf-fünfundzwanzig) mit 2,5-Liter- und ab Februar 1975 den 528 mit 2,8-Liter-Motor. Die beiden nahmen wohl kaum irgendwelchen anderen Marken die Käufer weg, sondern hauptsächlich den größeren Modellen aus dem eigenen Haus. Seit Juni 1974 wurde als Nachfolger des früheren BMW 1800 der BMW 518 (fünf-achtzehn) mit 1,8-Liter-Motor angeboten, mit dem man freilich gegenüber dem 520 kaum wesentliche Einsparungen erhoffen durfte.

Im August 1976 zeigte sich die gesamte 5er-Reihe äußerlich etwas überarbeitet, wobei sich aber der optische Gesamteindruck der Wagen erfreulicherweise nicht auffällig änderte. Man hatte Front- und Heckpartie sowie die Motorhaube etwas modifiziert, größere Heckleuchten und neue Radblenden gehörten dazu, und der Tankdeckel wanderte von der Rückseite in den rechten hinteren Kotflügel.

Wesentliche technische Änderungen, wenn auch äußerlich bis auf den ins vordere Fensterdreieck verlegten Außenspiegel kaum sichtbar, brachte der September 1977. Beim 520 wurde (wie beim 320) der seitherige Vier- durch einen neuen, hochmodernen Sechszylinder-Motor ersetzt, der bei relativ geringem Mehrpreis ein deutliches Plus an Leistung und Fahrkultur bot. Der 528 wandelte sich zum 528 i mit Einspritzung. Immens teuer! Und weil sein zusätzliches Leistungspotenzial gegenüber dem 525 auf der Straße ohne praktischen Nutzen blieb, bekam das Auto 1978 ein paar weitere PS. Wem das noch nicht genügte, der konnte sich ab September 1979 mit dem Kraftpaket BMW M 535 i beschäftigen, der aber vornehmlich für die Beteiligung am Motorsport bestimmt war.

In beträchtlicher Zahl, aber nicht für den deutschen Markt, wurde der 5er-BMW auch als Dreiliter-Sechszylinder gebaut. Zum Programm des BMW-Montagewerkes in Südafrika gehörte der BMW 530 mit Vergasermotor, während dem USA-Markt der BMW 530 i mit Benzineinspritzung vorbehalten blieb. Die effektive Leistung beider Ausführungen lag bei 175 PS, wobei das USA-Modell Leistungseinbußen infolge der dortigen Abgasbestimmungen hinnehmen musste. Im Juni 1981 wurde der nächste 5er-BMW (Baureihe E 28) vorgestellt.

BMW 5er-Reihe (Baureihe E12), Limousine 4 Türen, Ausführung 1972–1976.

	BMW 520 1977–1981				BMW 525 1973–1981		
Motor	Vergasermotor				Vergasermotor		
Zylinderzahl	4 (Reihe), Block um 30° rechts seitl. geneigt				4 (Reihe), Block um 30° rechts seitl. geneigt		
Bohrung x Hub	80 x 66 mm				86 x 71,6 mm		
Hubraum	1990 ccm				2494 ccm		
Leistung	122 PS (90 kW) bei 6000/min				145 PS (107 kW) bei 6000/min bzw. ab Aug. 1976 150 PS (110 kW) bei 5800/min		
Drehmoment	16,3 mkg bei 4000/min				21,2 mkg bei 4000/min		
Verdichtung	9,2:1				9,0:1		
Vergaser bzw. Einspritzpumpe	1 Register-Fallstromvergaser Solex 4 A 1				2 Register-Fallstromvergaser Zenith 32/40 INAT bzw. ab Aug. 1976 1 Register-Fallstromvergaser Solex 4 A 1		
Ventile	V-förmig hängend, obenliegende Nockenwelle, Antrieb durch Duplexkette				V-förmig hängend, obenliegende Nockenwelle, Antrieb durch Duplexkette		
Kurbelwellenlager	7				7		
Kühlung	Pumpe, 12 Liter Wasser				Pumpe, 12 Liter Wasser		
Schmierung	Druckumlauf, 4,75 l Öl				Druckumlauf, 4,75 l Öl		
Batterie	12 V 44 oder 55 Ah				12 V 55 Ah		
Lichtmaschine	Drehstrom 770 W				Drehstrom 770 W		
Kraftübertragung	Antrieb auf Hinterräder, geteilte Kardanwelle				Antrieb auf Hinterräder, geteilte Kardanwelle		
Schaltung	Schalthebel Wagenmitte				Schalthebel Wagenmitte		
Getriebe	4-Gang bzw. ab 1979: 5-Gang (Aufpreis 3-Gang Automatic ZF3HP22)				4-Gang bzw. ab 1979: 5-Gang (Aufpreis 3-Gang Automatic ZF3HP22)		
Synchronisierung	I–IV bzw. I–V				I–IV bzw. I–V		
Übersetzungen	I. 3,764	I. 3,862	I. 3,370	I. 2,56 (Automatic)	I. 3,855	I. 3,822	I. 3,717
	II. 2,043	II. 2,002	II. 2,160	II. 1,52 (Automatic)	II. 2,202	II. 2,003	II. 2,403
	III. 1,320	III. 1,329	III. 1,581	III. 1,00 (Automatic)	III. 1,401	III. 1,3298	III. 1,766
		IV. 1,000	IV. 1,000	IV. 1,241	IV. 1,000	IV. 1,000	IV. 1,263
			V. 0,805	V. 1,000		V. 0,812	V. 1,000
Antriebs-Übersetzung	3,9				3,64		
Fahrwerk	Selbsttragende Ganzstahlkarosserie				Selbsttragende Ganzstahlkarosserie		
Vorderradaufhängung	McPherson-Federbeine, Schraubenfedern, Drehstab-Stabilisator						
Hinterradaufhängung	Schräglenker, Federbeine, Schraubenfedern, Aufpreis bei 520 Serie bei 525: Stabilisator						
Lenkung	ZF Gemmer Schnecke (22,3:1), 4,3 Lenkraddrehungen bzw. gegen Aufpreis mit Servo (16,9:1), 3,6 Lenkraddrehungen						
Fußbremse	Zweikreis-Hydraulik, Servo Scheibenbremsen vorn 280 mm Ø, Trommelbremsen hinten 250 mm Ø				Zweikreis-Hydraulik, Servo Scheibenbremsen vorn 280 mm Ø, Trommelbremsen hinten 272 mm Ø		
Allgemeine Daten	Limousine 4 Türen				Limousine 4 Türen		
Radstand	2636 mm				2636 mm		
Spur	1406/1446 mm				1406/1466 mm		
Gesamtmaße	4620 x 1690 x 1425 mm				4620 x 1690 x 1425 mm		
Felgen	5½ J x 14				5½ J x 14		
Reifen	175/SR 14				175/HR 14		
Wendekreis	10,7/11,1 Meter				10,7/11,1 Meter		
Wagengewicht	1350, Automatic 1370 kg				1380, Automatic 1400 kg		
Zuläss. Gesamtgewicht	1770, Automatic 1790 kg				1810, Automatic 1830 kg		
Höchstgeschwindigkeit	181, Automatic 176 km/h				192, Automatic 187 km/h		
Beschleunig. 0–100 km/h	12,5, Automatic 15,5 sec				10,5, Automatic 13 sec		
Verbrauch/100 km	13,5 Liter Super, Automatic 14 Liter Super				15,5 Liter Super		
Kraftstofftank	70 Liter (im Heck)				70 Liter (im Heck)		

BMW 518 1974–1981	BMW 520 1972–1977	BMW 520 i 1972–1975	BMW 520 i 1975–1977
Vergasermotor	Vergasermotor	Einspritzmotor	Einspritzmotor
4 (Reihe), Block um 30°	4 (Reihe), Block um 30°	4 (Reihe), Block um 30°	4 (Reihe), Block um 30°
rechts seitlich geneigt	rechts seitlich geneigt	rechts seitlich geneigt	rechts seitlich geneigt
89 x 71 mm	89 x 80 mm	89 x 80 mm	98 x 80 mm
1766 ccm	1990 ccm	1990 ccm	1990 ccm
90 PS (66 kW) bei 5500/min	115 PS (85 kW) bei 5800/min	130 PS (96 kW) bei 5800/min	125 PS (92 kW) bei 5700/min
14,5 mkg bei 3500/min	16,5 mkg bei 3700/min	18,1 mkg bei 4500/min	17,5 mkg bei 4350/min
8,6:1	9,0:1	9,5:1	9,3:1
1 Fallstromvergaser	1 Flachstromvergaser	Mechanische Benzineinspritzung	Kontinuierliche
Solex 38 PDSI	Stromberg 175 CDET	FAG Kugelfischer PL 04	Saugrohr-Benzineinspritzung
ohne Startautomatik	mit Startautomatik		Bosch L-Jetronic
2, V-förm. hängend. Obenliegende	V-förm. hängend. Obenliegende	2, V-förm. hängend. Obenliegende	2, V-förm. hängend. Obenliegende
Nockenwelle, Antrieb d. Duplexkette	Nockenwelle, Antrieb d. Duplexkette	Nockenwelle, Antrieb d. Duplexkette	Nockenwelle, Antrieb d. Duplexkette
5	5	5	5
Pumpe, 7,25 Liter Wasser	Pumpe, 7 Liter Wasser	Pumpe, 7 Liter Wasser	Pumpe, 7 Liter Wasser
Druckumlauf, 4,25 Liter Öl	Druckumlauf, 4,25 Liter Öl	Druckumlauf, 4,25 Liter Öl	Druckumlauf, 4,25 Liter Öl
12 V 36 oder 55 Ah (im Motorraum)	12 V 44 oder 55 Ah (im Motorraum)	12 V 44 oder 55 Ah (im Motorraum)	12 V 44 oder 55 Ah (im Motorraum)
Drehstrom 630 W	Drehstrom 770 W	Drehstrom 770 W	Drehstrom 770 W
Antrieb auf Hinterräder,	Antrieb auf Hinterräder,	Antrieb auf Hinterräder,	Antrieb auf Hinterräder,
geteilte Kardanwelle	geteilte Kardanwelle	geteilte Kardanwelle	geteilte Kardanwelle
4-Gang (ab 1975 5-Gang)	4-Gang (Aufpreis: 3-Gang-Automatic)	4-Gang	
I. 3,764	I. 3,764	I. 3,764	
II. 2,020	II. 2,02	II. 2,02	
III. 1,320	III. 1,32	III. 1,32	
IV. 1,000	IV. 1,00	IV. 1,00	
4,44	4,11	3,90	
Selbsttragende Ganzstahlkarosserie		Selbsttragende Ganzstahlkarosserie	
McPherson-Federbeine, Schraubenfedern, Drehstab-Stabilisator		McPherson-Federbeine, Schraubenfedern, Drehstab-Stabilisator	
Schräglenker, Federbeine, Schrauben-	Schräglenker, Federbeine, Schrauben-	Schräglenker, Federbeine, Schraubenfedern	
federn, Aufpreis: Drehstab-Stabilisator	federn, Drehstab-Stabilisator	Drehstab-Stabilisator	
ZF Gemmer Schnecke (19,1:1),	ZF Gemmer Schnecke (22,3:1),		
4,3 Lenkrraddrehungen bzw.	4,3 Lenkrraddrehungen bzw.	ZF Gemmer Schnecke (22,3:1), 4,3 Lenkrraddrehungen bzw.	
Aufpreis: mit Servo (19,6:1),	Aufpreis: mit Servo (19,6:1),	Aufpreis: mit Servo (19,6:1), 3,6 Lenkraddrehungen	
3,6 Lenkraddrehungen	3,6 Lenkraddrehungen		
Zweikreis-Hydraulik, Servohilfe		Zweikreis-Hydraulik, Servohilfe	
Scheibenbremsen vorn 280 mm Ø, Trommelbremsen hinten 250 mm Ø		Scheibenbremsen vorn 280 mm Ø, Trommelbremsen hinten 250 mm Ø	
Limousine 4 Türen			
2636 mm	2636 mm	2636 mm	2636 mm
1406/1442 mm	1422/1466 mm	1422/1466 mm	1422/1470 mm
4620 x 1690 x 1425 mm	4620 x 1690 x 1425 mm	4620 x 1690 x 1425 mm	4620 x 1690 x 1425 mm
5,50 J x 14	5,50 J x 14	5,50 J x 14	5,50 J x 14
175 SR 14	175 SR 14	175 HR 14	175 HR 14
10,7/11,1 Meter	10,7/11,1 Meter	10,7/11,1 Meter	10,7/11,1 Meter
1260 kg	1275, Automatic 1295 kg	1280 kg	1295 kg
1700 kg	1700, Automatic 1720 kg	1700 kg	1700 kg
163 km/h	175, Automatic 170 km/h	184 km/h	181 km/h
15 sec	13, Automatic 14 sec	12 sec	12 sec
12,5 Liter Super	1,35, Automatic 14 Liter Super	13,5 Liter Super	13,5 Liter Super
56 Liter (im Heck)	56, ab Sept. 1975: 70 Liter	55 Liter (im Heck)	70 Liter (im Heck)

BMW 528 1975–1977	BMW 528 i 1977–1978	BMW 528 i 1978–1981	BMW M 535 i 1979–1981
Vergasermotor	Einspritzmotor	Einspritzmotor	Einspritzmotor
4 (Reihe), Block um 30° rechts seitlich geneigt	4 (Reihe), Block um 30° rechts seitlich geneigt	4 (Reihe), Block um 30° rechts seitlich geneigt	4 (Reihe), Block um 30° rechts seitlich geneigt
86 x 80 mm	86 x 80 mm	86 x 80 mm	93,4 x 84 mm
2788 ccm	2788 ccm	2788 ccm	3453 ccm
165 PS (121 kW) bei 5800/min bzw. ab Aug.'76 170 PS (125 kW) bei 5800/min	176 PS (130 kW) bei 5800/min	184 PS (135 kW) bei 5800/min	218 PS (160 kW) bei 5200/min
25,8 mkg bei 4000/min	24,0 mkg bei 4300/min	24,0 mkg bei 4200/min	31,6 mkg bei 4000/min
9,0:1	9,0:1	9,3:1	9,3:1
2 Register-Fallstromvergaser Zenith 35/40 INAT bzw. ab Aug.'76 1 Register-Fallstromverg. Solex 4 A 1	Elektronisch gesteuerte Benzineinspritzung Bosch L-Jetronic	Elektronisch gesteuerte Benzineinspritzung Bosch L-Jetronic	Elektronisch gesteuerte Benzineinspritzung Bosch L-Jetronic
V-förm. hängend. Obenliegende Nockenwelle, Antrieb d. Duplexkette	V-förm. hängend. Obenliegende Nockenwelle, Antrieb d. Duplexkette	V-förm. hängend. Obenliegende Nockenwelle, Antrieb d. Duplexkette	V-förm. hängend. Obenliegende Nockenwelle, Antrieb d. Duplexkette
7	7	7	7
Pumpe, 12 Liter Wasser	Pumpe, 12 Liter Wasser	Pumpe, 12 Liter Wasser	Pumpe, 12 Liter Wasser
12 V 55 Ah	12 V 55 Ah	12 V 55 Ah	12 V 66 Ah
Drehstrom 770 W	Drehstrom 770 W	Drehstrom 910 W	Drehstrom 910 W
Antrieb auf Hinterräder, geteilte Kardanwelle	Antrieb auf Hinterräder, geteilte Kardanwelle	Antrieb auf Hinterräder, geteilte Kardanwelle	Antrieb auf Hinterräder, geteilte Kardanwelle
4-Gang (Getrag)		4-Gang / 5-Gang / 5-Gang	5-Gang
I. 3,855 II. 2,202 III. 1,401 IV. 1,000		I. 3,855 / I. 3,822 / I. 3,717 II. 2,20 / II. 2,203 / II. 2,403 III. 1,401 / III. 1,398 / III. 1,766 IV. 1,00 / IV. 1,000 / IV. 1,263 V. 0,812 / V. 1,000	I. 3,855 II. 2,403 III. 1,766 IV. 1,265 V. 1,000
3,64		3,45 / 3,45 / 3,45	3,25 oder 3,07
Selbsttrag. Ganzstahlkarosserie	Selbsttrag. Ganzstahlkarosserie	Selbsttrag. Ganzstahlkarosserie	Selbsttrag. Ganzstahlkarosserie
McPherson-Federbeine, Schraubenfedern, Drehstab-Stabilisator		McPherson-Federbeine, Schraubenfedern, Drehstab-Stabilisator	
Schräglenker, Federbeine, Schraubenfedern Drehstab-Stabilisator		Schräglenker, Federbeine, Schraubenfedern Drehstab-Stabilisator	
ZF Kugelumlauf mit Servo (16,9:1), 3,6 Lenkraddrehungen		ZF Kugelumlauf mit Servo (16,9:1), 3,6 Lenkraddrehungen	
Zweikreis-Hydraulik, Servohilfe		Zweikreis-Hydraulik, Servohilfe	
Scheibenbremsen vorn 280 mm Ø		Scheibenbremsen vorn 280 mm Ø	
Trommelbremsen hinten 272 mm Ø		Trommelbremsen hinten 272 mm Ø	
	Limousine 4 Türen		**Limousine 4 Türen**
	2636 mm		2636 mm
	1422/1470 mm		1422/1470 mm
	4620 x 1690 x 1425 mm		4620 x 1690 x 1425 mm
	6 J x 14		6 J x 14 Alu
195/70 HR 14	195/70 HR 14	195/70 VR 14	195/70 HR 14
10,7/11,1 Meter	10,7/11,1 Meter	10,7/11,1 Meter	10,7/11,1 Meter
1415, Automatic 1435 kg	1450, Automatic 1470 kg	1465 Automatic 1485 kg	1465 kg
1840, Automatic 1860 kg	1870, Automatic 1890 kg	1870, Automatic 1890 kg	1870 kg
198 km/h	208 km/h	210 km/h	222 km/h
10 sec	9,5 sec	9 sec	8 sec
16 Liter Super	16 Liter Super	16,5 Liter Super	17,5 Liter Super
70 Liter (im Heck)	70 Liter (im Heck)	70 Liter (im Heck)	70 Liter (im Heck)

BMW 5er-Reihe (E28, 1981–1987)

Die Baureihe E28 (Vorstellung Juni 1981 in München) zeigte keine gravierenden Änderungen im Vergleich zum vorhergehenden 5er BMW. Der einzige wesentliche Unterschied bestand in der geglätteten und harmonisierten Karosserielinie, wobei das gewohnte Erscheinungsbild dieses beliebten Wagentyps gewahrt blieb. Wieder standen vier Basismodelle zur Wahl, nämlich der BMW 518, 520, 525 und 528. Sukzessive wurde das Programm erweitert, und zwar ziemlich genau in Übereinstimmung mit der vorigen Serie. Vorher noch nicht dagewesen waren der BMW 524 Diesel und der BMW 524 Turbo-Diesel. Im Oktober 1987 endete die Produktion der Baureihe E28. Sie blieb in guter Erinnerung und erzielte dementsprechend auf dem Gebrauchtwagenmarkt noch jahrelang sehr anständige Preise.

BMW 5er Kombi (E28) des niederländischen Unternehmens Piet Oldenhof, Enschede. Den Umbau übernahm Schulz, Korschenbroich.

BMW M 535 i, Sport-Limousine 4 Türen, 1985–1987.

BMW Alpina B7 Turbo (E28), 1984–1987.

BMW 524 td, Limousine 4 Türen, 1983–1987.

BMW 5er-Reihe (Baureihe E28), Limousine 4 Türen, 1981–1984.

	BMW 518 1981-1984			BMW 518 i 1984-1987	
Motor	Vegasermotor			Einspritzmotor	
Zylinder	4 (Reihe), Block um 30° rechts seitlich geneigt				
Bohrung x Hub	89 x 71 mm			89 x 71 mm	
Hubraum	1766 ccm			1766 ccm	
Leistung	90 PS (66 kW) b. 5500/min			105 PS (77 kW) b. 5800/min	
Drehmoment	14,3 mkg b. 4000/min			14,8 mkg b. 4500/min	
Verdichtung	9,5:1			10,0:1	
Gemischbereitung	1 Fallstrom-Registervergaser			Benzineinspritzung	
	Pierburg 2 B 4			Bosch L-Jetronic	
Ventile	2, V-förmig hängend, 1 obenliegende Nockenwelle, Antrieb über Einfach-Kette				
Kurbelwellenlager	5				
Kühlung	Pumpe, 7,2 Liter Wasser				
Schmierung	Druckumlauf, 4,25 Liter Öl				
Batterie	12 V 44 Ah (im Motorraum)				
Lichtmaschine	Drehstrom 42 A = 630 W bzw. (ab Sept. 1982) 65 A = 910 W			Drehstrom 80 A = 1120 W	
Kraftübertragung	Antrieb auf Hinterräder, geteilte Kardanwelle				
Automat. Getriebe	Nicht lieferbar			Nicht lieferbar	
Schaltgetriebe	4-Gang	5-Gang	5-Gang	4-Gang	5-Gang
		bis 8/82	ab 8/82		
Übersetzungen	I. 3,764	I. 3,68	I. 3,72	I. 3,764	I. 3,822
	II. 2,043	II. 2,00	II. 2,04	II. 2,043	II. 2,202
	III. 1,320	III. 1,33	III. 1,32	III. 1,320	III. 1,398
	IV. 1,000	IV. 1,00	IV. 1,00	IV. 1,000	IV. 1,000
		V. 0,813	V. 0,81		V. 0,81
Antriebs-Übersetzung	4,27			4,10	4,10
Fahrwerk	Selbsttragende Ganzstahlkarosserie				
Vorderradaufhängung	McPherson-Federbeine, Schraubenfedern, Drehstab-Stabilisator				
Hinterradaufhängung	Schräglenker, Federbeine, Schraubenfedern				
Lenkung	ZF Gemmer Schnecke (21,4:1), 4,2 Lenkraddrehungen				
Betriebsbremse	Zweikreis-Hydraulik, Servo			Zweikreis-Hydraulik, Servo	
	Scheibenbremsen vorn 284 mm Ø			Scheibenbremsen vorn 284 mm Ø	
	Trommelbremsen hinten 250 mm Ø			Trommelbremsen hinten 250 mm Ø	
Allgemeine Daten	**Limousine 4 Türen**				
Radstand	2625 mm				
Spur vorn/hinten	1430/1460 mm				
Gesamtmaße	4620 x 1700 x 1415 mm				
Felgen	5,50 J x 14			6 J x 14	
Reifen	175 SR 14			175 HR 14	
Wendekreis links/rechts	10,8/10,8 Meter				
Wagengewicht	1160 kg			1200 kg	
Zuläss. Gesamtgewicht	1670 kg			1670 kg	
Höchstgeschwindigkeit	165 km/h			180 km/h	
Beschleunigung 0-100 km/h	13 sec			12,5 sec	
Verbrauch/100 km	12 Liter Super			11 Liter Super	
Kraftstofftank	70 Liter (im Heck)			70 Liter (im Heck)	

	BMW 520 i 1981-1985	BMW 520 i 1985-1987	BMW 520 i KAT 1985-1987
Motor	Einspritzmotor	Einspritzmotor	Einspritzmotor
			Dreiwege-Katalysator
			und Lambda-Sonde
Zylinder	6 (Reihe), Block um 20°	6 (Reihe), Block um 20°	6 (Reihe), Block um 20°
	rechts seitlich geneigt	rechts seitlich geneigt	rechts seitlich geneigt
Bohrung x Hub	80 x 86 mm	80 x 86 mm	80 x 86 mm
Hubraum	1990 ccm	1990 ccm	1990 ccm
Leistung	125 PS (92 kW) b. 5800/min	129 PS (95 kW) b. 6000/min	129 PS (95 kW) b. 6000/min
Drehmoment	16,5 mkg b. 4500/min	17,4 mkg b. 4000/min	16,4 mkg b. 4300/min
Verdichtung	9,8:1	9,8:1	8,8:1
Ventile	V-förmig hängend	V-förmig hängend	V-förmig hängend
	1 obenliegende Nockenwelle	1 obenliegende Nockenwelle	1 obenliegende Nockenwelle
	Antrieb über Zahnriemen	Antrieb über Zahnriemen	Antrieb über Zahnriemen
Gemischbildung	Mechan. Benzineinspritzung	Elektron. Benzineinspritzung	Elektron. Benzineinspritzung
	Bosch K-Jetronic	Bosch L-Jetronic	Bosch Motronic
Kurbelwellenlager	7	7	7
Kühlung	Pumpe, 12 Liter Wasser	Pumpe, 12 Liter Wasser	Pumpe, 12 Liter Wasser
Schmierung	Druckumlauf, 4,25 Liter Öl	Druckumlauf, 4,25 Liter Öl	Druckumlauf, 4,25 Liter Öl
Batterie	12 V 44 Ah – Drehstrom 60 A = 910 W	12 V 55 Ah – Drehstrom 80 A = 1120W	12 V 55 Ah – Drehstrom 80 A = 1120 W
Kraftübertragung		Antrieb auf Hinterräder, geteilte Kardanwelle	
Schaltgetriebe	4-Gang , 5-Gang (bis 1982)	5-Gang	5-Gang
Übersetzungen	I. 3,764 – II. 2,043 – III. 1,320 – IV. 1,000	I. 3,72 – II. 2,02 – III. 1,32	I. 3,72 – II. 2,02 – III. 1,32
	I. 3,822 – II. 2,202 – III. 1,398	IV. 1,00 – V. 0,80	IV. 1,00 – V. 0,80
	IV. 1,000 – V. 0,813		
Antriebs-Übersetzung	3,91 3,91	4,10	4,27
Automat. Getriebe	Aufpreis: ZF Automatic	Aufpreis: ZF Automatic	Aufpreis: ZF Automatic
	3-Gang (bis 1983), 4-Gang (ab 1983)	4-Gang	4-Gang
Übersetzungen	I. 2,48 – II. 1,48 – III. 1,00	I. 2,73 – II. 1,56 – III. 1,00 – IV. 0,73	I. 2,73 – II. 1,56 – III. 1,00 – IV. 0,73
	I. 2,73 – II. 1,56 – III. 1,00 – IV. 0,73		
Antriebs-Übersetzung	3,91 3,91	3,91	4,27
Fahrwerk		Selbsttragende Ganzstahlkarosserie	
Vorderradaufhängung		McPherson-Federbeine, Schraubenfedern, Drehstab-Stabilisator	
Hinterradaufhängung		Schräglenker, Federbeine, Schraubenfedern, Aufpreis: Drehstab-Stabilisator	
Lenkung		ZF Kugelmutter-Hydro-Servolenkung (16,2:1), 3,6 Lenkraddrehungen	
Betriebsbremse		Zweikreis-Hydraulik, Servo,	
		Scheibenbremsen vorn 284 mm Ø	
		Trommelbremsen hinten 250 mm Ø bzw. (ab Febr. 1986) Scheibenbremsen hinten 284 mm Ø	
		Ab April 1982 mit Aufpreis bzw. ab August 1986 Serie: ABS	
Allgemeine Daten		**Limousine 4 Türen**	
Radstand		2625 mm	
Spur vorn/hinten		1430/1460 mm	
Gesamtmaße		4620 x 1700 x 1415 mm	
Felgen	5,50 J x 14	6 J x 14	6 J x 14
Reifen	175/HR 14	195/70 HR 14	195/70 HR 14
Wendekreis links/rechts	10,8/10,8 Meter	10,8/10,8 Meter	10,8/10,8 Meter
Wagengewicht	1250, Automatic 1270 kg	1300, Automatic 1320 kg	1300, Automatic 1320 kg
Zuläss. Gesamtgewicht	1730, Automatic 1750 kg	1780, Automatic 1800 kg	1780, Automatic 1800 kg
Höchstgeschwindigkeit	185, Automatic 180 km/h	190, Automatic 185 km/h	190, Automatic 185 km/h
Beschleunigung 0-100 km/h	12, Automatic 14 sec	11,5, Automatic 13 sec	12,5, Automatic 14,5 sec
Verbrauch/100 km	12,5, Automatic 13 Liter	12,5, Automatic 13,5 Liter	13, Automatic 13,5 Liter
	Super	Super	Normalbenzin bleifrei
Kraftstofftank	70 Liter (im Heck)	70 Liter (im Heck)	70 Liter (im Heck)

BMW 525 i 1981-1987	BMW 528 i 1981-1987	BMW 535 i KAT/BMW M 535 i KAT 1985-1987	BMW M5 1985-1987
Einspritzmotor	Einspritzmotor	Einspritzmotor mit Dreiwege-Katalysator und Lambda-Sonde	Einspritzmotor
6 (Reihe), Block um 30° rechts seitlich geneigt	6 (Reihe), Block um 30° rechts seitlich geneigt	6 (Reihe), Block um 30° rechts seitlich geneigt	6 (Reihe), Block um 30° rechts seitlich geneigt
86 x 71,6 mm	86 x 80 mm	92 x 86 mm	93,4 x 84 mm
2494 ccm	2788 ccm	3430 ccm	3453 ccm
150 PS (110 kW) b. 5500/min	184 PS (135 kW) b. 5800/min	185 PS (136 kW) b. 5400/min	286 PS (210 kW) b. 6500/min
21,5mkg b. 4000/min	24,0 mkg b. 4200/min	29,0 mkg b. 4000/min	34,0 mkg b. 4500/min
9,6:1	9,3:1	8,0:1	10,5:1
V-förmig hängend	V-förmig hängend	V-förmig hängend	4 Ventile je Zylinder V-förmig hängend
1 obenliegende Nockenwelle Antrieb über Duplex-Kette	1 obenliegende Nockenwelle Antrieb über Duplex-Kette	1 obenliegende Nockenwelle Antrieb über Duplex-Kette	2 obenliegende Nockenwellen Antrieb über Duplex-Kette
Elektron. Benzineinspritzung Bosch L-Jetronic	Elektron. Benzineinspritzung Bosch L-Jetronic	Elektron. Benzineinspritzung Bosch ME-Motronic	Elektron. Benzineinspritzung Bosch Motronic
7	7	7	7
Pumpe, 12 Liter Wasser	Pumpe, 12 Liter Wasser	Pumpe, 12 Liter Wasser	Pumpe, 10,5 Liter Wasser
Druckumlauf, 5,75 Liter Öl	Druckumlauf, 5,75 Liter Öl	Druckumlauf, 6 Liter Öl	Druckumlauf, 8 Liter Öl
12 V 55 Ah	12 V 55 Ah	12 V 66 Ah	12 V 90 Ah (im Kofferraum)
Drehstrom 65 A = 910 W bzw. (ab 1983) 80 A = 1120 W	Drehstrom 65 A = 910 W bzw. (ab 1983) 80 A = 1120W	Drehstrom 80 A = 1120 W	Drehstrom 90 A = 1210 W
Antrieb auf Hinterräder, geteilte Kardanwelle	Antrieb auf Hinterräder, geteilte Kardanwelle	Antrieb auf Hinterräder, geteilte Kardanwelle	Antrieb auf Hinterräder, geteilte Kardanwelle
4-Gang (bis 1982), 5-Gang	5-Gang	5-Gang	5--Gang
I. 3,855 – II. 2,202 – III. 1,402 – IV. 1,000 I. 3,822 – II. 2,202 – III. 1,398 IV. 1,000 – IV. 0,813	I. 3,822 – II. 2,202 – III. 1,398 IV. 1,000 – IV. 0,813	I. 3,822 – II. 2,202 – III. 1,398 IV. 1,000 – IV. 0,813	I. 3,51 – II. 2,08 – III. 1,35 IV. 1,00 – V. 0,81
3,45 3,45 bzw. (ab 1985) 3,64	3,25	3,25	3,73
Aufpreis: ZF Automatic 3-Gang (bis 1983), 4-Gang (bis 1983)	Aufpreis: ZF Automatic 3-Gang (bis 1983), 4-Gang (bis 1983)	Aufpreis: ZF Automatic 4-Gang	Nicht lieferbar
I. 2,48 – II. 1,48 – III. 1,00 I. 2,48 – II. 1,48 – III. 1,00 – IV. 0,73	I. 2,48 – II. 1,48 – III. 1,00 I. 2,48 – II. 1,48 – III. 1,00 – IV. 0,73	I. 2,48 – II. 1,48 – III. 1,00 – IV. 0,73	
3,45 3,45	3,25 3,45	3,45	
Selbsttragende Ganzstahlkarosserie			
McPherson-Federbeine, Schraubenfedern, Drehstab-Stabilisator			
Schräglenker, Federbeine, Schraubenfedern, Drehstab-Stabilisator (letzterer mit Aufpreis bei 525 i)			
ZF Kugelmutter-Hydro-Servolenkung (16,2:1), 3,6 Lenkraddrehungen		ZF Kugelmutter-Hydro-Servolenkung (15,1:1), 3,2 Lenkraddrehungen	
Zweikreis-Hydraulik, Servo Aufpreis (528 i ab 1986 Serie: ABS		Zweikreis-Hydraulik, Servo, ABS	
Scheibenbremsen vorn 284 mm Ø		Scheibenbremsen vorn 284 mm Ø	
Scheibenbremsen hinten 284 mm Ø		Scheibenbremsen hinten 284 mm Ø	
Limousine 4 Türen		**Limousine 4 Türen**	
2625 mm		2625 mm	
1430/1460 mm		1430/1465 mm	
4620 x 1700 x1415 mm		4620 x 1700x 1397 mm	
5,50 oder 6 J x 14 bzw. (ab Aug. 1986) 165 TR 390 Alu		165 TR 390 Alu	
175 HR 14 oder 195/70 VR 14 bzw. (ab Aug. 1986) 200/60 VR 390		220/55 VR 390 TRX	
10,8/10,8 Meter		11,2/11,2 Meter	
1330, Automatic 1350 kg	1370, Automatic 1390 kg	1450 kg	1470 kg
1800-1840 kg	1830-1870 kg	1900 kg	1900 kg
200 km/h	210 km/h	215 km/h	245 km/h
10 sec	8,5 sec	8,5 sec	7 sec
13 Liter Super	13,5 Liter Super	15 Liter Normal bleifrei	15 Liter Super
70 Liter (im Heck)	70 Liter (im Heck)	70 Liter (im Heck)	70 Liter (im Heck)
		ohne Katalysator: 218 PS, 230 km/h	

	BMW 525 e 1983-1987	BMW 524 d 1986-1987	BMW 524 td 1983-1987
Motor	Einspritzmotor mit Dreiwege-Katalysator und Lambda-Sonde	Wirbelkammer-Dieselmotor	Wirbelkammer-Dieselmotor mit Abgas-Turbolader Garrett T 03
Zylinderzahl	6 (Reihe), Block um 20° rechts seitl. geneigt	6 (Reihe), Block um 20° rechts seitl. geneigt	
Bohrung x Hub	84 x 81 mm	80 x 81 mm	
Hubraum	2693 ccm	2443 ccm	
Leistung	125 PS (92 kW) bei 4250/min	86 PS (63 kW) bei 4600/min	115 PS (85 kW) bei 4800/min
Drehmoment	24,5 mkg bei 3200/min	15,2 mkg bei 2500/min	21,4 mkg bei 2400/min
Verdichtung	11 : 1	22,0 : 1	122,0 : 1
Gemischbereitung	Elektr. Benzineinspritzung Bosch Motronic	Sechsstempel-Einspritzpumpe	
Ventile pro Zylinder	2, V-förmig hängend, 1 obenlieg. Nockenwelle, Antrieb über Zahnriemen	2, hängend, 1 obeliegende Nockenwelle Antrieb über Zahnriemen	
Kurbelwellenlager	7	7	
Kühlung	Pumpe, 12 Liter Wasser	Pumpe, 12 Liter Wasser	
Schmierung	Druckumlauf, 4,75 Liter Öl	Druckumlauf, 5,25 Liter Öl	
Batterie/Lichtmaschine	12 V 66 Ah (im Motorraum) Drehstrom 80 A = 1120 W	12 V 90 Ah (im Motorraum) Drehstrom 80 A = 1120 W	12 V 90 Ah (im Motorraum) Drehstrom 80 A = 1120 W
Kraftübertragung	Antrieb auf Hinterräder, geteilte Kardanwelle		
Schaltung	5-Gang		
Übersetzungen	I. 3,83 – II. 2,20 – III. 1,40 IV. 1,00 – V. 0,81	I. 3,72 – II. 2,02 – III. 1,32 IV 1,00 – V. 0,80	I. 4,35 – II. 2,33 – III. 1,39 IV. 1,00 – V. 0,81
Antriebsübersetzung	bis 12/86: 3,25, ab 12/86: 2,93	3,91	3,15
Automatik	Aufpreis: 4-Gang-Getriebe	nicht lieferbar	Aufpreis: 4-Gang-Automatic
Übersetzungen (Autom.)	I. 2,48 – II. 1,48 – III. 1,00 IV. 0,73 – IV. 0,73		I. 2,73 – II. 1,56 – III. 1,00 IV. 0,73
Antriebsübers. (Autom.)	3,46		3,15
Fahrwerk	Selbsttragende Ganzstahlkarosserie		
Vorderradaufhängung	McPherson-Federbeine, Schraubenfedern, Drehstab-Stabilisator		
Hinterradaufhängung	Schräglenker, Federbeine, Schraubenfedern, Aufpreis: Drehstab-Stabilisator		
Lenkung	ZF Kugelmutter-Hydro-Servolenkung (16,2:1), 3,6 Lenkraddrehungen		
Fußbremse	Zweikreis-Hydraulik, Servo; Aufpreis: ABS Scheibenbremsen vorn 284 mm Ø, Scheibenbremsen hinten 284 mm Ø		Zweikreis-Hydraulik, Servo; Aufpreis: ABS Scheibenbremsen vorn 284 mm Ø Trommelbremsen hinten 250 mm Ø bzw. ab Feb. 86: Scheibenbr. hinten 284 mm Ø
Allgemeine Daten		**Limousine 4 Türen**	
Radstand	2625 mm	2625 mm	2625 mm
Spur vorn/hinten	1430/1470 mm	1430/1470 mm	1430/1470 mm
Gesamtmaße	4620 x 1700 x 1415 mm	4620 x 1700 x 1415 mm	
Reifen	195/70 HR 14	175 HR 14 bzw. (ab Aug. 1986) 195/70 HR 14	
Felgen	6 J x 14	5,50 J x 14 bzw. (ab Aug. 1986) 6 J x 14	
Wendekreisdurchmesser	10,8/10,8 Meter	10,8/10,8 Meter	
Wagengewicht	1280, Automatic 1300 kg	1335 kg	1390, Automatic 1410 kg
Zul. Gesamtmasse	1790, Automatic 1810 kg	1840 kg	1865, Automatic 1885 kg
Höchstgeschwindigkeit	190 km/h	165 km/h	180 km/h
Beschleunigung 0-100 km/h	12,5 sec	18,5 sec	13,5 sec
Verbrauch/100 km	12,5 Liter Normal bleifrei	10,5 Liter Diesel	11 Liter Diesel
Kraftstofftank	70 Liter (im Heck)	70 Liter (im Heck)	70 Liter (im Heck)
Bemerkungen	Ohne Katalysator ab 1983 lieferbar		

	BMW 518 i 1989-1992/1993-1996	BMW 520 i 1987-1989/1990-1996	BMW 525 i, 1987-1989 BMW 525 iX, 1991-1996
Motor	Ottomotor (Einspritzer) M40B18	Ottomotor (Einspritzer) M50B20	Ottomotor (Einspritzer) M50B25
	1993: M43B18, LM-Kopf	LM-Kopf	
Zylinderzahl	4 (Reihe), längs über der Vorderachse	6 (Reihe), längs über der Vorderachse	
Bohrung x Hub	84 x 81 mm	80 x 66 mm	84 x 75 mm
Hubraum	3430 ccm	1991 ccm	2494 ccm
Leistung	113-115 PS (83-84 kW) bei 5500/min	150 PS (110 kW) bei 5900/min	192 PS (141 kW) bei 5900/min
Drehmoment	162-174 Nm bei 4250 bzw. 3900/min	190 Nm bei 4300/min	250 Nm bei 4500/min
Verdichtung	8,8 : 1	11,0 : 1	10,5 : 1
Gemischbereitung	Elektr. Einspritzung; 518i: Bosch Motronic DME M1.3; 520i, 525i, iX: Bosch Motronic DME M3.1		
	1993: M1.7.1	1992: Siemens MS41	
Ventile pro Zylinder	2, V-förmig hängend, OHC, Nockenwelle	4, V-förmig hängend, DOHC, Nockenwellen	
	(Zahnriemen, ab 1993: Kette)	(Kette)	ab 1992 verstellbar (Vanos) (Kette)
Kurbelwellenlager	5	7	
Kühlung	Pumpe / 6,0 Liter Wasser	Pumpe / 10,5 Liter Wasser	
Schmierung	Druckumlauf / 4,0 Liter Öl	Druckumlauf / 5,75 Liter Öl	
Batterie/Lichtmaschine	12 V 46 / 50 Ah –	12 V 65 Ah (unter Rückbank) –	12 V 65 Ah (unter Rückbank) –
	Drehstrom 105 A /1470 W	Drehstrom 80 A bis 140 A /	Drehstrom 90 A / 1260 W
		1120 bis 1960 W	oder 140 A / 1960 W
Kraftübertragung	518i, 520i u. 525i: Heckantrieb; 525 iX: permanenter Allradantrieb		
Kupplung	Einscheiben-Trockenkupplung		
Schaltung	5-Gang, Schaltstock in Wagenmitte		
Übersetzungen	I. 5,10 – II. 2,77 – III. 1,73	I. 4,23 – II. 2,52 – III. 1,66	I. 4,19 – II. 2,49 – III. 1,66
	IV. 1,22 – V. 1,0 – R: 4,45	IV 1,22 – V. 1,0 – R: 4,04	IV. 1,24 – V. 1,0 – R: 3,89
Antriebsübersetzung	3,64	3,23	3,23, iX: 3,38
Automatik	4-Stufen (ZF)	5-Stufen (ZF)	5-Stufen (ZF)
Übersetzungen (Autom.)	I. 2,4 – II. 1,466 – III. 1,0	I. 3,67 – II. 2,0 – III. 1,41	I. 3,66 – II. 2,0 – III. 1,41
	IV. 0,723 – R: 2,0	IV 1,0 – V. 0,74 – R: 4,10	IV 1,0 – V 0,74 – R: 4,1
Antriebsübers. (Autom.)	4,45	3,64	3,23, iX: 3,38
Fahrwerk	Selbsttragende Ganzstahlkarosserie		
Vorderradaufhängung	McPherson-Federbeine (Schraubenfedern, Teleskopstoßdämpfer), Dreieckquerlenker, Drehstab-Stabilisator		
Hinterradaufhängung	Schräglenkerachse, Schraubenfedern, Teleskopstoßdämpfer, Drehstab-Stabilisator		
Lenkung	Kugelumlauf (16,1 : 1), Servo; iX: Zahnstange, Servo		
Fußbremse	Zweikreis-Hydraulik, Servo; 518i/520i: vorn u. hinten Scheiben, ABS; 525i/iX: vorn belüftet u. hinten Scheiben, ABS		
Allgemeine Daten	Limousine, 4türig – Kombi, 5türig	Limousine, 4türig – Kombi, 5türig	Limousine, 4türig – Kombi, 5türig
Radstand	2761 mm	2761 mm	2761 mm
Spur vorn/hinten	1470/1495 mm	1470/1495 mm	1470/1495 mm
Gesamtmaße	Lim.: 4720 x 1751 x 1412 mm	Lim.: 4720 x 1751 x 1412 mm	Lim.: 4720 x 1751 x 1412 (iX: 1420) mm
	Kombi: 4720 x 1751 x 1417 mm	Kombi: 4720 x 1751 x 1417 mm	Kombi: 4720 x 1751 x 1417 mm
Gepäckraum	460 L, Kombi: 460/1450 L	460 L, Kombi: 460 /1450 L	460 L, Kombi: 460 /1450 L
Reifen	195/65 HR 15 (Kombi: 205/65 HR 15); 525i/iX: 195/65 VR 15, 205/65 HR 15 (Kombi: 225/60 VR 15)		
Felgen	6 J x 15 (Kombi: 7 J x 15) (Stahl)	6 J x 15 (Kombi: 7 J x 15) (Stahl)	7 J x 15 (Kombi: 7 J x 15) (LM)
			iX: 225/55 HR 16, 7 J x 16
Wendekreisdurchmesser	11,4 m	11,4 m	11,4 m
Leermasse	1400 (1440) kg, Kombi: 1485 (1520) kg	1475 (1510) kg, Kombi: 1550 (1585) kg	1525 (1560) kg, Kombi: 1595 (1630) kg
Zul. Gesamtmasse	1870 (1910) kg	1990 (2010) kg	iX: plus 85 kg 1990 (2025) kg
	Kombi: 2015 (2050) kg	Kombi: 2100 (2135) kg	Kombi: 2125 (2160) kg
Höchstgeschwindigkeit	198 (192) km/h	Lim.: 211 (207) km/h	230 (225) km/h, iX: 220 (217) km/h
	Kombi: 192 (186) km/h	Kombi: 205 (202) km/h	Kombi: 221 (218) km/h, iX: 215 (211) km/h
Beschleunigung 0-100 km/h	Lim.: 12,5 (13,7) sec	Lim.: 10,6 (11,7) sec	Lim.: 8,6 (9,5) sec, iX: 9,5 (10,3) sec
	Kombi: 13,2 (12,8) sec	Kombi: 11,3 (12,4) sec	Kombi: 9,2 (9,9) sec, iX: 10 (10,9) sec
Drittelmix-Verbrauch	Lim.: 8,1-9,6 (iX) L/100 km; Kombi: 8,2-9,9 (iX) L/100 km		
Kraftstofftank	80 L (vor der Hinterachse)	80 L (vor der Hinterachse)	80 L (vor der Hinterachse)

BMW 5er-Reihe (E34, 1988–1996)

Die 5er-Baureihe E34 wurde im Januar 1988 vorgestellt und anschließend sofort mit allen Motorenversionen vom 520i bis zum 535i ausgeliefert. Die neue Limousine ähnelte sehr den Fahrzeugen der vor Jahresfrist herausgebrachten 7er-Reihe E32. Motoren und Fahrwerk wurden ohne große Änderungen vom Vorgänger übernommen. Auf dem deutschen Markt handelte es sich zunächst ausschließlich um Sechszylinder, alle (ab 1990 gegen Aufpreis auch beim Turbodiesel) mit Katalysator. Anlaufschwierigkeiten blieben bei dieser Baureihe völlig aus.

Im August 1988 folgte der BMW M5, eine reinrassige, bei der Motorsport GmbH handgefertigte Sportlimousine mit bärenstarkem Vierventil-Sechszylinder. Ihre Antriebstechnik stammte vom BMW M1 Mittelmotor-Sportcoupé. Mit dem M5 gelang tatsächlich der Spagat zwischen Sportlichkeit und Komfort. Äußerlich ließ er sich kaum vom zivilen 5er unterscheiden – so viel dezente Sportlichkeit überzeugte.

Im Mai 1990 bekamen der 520i und der 525i Vierventil-Motoren. Eingefleischte BMW-Fans bedauerten den Wegfall der bis Juli 1990 produzierten, seidenweichen Zweiventiler. Ihre Laufkultur wurde vom Nachfolger nicht mehr erreicht. Gleichzeitig wurde der 530i aus dem Programm gestrichen.

September 1991: Zur IAA wurde die Palette um das Kombimodell Touring erweitert. Es handelte sich hier – genau wie beim 1987 vorgestellten 3er Touring – um ein Lifestyle-Fahrzeug für den privaten Gebrauch; jede Lieferwagenanmutung wurde vermieden. Der Gepäckraum war nicht größer als der moderner Kompaktkombis. Stück für Stück wurden alle Motorisierungen der 5er-Reihe auch mit dem Touring gekreuzt. Neu war der potente Turbodiesel (525 tds) mit größerem Hubraum und Ladeluftkühler. Alle BMW, selbst die Basisversionen, wurden von nun an serienmäßig mit ABS ausgerüstet. Für Kunden, die noch mehr Traktion wollten, boten die Bayern den 525 iX mit permanentem Allradantrieb per Viscosperre.

Ab Juli 1992 waren die erst kurz zuvor für die 7er-Reihe eingeführten Motoren auch in der 5er-Reihe erhältlich. Dafür entfiel das Modell 535i. Äußerlich erkennbar waren die V8-Typen an der breiteren BMW-Niere, einer neuen Motorhaube, Leichtmetallfelgen und Nebelscheinwerfern. Die Modellpflege 1992 bescherte dem M5 einen 3,8-Liter-Motor mit 340 PS. Dieses Fahrzeug war wie die V8-Typen alternativ als Touring erhältlich – und wurde in dieser Form überraschend oft geordert. Ein relativ kurz übersetztes Sechsgang-Schaltgetriebe gab es erst ab August 1994.

Im März 1993 hatte sich der zuvor bereits im Ausland angebotene BMW 518i mit 1,8 Liter Vierzylinder aus dem 318i hinzugesellt. Außerdem gab es nun den 525 td, dessen Turbodiesel nicht über einen Ladeluftkühler verfügte. Anfang 1994 gab es das Sechsgang-Schaltgetriebe des 840 Ci auch für den 540i; gleichzeitig erhielten die Automatikgetriebe der V8-Modelle eine adaptive Steuerung, die sich auf die individuelle Fahrweise einstellte.

Zur IAA 1995, auf der die neue 5er-Reihe E39 debütierte, endete die Fertigung der bisherigen 5er Limousine und des M5; der Touring lief noch bis Ende 1996. Letzte Ausführung war der 518 g Touring, ein wahlweise mit Benzin oder Erdgas bivalent zu nutzender Öko-Kombi. Er war ab Dezember 1995 zu haben, wurde aber kaum nachgefragt, weil mit DM 57.000 zu teuer. Die Produktion endete nach nur 298 Exemplaren Ende 1996.

BMW 540 i Touring (Baureih E34), 1992.

BMW 540 i, Limousine 4 Türen, 1992. Kennzeichen der V8-Modelle war die breitere BMW-Niere.

BMW 525 iX Limousine, 1991–1995.

BMW M5 (Baureihe E34) und seine Vorgänger E28 und M1 Coupé, 1990.

	BMW 535 i 1987-1993	BMW 530 i 1992-1996	BMW 540 i 1992-1996
Motor	Ottomotor (Einspritzer)		
	M30B35, LM-Kopf	M60B30, LM-Block/Kopf	M60B40, LM-Block/Kopf
Zylinderzahl	6 (Reihe), längs über der Vorderachse	8 (V 90°), längs über der Vorderachse	
Bohrung x Hub	92 x 86 mm	84 x 67,6 mm	89 x 80 mm
Hubraum	3430 ccm	2997 ccm	3982 ccm
Leistung	211 PS (155 kW) bei 5700/min	218 PS (160 kW) bei 5800/min	286 PS (210 kW) bei 5800/min
Drehmoment	305 Nm bei 4000/min	290 Nm bei 4500/min	400 Nm bei 4500/min
Verdichtung	9,0 : 1	10,5 : 1	10,0 : 1
Gemischbereitung	Elektronische Einspritzung, Bosch Motronic DME M3.3		
Ventile pro Zylinder	2, V-förmig hängend	4, V-förmig hängend	
	1 obenlieg. Nockenwelle (Kette)	2 obenlieg. Nockenwellen (Kette)	
Kurbelwellenlager	7	5	
Kühlung	Pumpe / 12,0 Liter Wasser	Pumpe / 12,5 Liter Wasser	
Schmierung	Druckumlauf / 6,0 Liter Öl	Druckumlauf / 7,5 Liter Öl	
Abgasreinigung	Dreiwege-Kat, Lambdasonde	Dreiwege-Kat, Lambdasonde	
Batterie/Lichtmaschine	12 V 75 / 85 Ah (unter Rücksitz) –	12 V 85 Ah (unter Rückbank) –	12 V 85 Ah (unter Rückbank) –
	Drehstrom 90 A /1260 W	Drehstrom 100 A / 1400 oder 140A/1960 W	Drehstrom 140 A / 1960 W
Kraftübertragung	Heckantrieb		
Kupplung	Einscheiben-Trockenkupplung		
Schaltung	5-Gang, Schaltstock in Wagenmitte		6-Gang (ab 12/93), Schaltstock in Wagenmitte
Übersetzungen	I. 3,83 – II. 2,2 – III. 1,4	I. 4,20 – II. 2,49 – III. 1,66	I. 4,23 – II. 2,51 – III. 1,67
	IV. 1,0 – V. 0,81 – R: 3,46	IV. 1,24 – V. 1,0 – R: 3,89	IV. 1,23 – V. 1,0 – VI. 0,83 – R: 3,75
Antriebsübersetzung	3,64	3,07, Kombi: 3,23	2,93
Automatik	4-Stufen (ZF)	5-Stufen (ZF)	5-Stufen (ZF)
Übersetzungen (Autom.)	I. 2,48 – II. 1,48 – III. 1,0	I. 3,67 – II. 2,0 – III. 1,41	I. 3,55 – II. 2,24 – III. 1,54
	IV. 0,73 – R:2,08	IV. 1,0 – V. 0,74 – R: 4,1	IV. 1,0 – V. 0,79 – R: 3,68
Antriebsübers. (Autom.)	3,91	3,15, Kombi: 3,23	2,93
Fahrwerk	Selbsttragende Ganzstahlkarosserie		
Vorderradaufhängung	McPherson-Federbeine		
	(Schraubenfedern, Teleskopstoßdämpfer), Dreieckquerlenker, Drehstab-Stabilisator		
Hinterradaufhängung	Schräglenkerachse, Schraubenfedern		
	Teleskopstoßdämpfer, Drehstab-Stabilisator, a.W. Niveauregulierung		
Lenkung	Kugelumlauf (16,1 : 1), Servo		Kugelumlauf (16,1: 1), iX: Zahnstange, Servo
Fußbremse	Zweikreis-Hydraulik, Servo		
	vorn belüft. und hinten Scheiben, ABS		
Allgemeine Daten	Limousine, 4türig	Limousine, 4türig – Kombi, 5türig	Limousine, 4türig – Kombi, 5türig
Radstand	2761 mm	2761 mm	2761 mm
Spur vorn/hinten	1470/1495 mm	1470/1495 mm	1470/1495 mm
Gesamtmaße	Lim.: 4720 x 1751 x 1412 mm	Lim.: 4720 x 1751 x 1412 mm	Lim.: 4720 x 1751 x 1412
	Kombi: 4720 x 1751 x 1417 mm	Kombi: 4720 x 1751 x 1417 mm	(iX: 1420) mm, Kombi: 4720 x 1751 x 1417 mm
Gepäckraum	460 L	460 L, Kombi: 460 /1450 L	460 L, Kombi: 460 /1450 L
Reifen/Felgen	225/60 VR/ZR 15 –	225/60 ZR 15, (Kombi: 205/65 HR 15) –	225/60 ZR 15, (Kombi: 225/60 VR 15) –
	7 J x 15 (LM)	7 J x 15 (Tour.: 7 J x 15) (LM)	7 J x 15 (Kombi: 7 J x 15) (LM)
Wendekreisdurchmesser	11,4 m	11,4 m	11,4 m
Leermasse	1620 (1640) kg	1610 (1630) kg, Kombi: 1680 (1710) kg	1605 (1625) kg, Kombi: 1680 (1700) kg
Zul. Gesamtmasse	2035 (2055) kg, Kombi: 2180 (2210) kg	2075 (2105) kg, Kombi: 2230 (2250) kg	2125 (2145) kg
Luftwiderstand (c_W x A)	0,32 x 2,07 m²	Lim.: 0,32 x 2,07 m², Kombi: 0,33 x 2,08 m²	Lim.: 0,33 x 2,07 m², Kombi: 0,35 x 2,08 m²
Höchstgeschwindigkeit	235 (231) km/h	Lim.: 235 (232) km/h, Kombi: 227 (225) km/h	250 km/h, Kombi: 250 km/h
Beschleunigung 0-100 km/h	Lim.: 7,7 (8,8) sec	Lim.: 7,7 (8,8) sec, Kombi: 8,3 (9,0) sec	Lim.: 6,3 (6,8) sec, Kombi: 6,4 (7,0) sec
Drittelmix-Verbrauch	11,7 (11,8) L/100 km (N)	10,8 (10,5) L/100 km (N)	Lim.: 11,3 (11,6) L/100 km (S)
		Kombi: 11,5 (11,0) L/100 km	Kombi: 11,6 (11,8) L/100 km
Kraftstofftank	80 Liter (vor der Hinterachse)	80 Liter (vor der Hinterachse)	80 Liter (vor der Hinterachse)

	BMW 524 td 1987-1991	BMW 525 td 1987-1991	BMW 525 tds 1987-1991
Motor		Dieselmotor (Wirbelkammer-Einspritzer)	
		M21D25, LM-Kopf	
Zylinderzahl		6 (Reihe), längs über der Vorderachse	
Bohrung x Hub	80 x 81 mm	80 x 82,8 mm	
Hubraum	2443 ccm	2498 ccm	
Leistung	115 PS (85 kW) bei 4800/min		143 PS (105 kW) bei 4800/min
Drehmoment	220 Nm bei 2400/min	222 Nm bei 1900/min	260 Nm bei 2200/min
Verdichtung		22,0 : 1	
Gemischbereitung	Mechan. Diesel Einspritzung,	Digitale Diesel Einspritzung DDE	
	Verteilereinspritzpumpe VP6/10	Verteilereinspritzpumpe VP20	
	1 Abgasturbolader Garrett	1 Abgasturbolader Garrett	
			1 Ladeluftkühler
Ventile pro Zylinder	2, parallel hängend	2, parallel hängend	
	1 obenlieg. Nockenwelle (Zahnriemen)	1 obenliegende. Nockenwelle (Kette)	
Kurbelwellenlager		7	
Kühlung		Pumpe / 12,0 Liter Wasser	
Schmierung		Druckumlauf / 5,25 Liter Öl	
Batterie/Lichtmaschine	12 V 85 Ah (unter Rücksitz) –	12 V 85 Ah (unter Rücksitz) –	
	Drehstrom 80 A /1120 W	Drehstrom 95 A / 1330 W	
Kraftübertragung		Heckantrieb	
Kupplung		Einscheiben-Trockenkupplung	
Schaltung		5-Gang, Schaltstock in Wagenmitte	
Übersetzungen	I. 4,35 – II. 2,33 – III. 1,39	I. 5,09 – II. 2,8 – III. 1,76	
	IV. 1,0 – V. 0,81 – R: 3,73	IV. 1,25 – V. 1,0 – R: 4,71	
Antriebsübersetzung	3,25	2,65, Tour.: 2,79	2,65
Automatik	4-Stufen (ZF)	5-Stufen (ZF)	
Übersetzungen (Autom.)	I. 2,73 – II. 1,56 – III. 1,0	I. 2,86 – II. 1,62 – III. 1,0	I. 3,66 – II. 2,0 – III. 1,41
	IV. 0,73 – R: 2,09	IV. 0,72 – R: 2,0	IV. 1,0 – V. 0,74 – R: 4,08
Antriebsübers. (Autom.)	3,46	3,46, Tour.: 3,46	2,65
Fahrwerk		Selbsttragende Ganzstahlkarosserie	
Vorderradaufhängung		McPherson-Federbeine (Schraubenfedern, Teleskopstoßdämpfer), Dreieckquerlenker, Drehstab-Stabilisator	
Hinterradaufhängung		Schräglenkerachse, Schraubenfedern, Teleskopstoßdämpfer, Drehstab-Stabilisator, a.W. Niveauregulierung	
Lenkung		Kugelumlauf (16,1 : 1), Servo	
Fußbremse	Zweikreis-Hydraulik, Servo	Zweikreis-Hydraulik, Servo	
	vorn und hinten Scheiben, ABS	vorn belüft. und hinten Scheiben, ABS	
Allgemeine Daten	Limousine, 4türig	Limousine, 4türig – Kombi, 5türig	Limousine, 4türig – Kombi, 5türig
Radstand	2761 mm	2761 mm	2761 mm
Spur vorn/hinten	1470/1495 mm	1470/1495 mm	1470/1495 mm
Gesamtmaße	4720 x 1751 x 1412 mm	Lim.: 4720 x 1751 x 1412 mm	Lim.: 4720 x 1751 x 1412 (iX: 1420) mm
		Kombi: 4720 x 1751 x 1417 mm	Kombi: 4720 x 1751 x 1417 mm
Gepäckraum	460 L	460 L, Kombi: 460 /1450 L	460 L, Kombi: 460 /1450 L
Reifen	195/65 HR/VR 15	195/65 HR 15 (Kombi: 205/65 HR 15)	205/65 VR 15 (Kombi: 225/60 VR 15)
Felgen	6 J x 15 (Stahl)	6 J x 15 (Kombi: 7 J x 15) (Stahl)	6.5 J x 15 (Kombi: 7 J x 15) (Stahl)
Wendekreisdurchmesser	11,4 m	11,4 m	11,4 m
Leermasse	1480 (1510) kg	1465 (1500) kg, Kombi: 1545 (1580) kg	1480 (1515) kg, Kombi: 1560 (1595) kg
Zul. Gesamtmasse	1990 (2010) kg	1975 (2010) kg	1990 (2025) kg
		Kombi: 2095 (2130) kg	Kombi: 2110 (2145) kg
Luftwiderstand (c_W x A)	0,33 x 2,07 m^2	0,31 x 2,07 m^2, Kombi: 0,33 x 2,08 m^2	Lim.: 0,31 x 2,07 m^2, Kombi: 0,33 x 2,08 m^2
Höchstgeschwindigkeit	192 (190) km/h	Lim.: 194 (190) km/h	207 (205) km/h
		Kombi.: 188 (183) km/h	Kombi: 202 (200) km/h
Beschleunigung 0-100 km/h	Lim.: 12,9 (13,9) sec	12,9 (13,9) sec	11,0 (11,6) sec
		Kombi: 13,7 (14,7) sec	Kombi: 11,6 /12,2) sec
Drittelmix-Verbrauch	7,1 (7,3) L/100 km (D)	7,1 (7,6) L/100 km (D)	7,0 (7,2) L/100 km (D)
		Kombi: 7,6 (7,7) L/100 km	Kombi: 7,1 (7,4) L/100 km
Kraftstofftank	80 Liter (vor der Hinterachse)	80 Liter (vor der Hinterachse)	80 Liter (vor der Hinterachse)

BMW 518 i Touring, Hybrid-Prototyp, 1995.

BMW 540 i Touring, 1992.

	BMW 518 g Touring 1995-1996
Motor	Ottomotor (Einspritzer)
	M40B18, LM-Kopf
Zylinderzahl	4 (Reihe), längs über der Vorderachse
Bohrung x Hub	84 x 81 mm
Hubraum	1796 ccm
Leistung	115 PS (85 kW) bei 5500/min
	Gas: 101 PS (74 kW) bei 5500/min
Drehmoment	168 Nm bei 3900/min
	Gas: 142 Nm bei 3900/min
Verdichtung	9,7 : 1
Gemischbereitungr	Elektron. Einspritzung
	Bosch Motronic DME M1.7.3 CNG
Ventile pro Zylinder	2, V-förmig hängend
	1 obenliegende Nockenwelle
	(Zahnriemen)
Kurbelwellenlager	5
Kühlung	Pumpe / 7,5 Liter Wasser
Schmierung	Druckumlauf / 4,0 Liter Öl
Abgasreinigung	Dreiwege-Kat, Lambdasonde
Batterie/Lichtmaschine	12 V 50 Ah – Drehstrom 80 A / 1120 W
Kraftübertragung	Heckantrieb
Kupplung	Einscheiben- Trockenkupplung
Schaltung	Schaltstock in Wagenmitte
Schaltgetriebe	5-Gang
Übersetzungen	I. 5,1– II. 2,77 – III. 1,72
	IV. 1,22 – V. 1,0 – R: 4,45
Antriebsübersetzung	3,46
Fahrwerk	Selbsttragende Karosserie
Vorderradaufhängung	Federbeine (Schraubenfedern,
	Teleskopstoßdämpfer), Stabilisator
Hinterradaufhängung	Schräglenkerachse, Federbeine
	(Schraubenfedern, Teleskopstoßdämpfer)
	Stabilisator
Lenkung	Kugelumlauf (16,4 : 1), Servo
Fußbremse	Zweikreis-Hydraulik
	Servo vorn (Ø = 302 mm)
	u. hinten (Ø = 300 mm) Scheiben, ABS
Allgemeine Daten	Kombi, 5türig
Radstand	2761 mm
Spur vorn/hinten	1470 / 1495 mm
Gesamtmaße	4720 x 1751 x 1417 mm
Gepäckraum	200/1230 L
Reifen (vorn/hinten)	205/65 HR 15
Felgen (vorn/hinten)	7 J x 15 (Stahl)
Wendekreisdurchmesser	11,0 m
Leermasse (DIN)	1545 kg
Zul. Gesamtmasse	2055 kg
Luftwiderstand (c_W x A)	0,34 x 2,08 m^2
Höchstgeschwindigkeit	192 (Gas: 183) km/h
Beschleunigung 0-100 km/h	13,6 (Gas: 16,2) sec
Euromix-Verbrauch	8,6 (Gas: 5,6) L /100 km (S)
Kraftstofftank	80 Liter (vor der Hinterachse)
	12,8 kg-Gastank (hinter der Rücksitzbank)

	BMW M5 1988-1991	BMW M5 1992-1995
Motor	Ottomotor (Einspritzer) S38B36, LM-Kopf/Block	Ottomotor (Einspritzer) S38B38, LM-Kopf/Block
Zylinderzahl	6 (Reihe), längs über der Vorderachse	
Bohrung x Hub	93,4 x 86 mm	94,6 x 90 mm
Hubraum	3535 ccm	3795 ccm
Leistung	315 PS (232 kW) bei 6900/min	340 PS (250 kW) bei 6900/min
Drehmoment	360 Nm bei 4750/min	400 Nm bei 4750/min
Verdichtung	10,0 : 1	10,0 : 1
Gemischbereitungr	Elektronische Einspritzung	Elektronische Einspritzung
	Bosch Motronic DME M1.2	Bosch Motronic DME M3.3
Ventile pro Zylinder	4, V-förmig hängend	
	2 obenliegende Nockenwellen	
	(Kette)	
Kurbelwellenlager	7	
Kühlung	Pumpe / 12,5 Liter Wasser, Motor-Ölkühler	Pumpe / 13,3 Liter Wasser, Motor-Ölkühler
Schmierung	Druckumlauf / 8,0 Liter Öl	Druckumlauf /5,75 Liter Öl
Abgasreinigung	Dreiwege-Metallkat, 2 Lambdasonden	
Batterie/Lichtmaschine	12 V 85 Ah (unter Rückbank) – Drehstrom 115 A / 1610 W	12 V 85 Ah (unter Rückbank) – Drehstrom 140 A / 1960 W
Kraftübertragung	Heckantrieb, Sperrdifferential (25 %)	
Kupplung	Einscheiben-Trockenkupplung	
Schaltung	5-Gang, Schaltstock in Wagenmitte	5-Gang; ab 8/94: 6-Gang, Schaltstock in Wagenmitte
Übersetzungen	I. 3,51 – II. 2,08 – III. 1,35	I. 3,51 – II. 2,08 – III. 1,35
	IV. 1,0 – V. 0,81 – R: 3,71	IV. 1,0 – V. 0,81 – R: 3,71
		I. 4,23 – II. 2,51 – III. 1,67
		IV 1,23 – V. 1,0 – VI. 0,83 – R: 3,71
Antriebsübersetzung	3,91	3,23
Fahrwerk	Selbsttragende Ganzstahlkarosserie	
Vorderradaufhängung	McPherson-Federbeine	
	(Schraubenfedern, Teleskopstoßdämpfer)	
	Dreieckquerlenker, Drehstab-Stabilisator	
Hinterradaufhängung	Schräglenkerachse, Schraubenfedern	
	Teleskopstoßdämpfer, Drehstab-Stabilisator	
Lenkung	Kugelumlauf (13,5 : 1), Servo	Kugelumlauf (15,6 : 1), Servo
Fußbremse	Zweikreis-Hydraulik, Servo	
	vorn (Ø = 315 mm) und hinten (Ø = 300 mm)	
	belüftete Scheiben, ABS	
Allgemeine Daten	Limousine, 4türig	Limousine, 4türig – Kombi, 5türig
Radstand	2761 mm	2761 mm
Spur vorn/hinten	1474/1496 mm	1474/1496 mm
Gesamtmaße	4720 x 1751 x 1392 mm	Lim.: 4720 x 1751 x 1392 mm
Gepäckraum	460 L	Kombi: 4720 x 1751 x 1417 mm 460 L
Reifen (vorn/hinten)	235/45 ZR 17	235/45 ZR 17; Tour, hinten 255/40 ZR 17
Felgen (vorn/hinten)	8 J x 17 (LM)	8 J x 17 (LM), Tour, hinten 9 J x 17 (LM)
Wendekreisdurchmesser	11,6 m	11,6 m
Leermasse (DIN)	1600 kg	1650 kg, Kombi: 1730 kg
Zul. Gesamtmasse	2100 kg	2150 kg, Kombi:2280 kg
Luftwiderstand (c_W x A)	0,32 x 2,07 m²	0,33 x 2,07 m²
Höchstgeschwindigkeit	250 km/h (abgeregelt)	Kombi: 0,36 x 2.07 m² 250 km/h (abgeregelt)
Beschleunigung 0-100 km/h	6,3 sec	5,9 sec
Euromix-Verbrauch	11,9 L /100 km (S)	12,4 L /100 km (S)
Kraftstofftank	90 Liter (vor der Hinterachse)	90 Liter (vor der Hinterachse)

BMW M5 (E34 S), Limousine und Touring, 1988–1995.

Alpina B10 3.5 (1) auf Basis des BMW 535i, hier mit 254 PS. Auch als B10 Biturbo, dann mit 360 PS. 1988–1992.

BMW 5er-Reihe (E39, 1995–2003)

Auf der IAA 1995 debütierte die vierte Auflage des 5er BMW (Baureihe E39). 55 mm länger, 49 mm breiter und 23 mm höher als der Vorgänger, war die Rohkarosse dank intelligenten Leichtbaus nicht schwerer geworden. Mehr Platz gab es dafür im Innenraum, dessen Sitze aus dem 7er BMW stammten. Der neue 5er war das erste Großserienauto der Welt mit einem überwiegend aus Leichtmetall bestehenden Fahrwerk. Die Einführung der Motorvarianten erfolgte gestaffelt: Zuerst die der Sechszylinder 523i und 528i, im Januar 1996 der Diesel 525 tds und im März 1996 der 520i (alle Sechszylinder mit Vanos-Nockenwellen-Verstellung). 1996 folgten die V8-Versionen 535i und 540i (als einziger mit serienmäßigem Sechsgang-Schaltgetriebe), zu erkennen an den horizontalen Chromzierstreifen in der Niere. Nur für bestimmte Märkte außerhalb Deutschlands kam 1997 der 525 td Spardiesel hinzu. Der Touring erschien erst im März 1997.

BMW 525 i (Baureihe E39), 1995–2000.

BMW 5er-Reihe, Limousine 4 Türen, 1995–2000.

	BMW 520 i 1995-2004	BMW 523 i, 1995-2000 BMW 525 i, 2000-2003	BMW 528 i 1995-2000
Motor	Ottomotor (Einspritzer) M52B20	Ottomotor (Einspritzer) M52B25	Ottomotor (Einspritzer) M52B28
	ab 7/2000: M52B22, LM-Kopf/Block	LM-Kopf/Block	LM-Kopf/Block
Zylinderzahl		6 (Reihe), längs über der Vorderachse	
Bohrung x Hub	80 x 66 mm, ab 7/2000: 80 x 72 mm	84 x 75 mm	84 x 84mm
Hubraum	1991 ccm, ab 7/2000: 2171 ccm	2494 ccm	2793 ccm
Leistung	150 PS (110 kW) bei 5900/min	170 PS (125 kW) bei 5500/min	193 PS (142 kW) bei 5300/min
	2.2: 170 PS (125 kW) bei 6250/min	ab 7/2000: 192 PS (141 kW) bei 6000/min	1998: 193 PS (142 kW) bei 5500/min
Drehmoment	190 Nm bei 4200/min	245 Nm bei 3950/min	280 Nm bei 3950/min
	1998: 190 Nm bei 3500/min	1998: 245 Nm bei 3500/min	1998: 280 Nm bei 3500/min
	2.2: 210 Nm bei 3500/min		
Verdichtung	11,0 : 1, 2.2: 10,7 : 1	10,5 : 1	10,2 : 1
Gemischbereitungr		Elektronische Einspritzung	
		Siemens DME MS 41.0	
		1998: Siemens DME MS 42.0	
	7/2000: Siemens DME MS 43.0	7/2000: Siemens DME MS 43.0	
Ventile pro Zylinder		4, V-förmig hängend, 2 obenlieg. Nockenwellen, verstellbar (Vanos; 1998: Doppel-Vanos), Kette	
Kurbelwellenlager		7	
Kühlung		Pumpe / 10,5 Liter Wasser	
Schmierung		Druckumlauf / 6,5 Liter Öl	
Abgasreinigung		Dreiwege-Kat, Lambdasonde	
Batterie/Lichtmaschine		12 V 70 Ah (im Kofferraum) – Drehstrom 90 A / 1260 W	
Kraftübertragung		Heckantrieb	
Kupplung		Einscheiben-Trockenkupplung	
Schaltung		5-Gang, Schaltstock in Wagenmitte	
Übersetzungen	I. 4,23 – II. 2,52 – III. 1,66	I. 4,21 – II. 2,49 – III. 1,66	I. 4,21 – II. 2,49 – III. 1,66
	IV. 1,22 – V. 1,0 – R: 4,04	IV. 1,24 – V. 1,0 – R: 3,85	IV. 1,24 – V. 1,0 – R: 3,85
		ab 7/2000: I. 4,23 – II. 2,52 – III. 1,66	
		IV. 1,22 – V. 1,0 – R: 4,04	
Antriebsübersetzung	3,64; ab 7/2000: 3,38	3,23 3,15	3,07
Automatik		5-Stufen (ZF)	
Übersetzungen		I. 3,67 0 II. 2,0 – III. 1,41 – IV 1,0 – V 0,74 – R: 4,1	
Antriebsübers.	3,64, ab 7/2000: 3,46	3,23, ab 7/2000: 3,38	3,07
Fahrwerk		Selbsttragende Ganzstahlkarosserie	
Vorderradaufhängung		Federbeine (Schraubenfedern, Teleskopstoßdämpfer), Dreieckquerlenker, Zugstreben, Stabilisator	
Hinterradaufhängung		Mehrlenkerachse mit Längs-, Quer, und Schräglenkern, Schraubenfedern, Teleskopstoßdämpfer, Stabilisator, Hilfsrahmen	
Lenkung		Zahnstange (14,2 : 1), Servo	
Fußbremse		Zweikreis-Hydraulik, Servo, vorn (Ø = 296 mm) und hinten (Ø = 298 mm) belüft. Scheiben, ABS	
Fahrdynamikregelung		ASC+T, DSC	
Allgemeine Daten		**Limousine, 4türig, Kombi (Touring), 5türig**	
Radstand	2830 mm	2830 mm	2830 mm
Spur vorn/hinten	1516 / 1530 , Touring 1512 / 1527 mm		1512 / 1526, Touring: 1512 / 1522 mm
Gesamtmaße		4775 x 1800 x 1435 mm, Touring: 4805 x 1800 x 1445 (528 : 1440) mm	
Gepäckraum		460 L, Touring: 410 / 1525 L	
Reifen/Felgen		205/65 VR 15; ab 7/2000: 225/60 WR 15. 528 + Touring: 225/60 WR (VR) 15, Felgen 6,5 J x 15 Stahl, 7 J x 15 (LM)	
Wendekreisdurchmesser	11,3 m	11,3 m	11,3 m
Leermasse (DIN)		1470-1500 (Autom.: 1500-1530) kg; Touring: 1570-1605 (1600-1635) kg	
Zul. Gesamtmasse		1980-2040 (Autom.: 2010-2070) kg; Touring: 2195 -2205 (2225-2235) kg	
Luftwiderstand (c_W x A)	Limousine: 0,28 x 2,17 m^2	Limousine: 0,29 x 2,17 m^2	Limousine: 0,3 x 2,17 m^2
	Touring: 0,3 x 2,17 m^2	Touring: 0,31 x 2,17 m^2	Touring: 0,31 x 2,17 m^2
Höchstgeschwindigkeit		220-240 (Autom: 210-235) km/h, Touring: 212-233 (209-229) km/h	
Beschleunigung 0-100 km/h	7,5-10,2 (Autom: 8,8-11,5) sec; Touring 7,9-10,6 (9,3-12,2) sec		Limousine: 7,5 (8,8) sec
Euromix-Verbrauch		9,0-9,5 (9,9-10,5) L /100 km (S), Touring 9,5-9,8 (10,7-10,1) L /100 km (S); Limousine: 9,5 (10,5) L /100 km (S)	
Kraftstofftank	70 Liter (vor der Hinterachse)	70 Liter (vor der Hinterachse)	70 Liter (vor der Hinterachse)

BMW 523 i, 1995-2000 BMW 525 i, ab 2000	BMW 530 i ab 2000	BMW 535 i ab 1996	BMW 540 i ab 1996
Einspritzmotor mit Dreiwege-Metall-Katalysator und Lambda-Sonde	Einspritzmotor mit Dreiwege-Metall-Katalysator und Lambda-Sonde	Einspritzmotor mit Dreiwege-Metall-Katalysator und Lambda-Sonde	Einspritzmotor mit Dreiwege-Metall-Katalysator und Lambda-Sonde
6 (Reihe), Block um 30° rechts seitlich geneigt	6 (Reihe), Block um 30° rechts seitlich geneigt	8 (90°)	8 (90°)
84 x 75 mm	89,6 x 84 mm	84 x 78,9 mm	92 x 82,7 mm
2494 ccm	2979 ccm	3498 ccm	3982 ccm
170 PS (125 kW) bei 5500/min	231 PS (170 kW) bei 5900/min	235 PS (173 kW) bei 5700/min 1998: 245 PS (180 kW) bei 5800/min	286 PS (210 kW) bei 5700/min
25 mkg bei 3950/min 1998/2000: 25 mkg bei 3500/min	30,6 mkg bei 3500/min	32,6 mkg bei 3300/min 1998: 35,2 mkg bei 3800/min	42,8 mkg bei 3900/min 1998: 44,9 mkg bei 3600/min
10,5:1	10,2:1	10,0:1	10,0:1
Elektronische Benzineinspritzung Siemens DME MS 41.0 ohne 1998/2000: Siemens MS 42.0/43.0	Elektronische Einspritzung Siemens DME MS 43.0	Elektronische Einspritzung Bosch DME M 5.2 1998: Bosch DME ME 7.2	Elektronische Einspritzung Bosch DME M 5.2 1998: Bosch DME ME 7.2
4, V-förm. häng. (Hydrostößel), 2 obenli. Nockenwellen, verstellbar (Vanos, 1998: Doppel-Vanos), Antrieb über Kette	4, V-förm. häng. (Hydrostößel), 2 obenli. Nockenwellen, verstellbar (Doppel-Vanos), Antrieb über Kette	4, V-förm. häng. (Hydrostößel), 2x2 obenlieg. Nockenwellen, Antrieb über Kette	4, V-förm. häng. (Hydrostößel), 2x2 obenlieg. Nockenwellen, 1998: verstellbar (Vanos), Antrieb über Kette
7	7	5	5
Pumpe, 10,5 Liter Wasser	Pumpe, 12 Liter Wasser	Pumpe, 12 Liter Wasser, Motor-Ölkühler	Pumpe, 12 Liter Wasser, Motor-Ölkühler
Druckumlauf, 6,5 Liter Öl	Druckumlauf, 7,0 Liter Öl	Druckumlauf, 7,5 Liter Öl	Druckumlauf, 7,5 Liter Öl
12 V 70 Ah (im Kofferraum)	12 V 70 Ah (im Kofferraum)	12 V 90 Ah (im Kofferraum)	12 V 90 Ah (im Kofferraum)
Drehstrom 90 A / 1260 W	Drehstrom 90 A / 1260 W	Drehstrom 120 A / 1680 W	Drehstrom 120 A / 1680 W
Antrieb auf Hinterräder, geteilte Kardanwelle	Antrieb auf Hinterräder, geteilte Kardanwelle	Antrieb auf Hinterräder, geteilte Kardanwelle	Antrieb auf Hinterräder, geteilte Kardanwelle
5-Gang	5-Gang	5-Gang	6-Gang (außer Protection)
I. 4,21 – II. 2,49 – III. 1,66 IV. 1,24 – V. 1,0 – R: 3,85	I. 4,21 – II. 2,49 – III. 1,66 IV. 1,24 – V. 1,0 – R: 3,85	I. 4,21 – II. 2,49 – III. 1,66 IV. 1,24 – V. 1,0 – R: 3,85	I. 4,23 – II. 2,51 – III. 1,67 IV. 1,23 – V. 1,0 – VI. 0,83 – R: 3,75
Limousine: 3,07, Touring: 3,23	2,93	2,93	2,81
5-Stufen (ZF)	5-Stufen (ZF)	5-Stufen (ZF)	5-Stufen (ZF)
I. 3,67 – II. 2,0 – III. 1,41 IV. 1,0 – V. 0,74 – R 4,1 – 3,15	I. 3,57 – II. 2,2 – III. 1,51 IV. 1,0 – V. 0,8 – R 4,1 – 4,44	I. 3,57 – II. 2,2 – III. 1,51 IV. 1,0 – V. 0,8 – R 4,1 – 4,44	I. 3,57 – II. 2,2 – III. 1,51 IV. 1,0 – V. 0,8 – R 4,1 – 3,45
Selbsttragende Ganzstahlkarosserie			
Federbeine (Schraubenfedern, Teleskopstoßdämpfer), Dreieckquerlenker		McPherson-Federbeine, Schraubenfedern, Dreieckquerlenker, Drehstab-Stabilisator	
Drehstab-Stabilisator, Mehrlenkerachse, Schraubenfedern, Drehstab-Stabilisator	Drehstab-Stabilisator, Mehrlenkerachse, Schraubenfedern, Drehstab-Stabilisator	Mehrlenkerachse, Schraubenfedern, Drehstab-Stabilisator Hilfsrahmen	
Zahnstange (14,2:1), Servo 3,0 Lenkraddrehungen	Kugelumlauf (17,9:1), Servo 3,0 Lenkraddrehungen	Kugelumlauf (17,9:1), Servo 3,7 Lenkraddrehungen	Kugelumlauf (17,9:1), Servo 3,7 Lenkraddrehungen
Zweikreis-Hydraulik, Servohilfe vorn 296 mm Ø und hinten 298 mm Ø innenbelüft. Scheiben, ABS	Zweikreis-Hydraulik, Servohilfe vorn 235 mm Ø und hinten 320 mm Ø innenbelüft. Scheiben, ABS	Zweikreis-Hydraulik, Servohilfe vorn 324 mm Ø und hinten 298 mm Ø innenbelüft. Scheiben, ABS	Zweikreis-Hydraulik, Servohilfe vorn 324 mm Ø und hinten 298 mm Ø innenbelüft. Scheiben, ABS
Limousine, 4 Türen (alternativ Touring)	**Limousine, 4 Türen**	**Limousine, 4 Türen**	**Limousine, 4 Türen (alternativ Touring)**
2830 mm	2830 mm	2830 mm	2830 mm
1516 / 1530 mm	1512 / 1526 mm	1512 / 1526 mm	1512 / 1526 mm
4775 x 1800 x 1435 mm	4775 x 1800 x 1435 mm	4775 x 1800 x 1435 mm	4775 x 1800 x 1435 mm
7 J x 15 (LM)	7 J x 16 (LM)	7 J x 16 (LM)	7 J x 16 (LM)
205/65 VR 15	225/55 WR 16	225/55 WR 16	225/55 WR 16
11,3 Meter	11,4 Meter	11,4 Meter	11,4 Meter
1475, Automatic 1505 kg	1610, Automatic 1655 kg	1610, Automatic 1655 kg	1630, Automatic 1660 kg
1985, Automatic 2015 kg	2150, Automatic 2195 kg	2150, Automatic 2195 kg	2170, Automatic 2200 kg
228, Automatic 226 km/h	245, Automatic 240 km/h	250, Automatic 247 km/h	250, Automatic 250 km/h
8,5, Automatic 9,7 sec	7,0, Automatic 7,8 sec	7,0, Automatic 7,8 sec	6,2, Automatic 6,4 sec
9,7, Automatic 10,5 Liter Super	11,9, Automatic 12 Liter Super	11,9, Automatic 12 Liter Super	12,1, Automatic 12,1 Liter Super
70 Liter (unter Rücksitz)	70 Liter (unter Rücksitz)	70 Liter (unter Rücksitz)	70 Liter (unter Rücksitz)

BMW 525 tds 1996-1999	**BMW 520 d ab 1999**	**BMW 525 d ab 1999**	**BMW 530 d ab 1998**
Wirbelkammer-Dieselmotor mit Abgas-Turbolader (Garrett) u. Ladeluftkühler	Direkteinspritzer-Dieselmotor m. VNT-Turbolader (Garrett) u. Ladeluftkühler	Direkteinspritzer-Dieselmotor m. VNT-Turbolader (Garrett) u. Ladeluftkühler	Direkteinspritzer-Dieselmotor m. VNT-Turbolader (Garrett) u. Ladeluftkühler
6 (Reihe), Block um 20° rechts seitlich geneigt	6 (Reihe), Block um 20° rechts seitlich geneigt	6 (Reihe), Block um 20° rechts seitlich geneigt	6 (Reihe), Block um 20° rechts seitlich geneigt
80 x 82,8 mm	84 x 88 mm	80 x 82,5 mm	84 x 88 mm
2497 ccm	1950 ccm	2497 ccm	2925 ccm
143 PS (105 kW) bei 4600/min	136 PS (100 kW) bei 4000/min	163 PS (120 kW) bei 4000/min	184 PS (135 kW) bei 4000/min 2000: 193 PS (142 kW) bei 4000/min
26,5 mkg bei 2200/min	28,5 mkg bei 1750/min	35,7 mkg bei 2000/min	39,8 mkg bei 1750/min 2000: 41,8 mkg bei 1750/min
22,0:1	19,1:1	22,0:1	18,0:1
Elektronische Einspritzung Bosch DDE 2.2 Verteilereinspritzpumpe VP 44	Elektronische Einspritzung Bosch DDE 2.2 Verteilereinspritzpumpe VP 44	Elektronische Einspritzung Bosch DEE 4.0 Common Rail-Hochdruck-einspritzsystem	Elektronische Einspritzung Bosch DEE 4.0 Common Rail-Hochdruck-einspritzsystem
2, parallel hängend (Hydrostößel), 1 oben-Nockenwelle, Antrieb über Kette	4, parallel hängend (Hydrostößel), 1 oben-Nockenwelle, Antrieb über Kette	4, parallel hängend (Hydrostößel), 2 oben-obenliegende Nockenwellen, Antrieb über Kette	4, parallel hängend (Hydrostößel), 2 oben-obenliegende Nockenwellen, Antrieb über Kette
7	7	7	7
Pumpe, 9,75 Liter Wasser	Pumpe, 7 Liter Wasser	Pumpe, 10,5 Liter Wasser	Pumpe, 9,2 Liter Wasser
Druckumlauf, 6,75 Liter Öl	Druckumlauf, 4,0 Liter Öl	Druckumlauf, 6,5 Liter Öl	Druckumlauf, 7,7 Liter Öl
12 V 95 Ah (im Kofferraum)	12 V 80 Ah (im Kofferraum)	12 V 95 Ah (im Kofferraum)	12 V 95 Ah (im Kofferraum)
Drehstrom 95 A / 1330 W	Drehstrom 120 A	Drehstrom 150 A	Drehstrom 120 A / 1680 W
Antrieb auf Hinterräder, Sperrdiff.?, geteilte Kardanwelle	Antrieb auf Hinterräder, geteilte Kardanwelle	Antrieb auf Hinterräder, geteilte Kardanwelle	Antrieb auf Hinterräder, geteilte Kardanwelle
5-Gang	5-Gang	5-Gang	5-Gang
I. 5,09 – II. 2,8 – III. 1,76	I. 5,09 – II. 2,80 – III. 1,76	I. 5,24 – II. 2,91 – III. 1,81	I. 5,24 – II. 2,91 – III. 1,81
IV. 1,25 – V. 1,0 – R: 4,71	IV. 1,25 – V. 1,0 – R: 4,71	IV. 1,27 – V. 1,0 – R: 4,72	IV. 1,27 – V. 1,0 – R: 4,85
2,64	2,65	2,64	2,35
5-Stufen (ZF)		5-Stufen (ZF)	5-Stufen (GM)
I. 3,67 – II. 2,0 – III. 1,41		I. 3,42 – II. 2,22 – III. 1,60	I. 3,45 – II. 2,21 – III. 1,59
IV. 1,0 – V. 0,74 – R 4,1 – 3,15		IV. 1,0 – V. 0,75 – R 3,03 – 3,15	IV. 1,0 – V. 0,76 – R 3,17 – 2,81
Selbsttragende Ganzstahlkarosserie			
McPherson-Federbeine, Schraubenfedern, Dreieckquerlenker, Drehstab-Stabilisator		McPherson-Federbeine, Schraubenfedern, Dreieckquerlenker, Drehstab-Stabilisator	
Mehrlenkerachse, Schraubenfedern, Drehstab-Stabilisator, Hilfsrahmen	Mehrlenkerachse m. Längs-, Quer- u. Schräglenkern, Schraubenfedern, Drehstab-Stabilisator, Hilfsrahmen	Mehrlenkerachse m. Längs-, Quer- u. Schräglenkern, Schraubenfedern, Drehstab-Stabilisator, Hilfsrahmen	Mehrlenkerachse m. Längs-, Quer- u. Schräglenkern, Schraubenfedern, Drehstab-Stabilisator, Hilfsrahmen
Zahnstange (14,2:1), Servo	Zahnstange (14,2:1), Servo	Zahnstange (14,2:1), Servo	Zahnstange (14,2:1), Servo
3,0 Lenkraddrehungen	3,0 Lenkraddrehungen	3,0 Lenkraddrehungen	3,0 Lenkraddrehungen
Zweikreis-Hydraulik, Servohilfe	Zweikreis-Hydraulik, Servohilfe	Zweikreis-Hydraulik, Servohilfe	Zweikreis-Hydraulik, Servohilfe
vorn 296 mm Ø und hinten 298 mm Ø vorn belüftet, Scheiben, ABS	vorn 296 mm Ø und hinten 298 mm Ø innenbelüft. Scheiben, ABS	vorn 296 mm Ø und hinten 298 mm Ø innenbelüft. Scheiben, ABS	vorn 296 mm Ø und hinten 298 mm Ø innenbelüft. Scheiben, ABS
Limousine, 4 Türen (alternativ Touring)			
2830 mm	2830 mm	2830 mm	2830 mm
1516 / 1530 mm	1516 / 1530 mm	1615 / 1530 mm	1512 / 1526 mm
4775 x 1800 x 1435 mm	4775 x 1800 x 1435 mm	4775 x 1800 x 1435 mm	4775 x 1800 x 1435 mm
6,5 J x 15 (LM)	6,5 J x 15 (LM)	6,5 J x 15 (LM)	7 J x 15 (LM)
205/65 VR 15	205/65 VR 15	205/65 VR 15 WR 16	225/60 WR 15
11,3 Meter	11,3 Meter	11,3 Meter	11,3 Meter
1510, Automatic 1540 kg	1490, kg	1575, Automatic 1605 kg	1575, Automatic 1585 kg
2020, Automatic 2050 kg	2000 kg	2115, Automatic 2125 kg	2115, Automatic 2125 kg
211, Automatic 205 km/h	206 km/h	219, Automatic 215 km/h	225, Automatic 220 km/h
10,4, Automatic 11,0 sec	10,6 sec	8,9, Automatic 9,1 sec	8,0, Automatic 8,4 sec
8,1, Automatic 9,1 Liter Diesel	5,9 Liter Diesel	6,7, Automatic 7,8 Liter Super	7,2, Automatic 8,3 Liter Super
70 Liter (unter Rücksitz)	70 Liter (unter Rücksitz)	70 Liter (unter Rücksitz)	70 Liter (unter Rücksitz)

BMW 3er-Reihe (E21, 1975–1982)

Die 02-Modellreihe löste BMW im Juli 1975 durch die 3er-Reihe ab. Sie brachte eine wesentlich elegantere, vor allem im Fond geräumigere Zweitüren-Karosserie, eine angenehmere Federung und Lenkung, eine bessere Automatik sowie auf Normalkraftstoff umgestellte Vergasermotoren mit trotzdem etwas höherer Leistung bei allerdings verminderter Elastizität. Die neuen Wagen sahen sehr gut aus und waren stilistisch der 5er-Reihe angeglichen. Sie gewannen gegenüber den Vorgängern an Stattlichkeit, Ansehnlichkeit und Prestige, wenn auch nicht mehr, wie es ihren für diese Größenklasse recht stolzen Preisen entsprach. Äußerlich waren die vier Grundmodelle fast identisch, jedoch besaßen der 316 (drei-sechzehn) und der 318 einfache, der 320 (drei-zwanzig) und der 320 i Doppelscheinwerfer.
Ab September 1979 wurden die BMW 3er gegen Aufpreis (die Sechszylinder ab Januar 1982 serienmäßig) mit Fünfganggetriebe geliefert. Ab August 1980 erhielt der BMW 316 den 1,8-Liter-Vergasermotor. Der 1,6-Liter-Motor (mit 75 statt 90 PS) kam im BMW 315 wieder, der ab Februar 1981 als Spar- und Einstiegmodell mit etwas einfacherer Ausstattung angeboten wurde.
Von Ende 1977 bis 1982 verwandelte die Karosseriefabrik Baur (Stuttgart) 3er-Limousinen in so genannte Hardtop-Cabriolets. Diese besaßen zwischen Frontscheibe und Überrollbügel ein herausnehmbares Dachteil aus Kunststoff sowie über den Rücksitzen ein Faltverdeck. Die festen Seitenteile ließen freilich nicht mehr jenes erhebende Cabriolet-Gefühl aufkommen, das es nur beim Fahren mit ganz offenem Wagen gibt. Im Übrigen kostete der Umbau über 6000 DM. Geliefert hat Baur innerhalb der Baureihe E 21 rund 3000 Hardtop-Cabriolets. Zudem entstand bei Karmann das Unikat eines 316-Vollcabrios.
Im November 1982 (BMW 315: Ende 1983) wurde die Produktion der Baureihe E 21 beendet. Sie brachte es als bisher meistgebauter BMW auf 1,36 Millionen Einheiten. Mehr als die Hälfte davon ging in den Export. Rund ein Drittel aller 3er war mit Sechszylinder-Motor ausgerüstet. Erfolgreichstes Modell dieser Reihe war mit mehr als einer halben Million der BMW 320.

BMW 316, BMW 318, BMW 320, BMW 320 i, Limousine 2 Türen, 1975–1982.

BMW 316 Automatic (E21), Limousine, 1979–1984,

	BMW 320 1977-1982	BMW 323 i 1978-1982
Motor	Vergasermotor	Einspritzmotor
Zylinder	6 (Reihe), Block um 30° rechts seitlich geneigt	6 (Reihe), Block um 30 rechts seitlich geneigt
Bohrung x Hub	80 x 66 mm	80 x 76,8 mm
Hubraum	1990 ccm	2315 ccm
Leistung	122 PS (90 kW) bei 6000/min	143 PS (105 kW) bei 6000/min
Drehmoment	16,3 mkg bei 4000/min	19,4 mkg bei 4500/min
Verdichtung	9,2:1	9,5:1
Gemischbildung	1 Fallstrom-Registervergaser Solex 4 A 1 mit Startautomatik	Antriebslose kontinuierliche Saugrohr-Benzineinspritzung Bosch K-Jetronic
Ventile	V-förmig hängend, 1 obenliegende Nockenwelle, Antrieb über Zahnriemen	
Kurbelwellenlager	7	
Kühlung	Pumpe, 12 Liter Wasser	
Schmierung	Druckumlauf, 4,75 Liter Öl	
Batterie	12 V 44 Ah (im Motorraum)	12 V 55 Ah (im Motorraum)
Lichtmaschine	Drehstrom 910 W	Drehstrom 910 W
Kraftübertragung	Antrieb auf Hinterräder, geteilte Kardanwelle	

Schaltgetriebe	4-Gang (bis 1981)	5-Gang mit Schongang (ab Sept. 1979)	5-Gang Sportgetriebe (ab Sept. 1979)
Übersetzungen	I. 3,764 II. 2,022 III. 1,320 IV. 1,000	I. 3,681 II. 2,001 III. 1,329 IV. 1,000 V. 0,805	I. 3,764 II. 2,325 III. 1,612 IV. 1,229 V. 1,000

	BMW 320	BMW 323 i
Antriebs-Übersetzung	3,64	3,45
Autom. Getriebe	Automatic ZF HP 22 Hydraulischer Wandler + 3-Gang-Planetengetriebe I. 2,478 – II. 1,478 – III. 1,00 – Wandler 2-fach	
Antriebs-Übersetzung	3,64	3,45
Fahrwerk	Selbsttragende Ganzstahlkarosserie	
Vorderradaufhängung	McPherson-Federbeine, Schraubenfedern, Gummi-Zusatzfedern, Drehstab-Stabilisator	
Hinterradaufhängung	Schräglenker, Federbeine, Schraubenfedern, Gummi-Zusatzfedern, Drehstab-Stabilisator	
Lenkung	ZF Zahnstange 21,1:1 (4,1 Lenkraddrehungen), Aufpreis: Servohilfe	
Fußbremse	Zweikreis-Hydraulik, Servohilfe Scheibenbremsen vorn 255 mm Ø Trommelbremsen hinten 250 mm Ø	Zweikreis-Hydraulik, Servohilfe Scheibenbremsen vorn 255 mm Ø Scheibenbremsen hinten 258 mm Ø
Allgemeine Daten		
Radstand	2563 mm	2563 mm
Spur vorn/hinten	1386/1399 mm	1386/1399 mm
Gesamtmaße	4355 x 1610 x1380 mm	4355 x 1610 x 1380 mm
Felgen	$5^1/_2$ J x 13	$5^1/_2$ J x 13
Reifen	185/70 HR 13	185/70 HR 13
Wendekreis links/rechts	10,4/10,8 Meter	10,4/10,8 Meter
Wagengewicht	1150 kg Automatic + 20 kg	1180 kg Automatic + 20 kg
Zuläss. Gesamtgewicht	1550 kg	1570 kg
Höchstgeschwindigkeit	183 km/h	192 km/h
Beschleunigung 0-100 km/h	10,5 sec	9,5 sec
Verbrauch/100 km	13 Liter, Automatic 13,5 Liter Super	13 Liter, Automatic 13,5 Liter Super
Kraftstofftank	58 Liter (unter dem Rücksitz)	58 Liter (unter dem Rücksitz)

	BMW 316 1975-1980	BMW 318 1975-1980	BMW 320 1975-1977	BMW 320 i 1975-1977
Motor	Vergasermotor	Vergasermotor	Vergasermotor	Einspritzmotor
Zylinderzahl	4 (Reihe). Block um 30° rechts seitlich geneigt	4 (Reihe). Block um 30° rechts seitlich geneigt	4 (Reihe). Block um 30° rechts seitlich geneigt	4 (Reihe). Block um 30° rechts seitlich geneigt
Bohrung x Hub	84 x 71 mm	89 x 71 mm	89 x 80 mm	89 x 80 mm
Hubraum	1563 ccm	1754 ccm	1977 ccm	1977 ccm
Leistung	90 PS (66 kW) b. 6000/min	98 PS (72 kW) b. 5800/min	109 PS (80 kW) b. 5800/min	125 PS (92 kW) b. 5700/min
Drehmoment	12,5 mkg bei 4000/min	14,5 mkg bei 4000/min	16,0 mkg bei 3700/min	17,5 mkg bei 4350/min
Verdichtung	1:8,3	1:8,3	1:8,1	1:9,3
Vergaser bzw. Einspritzung	1 Fallstrom-Registervergaser Solex 32/32 DIDTA mit Startautomatik	1 Fallstrom-Registervergaser Solex 32/32 DIDTA mit Startautomatik	1 Fallstrom-Registervergaser Solex 32/32 DIDTA mit Startautomatik	Antriebslose kontinuierliche Saugrohr-Benzineinspritzung Bosch »K-Jetronic«
Ventile	V-förmig hängend Obenliegende Nockenwelle Antrieb durch Duplexkette	V-förmig hängend Obenliegende Nockenwelle Antrieb durch Duplexkette	V-förmig hängend Obenliegende Nockenwelle Antrieb durch Duplexkette	V-förmig hängend Obenliegende Nockenwelle Antrieb durch Duplexkette
Kurbelwellenlager	5	5	5	5
Kühlung	Pumpe 7 Liter Wasser	Pumpe, 7 Liter Wasser	Pumpe, 7 Liter Wasser	Pumpe, 7 Liter Wasser
Schmierung	Druckumlauf, 4,25 Liter Öl	Druckumlauf, 4,25 Liter Öl	Druckumlauf, 4,25 Liter Öl	Druckumlauf, 4,25 Liter Öl
Batterie/Lichtmaschine	12 V 36 Ah – Drehstrom 630 W	12 V 36 Ah – Drehstrom 630 W	12 V 36 Ah – Drehstrom 630 W	12 V 44 Ah – Drehstrom 770 W
Kraftübertragung	Antrieb auf Hinterräder, geteilte Kardanwelle			
Kupplung	Einscheibentrockenkupplung			
Schaltung	Schaltstock Wagenmitte			
Getriebe	4-Gang			
Synchronisierung	I-IV			
Übersetzungen	I. 3,764 – II. 2,022 – III. 1,320 – IV. 1,00 Auf Wunsch: Automatic ZF HP 22 Hydraulischer Wandler + 3-Gang-Planetengetriebe Wählhebel Wagenmitte I. 2,478 – II. 1,478 – III. 1,00 Wandler 2-fach			
Antriebs-Übersetzung	4,10	3,90		3,64
Fahrwerk	Selbsttragende Ganzstahlkarosserie			
Vorderradaufhängung	McPherson-Federbeine, Schraubenfedern, Gummi-Zusatzfedern, Stabilisator			
Hinterradaufhängung	Schräglenker Federbeine, Schraubenfedern, Gummi-Zusatzfedern Auf Wunsch: Stabilisator	Schräglenker Federbeine, Schraubenfedern, Gummi-Zusatzfedern Auf Wunsch (bzw. März bis Aug. 1976 Serie): Stabilisator	Schräglenker Federbeine, Schraubenfedern Gummi-Zusatzfedern Auf Wunsch bzw. (ab März 1976) Serie: Stabilisator	Schräglenker Federbeine, Schraubenfedern Gummi-Zusatzfedern Stabilisator
Lenkung	ZF Zahnstange 19,0:1,4 Lenkraddrehungen			
Fußbremse	Zweikreis-Hydraulik, Servohilfe, Scheibenbremsen vorn 255 mm Ø, Trommelbremsen hinten 250 mm Ø			
Allgemeine Daten				
Radstand	2563 mm	2563 mm	2563 mm	2563 mm
Spur vorn/hinten	1364/1377 mm	1364/1377 mm	1364/1377 mm	1386/1399 mm
Gesamtmaße	4355 x 1610 x 1380 mm	4355 x 1610 x 1380 mm	4355 x 1610 x 1380 mm	4355 x 1610 x 1380 mm
Reifen/Felgen	165/SR 13 – 5 J x 13	165/SR 13 – 5 J x 13	165/SR 13 – 5 J x 13	185/70 HR 13 – $5^{1}/_{2}$ J x 13
Wendekreis links/rechts	10,4/10,8 Meter	10,4/10,8 Meter	10,4/10,8 Meter	10,4/10,8 Meter
Wagengewicht	1040 kg	1040 kg, Automatic + 20 kg	1060 kg, Automatic + 20 kg	1080 kg
Zuläss. Gesamtgewicht	1420 kg	1420 kg	1440 kg	1460 kg
Höchstgeschwindigkeit	161 km/h	168 km/h	173 km/h	182 km/h
Beschleunigung 0-100 km/h	14 sec	12 sec	11,5 sec	10 sec
Verbrauch/100 km	11,5 Liter	12, Automatic 12,5 Liter	12,5, Automatic 13 Liter	13 Liter Super
Kraftstofftank	52, ab Sept. 1977: 58 Liter (unter Rücksitz)	52, ab Sept. 1977: 58 Liter (unter Rücksitz)	52 Liter (unter Rücksitz)	52 Liter (unter Rücksitz)

	BMW 315 1981-1983		BMW 318 i 1980-1982		
Motor	Vergasermotor		Einspritzmotor		
Zylinder	4 (Reihe), Block um 30° rechts seitlich geneigt		4 (Reihe), Block um 30 rechts seitlich geneigt		
Bohrung x Hub	84 x 71 mm		89 x 71 mm		
Hubraum	1573 ccm		1766 ccm		
Leistung	75 PS (55 kW) bei 5800/min		105 PS (77 kW) bei 5800/min		
Drehmoment	11,0 mkg bei 3200/min		14,5 mkg bei 4500/min		
Verdichtung	9,5:1		10,0:1		
Gemischbildung	1 Fallstromvergaser Pierburg 1 B 2		Saugrohr-Benzineinspritzung Bosch K-Jetronic		
Ventile	2, V-förmig hängend, 1 obenliegende Nockenwelle, Antrieb über Duplex-Kette				
Kurbelwellenlager	5				
Kühlung	Pumpe, 7,2 Liter Wasser				
Schmierung	Druckumlauf, 4,25 Liter Öl				
Batterie	12 V 36 Ah (im Motorraum)				
Lichtmaschine	Drehstrom 630 W		Drehstrom 910 W		
Kraftübertragung	Antrieb auf Hinterräder, geteilte Kardanwelle				
Schaltgetriebe	4-Gang	5-Gang mit Schongang	4-Gang	5-Gang mit Schongang	5-Gang Sportgetriebe
Übersetzungen	I. 3,764 II. 2,043 III. 1,320 IV. 1,000	I. 3,681 II. 2,001 III. 1,329 IV. 1,000 V. 0,805	I. 3,764 II. 2,043 III. 1,320 IV. 1,000	I. 3,681 II. 2,001 III. 1,329 IV. 1,000 V. 0,805	I. 3,764 II. 2,325 III. 1,612 IV. 1,229 V. 1,000
Antriebs-Übersetzung	4,11	4,11	3,91	3,91	3,91
Autom. Getriebe	nicht lieferbar		Automatic Hydraulischer Wandler + 3-Gang-Planetengetriebe I. 2,478 II. 1,478 III. 1,00		
Antriebs-Übersetzung			3,91		
Fahrwerk	Selbsttragende Ganzstahlkarosserie				
Vorderradaufhängung	McPherson-Federbeine, Schraubenfedern, Gummi-Zusatzfedern, Drehstab-Stabilisator				
Hinterradaufhängung	Schräglenker, Federbeine, Schraubenfedern, Gummi-Zusatzfedern, 318 i: Drehstab-Stabilisator				
Lenkung	ZF Zahnstange 21,1:1 (4,1 Lenkraddrehungen)				
Fußbremse	Zweikreis-Hydraulik, Servohilfe Scheibenbremsen vorn 255 mm Ø Trommelbremsen hinten 250 mm Ø		Zweikreis-Hydraulik, Servohilfe Scheibenbremsen vorn 255 mm Ø Scheibenbremsen hinten 250 mm Ø		
Allgemeine Daten					
Radstand	2563 mm		2563 mm		
Spur vorn/hinten	1366/1373 mm		1366/1373 mm		
Gesamtmaße	4355 x 1610 x1380 mm		4355 x 1610 x 1380 mm		
Felgen	5 J x 13		5 J oder $5^1/_2$ J x 13		
Reifen	165 SR 13		165 SR 13		
Wendekreis links/rechts	10,4/10,8 Meter		10,4/10,8 Meter		
Wagengewicht	1050 kg		1070 kg Automatic + 20 kg		
Zuläss. Gesamtgewicht	1440 kg		1450-1460 kg		
Höchstgeschwindigkeit	160 km/h		175 km/h		
Beschleunigung 0-100 km/h	13 sec		11 sec		
Verbrauch/100 km	11 Liter Super		11,5 Liter, Automatic 12 Liter Super		
Kraftstofftank	58 Liter (unter dem Rücksitz)		58 Liter (unter dem Rücksitz)		

BMW 316, 318, 320, 323 i (Baureihe E21) Hardtop-Cabriolet, Karosserie Baur, Stuttgart. Bauzeit 1977–1983.

BMW 316 Vollcabriolet, Unikat (Baureihe E21), entstanden 1976 bei Karmann.

Mit drei identischen BMW 320 ging das BMW Junior-Team 1977 in der Division II (bis 2 Liter) bei der Deutschen Rennsport Meisterschaft (DRM) an den Start. Bei Saisonende belegten die BMW-Junioren Joachim Winkelhock und Eddie Cheever die ersten beiden Ränge.

BMW 320, Limousine 2 Türen. Sowohl der Typ 320 als auch der Typ 323 wiesen Doppelscheinwerfer auf. Eine viertürige Limousine der Baureihe E21 gab es nie.

BMW 3er-Reihe (E30, 1982–1994)

Baureihe E30: Produktionsbeginn Oktober 1982, Markteinführung Ende November 1982, Lieferbeginn der Zweitüren-Limousine Anfang 1983 und der (neu in das Programm aufgenommenen) Viertüren-Limousine im Herbst 1983. Der Generationswechsel führte zwar zu einer weitgehenden Neukonstruktion, auch und gerade in Bezug auf die Karosserie, doch hatte sich das äußere Erscheinungsbild nur wenig geändert. Die Linienführung wirkte etwas straffer, und als besonderes optisches Merkmal trug die B-Säule eine breite, schwarze Kunststoffblende. Im Übrigen bestand sowieso kein Anlass, diesem anerkannt gut aussehenden Wagen eine andere Optik zu geben. Ferner gab es seit Anfang 1983 auch wieder das Hardtop-Cabriolet mit hinterem Faltverdeck und herausnehmbarem Dachmittelteil der Karosseriefabrik Baur (Stuttgart). Mehrpreis DM 7000.

September 1984: BMW 318 i mit Katalysator (Aufpreis DM 1800) lieferbar. Ab März 1985 wurde der bereits für USA und Japan gebaute BMW 325 e (2,7 Liter eta-Sparmotor mit Kat) auf den deutschen Markt gebracht, stellte hier aber eher eine Verlegenheitslösung dar.

September 1985: Auf der Frankfurter Automobilausstellung technische Modifikationen, aber keine auffallenden Änderungen im äußeren Erscheinungsbild der 3er-Reihe. Wesentliche Erweiterung erfuhr das Programm durch das BMW-eigene Vollcabriolet (Serie ab Mai 1986) mit bildschöner Linie. BMW M3 Limousine (Baureihe E30), 1986-1991. Außerdem erfolgte die Einführung des BMW 324 d mit Sechszylinder-Saugdieselmotor. Der BMW 323 i wurde durch den 325 i ersetzt, der auch mit permanentem Allradantrieb ausgerüstet werden konnte, wovon aber in der Folgezeit die Kundschaft nur selten Gebrauch machte. Gezeigt wurde schließlich auch die Sport-Limousine BMW M3 als Homologationsmodell für die Deutsche Tourenwagen-Meisterschaft (DTM): 2302 ccm Hubraum, Leistung 195 PS (143 kW) bei 6750 U/min. Auslieferung ab November 1985.

September 1987: Die gesamte Baureihe wird nur noch mit Katalysator angeboten. Neuer Vierzylindermotor M40 für BMW 318 i. Weitere Bereicherung der 3er-Reihe durch den »Touring«, einen hervorragend gelungenen Kombi, der nichts mit der glücklosen Kombilimousine gleichen Namens der 02-Reihe zu tun hat. Nach Aussehen, Ausstattung und Preis handelt es sich beim BMW um einen Edel-Kombi, der trotz seines hohen Preises vom Markt gut aufgenommen wird. Außerdem wird mit der Übernahme des bereits von der 5er-Reihe her bekannten Turbodiesel erstmals die elektronisch geregelte Dieseleinspritzung eingesetzt. Der BMW-Diesel steht damit in Leistung und Laufkultur kaum mehr den entsprechenden Benzin-Typen nach, erfordert aber einen so erheblichen Preiszuschlag, dass eine echte Rentabilität nur noch bei extrem hohen Fahrleistungen besteht. Das M3 Cabriolet wird erstmals gezeigt.

Mai 1988: Kraftpaket BMW M3 auch als Cabriolet lieferbar. Preis DM 90.000. Bis Juni 1991 (Produktionsende des M3 Cabriolets) wurden 800 Stück gebaut und verkauft.

BMW M3 Limousine (Baureihe E30), 1986–1992.

	BMW 316 1983–1987	BMW 318 i 1983–1986	BMW 318 i KAT, 1984–1987 BMW 316 i KAT, 1987–1988
Motor	Vergasermotor M41 B16	Einspritzmotor M92 B18	Einspritzmotor mit Dreiwege-Katalysator und Lamda-Sonde
Zylinderzahl	4 (Reihe), Block um 30° rechts seitlich geneigt		
Bohrung x Hub	89 x 71 mm	89 x 71 mm	89 x 71 mm
Hubraum	1766 ccm	1766 ccm	1766 ccm
Leistung	90 PS (66 kW) bei 5500/min	105 PS (77 kW) bei 5500/min	102 PS (75 kW) bei 5500/min
Drehmoment	14,0 mkg bei 4000/min	14,5 mkg bei 4500/min	14,0 mkg bei 4500/min
Verdichtung	9,5:1	9,5:1	9,5:1
Vergaser bzw.	1 Register-Fallstromvergaser	Benzineinspritzung	Benzineinspritzung
Einspritzpumpe	Pierburg 2 B 4	Bosch L-Jetronic	Bosch L-Jetronic
Ventile	obenliegende Nockenwelle, Antrieb über Duplex-Kette		
Kurbelwellenlager	5	5	5
Kühlung	Pumpe, 7 Liter Wasser	Pumpe, 7 Liter Wasser	Pumpe, 7 Liter Wasser
Schmierung	Druckumlauf, 4,25 l Öl	Druckumlauf, 4,25 l Öl	Druckumlauf, 4,25 l Öl
Batterie	12 V 44 Ah (im Motorraum)	12 V 44 Ah (im Motorraum)	12 V 44 Ah (im Motorraum)
Lichtmaschine	Drehstrom 65 A = 910 W	Drehstrom 80 A = 1210 W	Drehstrom 80 A = 1210 W
Kraftübertragung	Antrieb auf Hinterräder, geteilte Kardanwelle		
Schaltgetriebe	4-Gang (bis 1984) 5 Gang	4-Gang (bis 1984) 5 Gang	5-Gang
Übersetzungen	I. 3,76 I. 3,72 II. 2,04 II. 2,02 III. 1,32 III. 1,32 IV. 1,00 IV. 1,00 V. 0,80	I. 3,76 I. 3,72 II. 2,04 II. 2,02 III. 1,32 III. 1,32 IV. 1,00 IV. 1,00 V. 0,80	I. 3,72 II. 2,02 III. 1,32 IV. 1,00 V. 0,80
Antriebs-Übersetzung	3,91 3,64	3,64 3,64	4,10
Automatisches Getriebe	Aufpreis: 4-Gang Automatic	Aufpreis: 4-Gang Automatic	Aufpreis: 4-Gang Automatic
Übersetzungen	I. 2,48 II. 1,48 III. 1,00 IV. 0,73 V. 0,73	I. 2,48 II. 1,48 III. 1,00 IV. 0,73 V. 0,73	I. 2,72 II. 1,56 III. 1,00 IV. 0,73 V. 0,73
Antriebs-Übersetzung	3,91	3,91	3,91
Fahrwerk	Selbsttragende Ganzstahlkarosserie		
Vorderradaufhängung	McPherson-Federbeine, Schraubenfedern, Drehstab-Stabilisator		
Hinterradaufhängung	Schräglenker, Minibloc-Schraubfedern		
Lenkung	ZF Zahnstange (21,4:1), 4,25 Lenkraddrehungen bzw. Aufpreis: mit Servo (20,5:1), 4 Lenkraddrehungen		
Fußbremse	Zweikreis-Hydraulik, Servo Scheibenbremsen vorn 255 mm Ø, Trommelbremsen hinten 250 mm Ø ab September 1986: mit Aufpreis: ABS (Bosch)		
Allgemeine Daten	**Limousine 2 Türen**	**Limousine 2 Türen**	**Limousine 2 Türen**
Radstand	2570 mm	2570 mm	2570 mm
Spur	1407/1415 mm	1407/1415 mm	1407/1415 mm
Gesamtmaße	4325 x 1645 x 1380 mm	4325 x 1645 x 1380 mm	4325 x 1645 x 1380 mm
Felgen	5 J x 14 bzw. (ab September 1985) 5,50 J x 14	5 J x 14 bzw. (ab September 1985) 5,50 J x 14	5 J x 14 bzw. (ab September 1985) 5,50 J x 14
Reifen	175/70 TR 14	175/70 HR 14 bzw. (ab September 1985) 195/65 HR 14	175/70 HR 14 bzw. (ab September 1985) 195/65 HR 14
Wendekreis	10,5/10,5 Meter	10,5/10,5 Meter	10,5/10,5 Meter
Wagengewicht	1020, Automatik 1040 kg	1020, Automatik 1040 kg	1030, Automatik 1050 kg
Zuläss. Gesamtgewicht	1450-1490 kg	1460-1500 kg	1480-1545 kg
Höchstgeschwindigkeit	175, Automatik 170 km/h	185, Automatik 180 km/h	180, Automatik 175 km/h
Beschleunig. 0–100 km/h	12, Automatik 13,5 sec	12 sec	13, Automatik 14 sec
Verbrauch/100 km	11, Automatik 11,5 Liter Super	11, Automatik 11,5 Liter Super	11,5, Automatik 12 Liter Super

August 1988: BMW 316 i mit 1,6 Liter-Motor des neuen Musters M40, der den seither eingebauten leistungsreduzierten 1,8-Liter-Motor ersetzte.

August 1989: BMW 318 mit Vierventilmotor.

September 1990: Präsentation der neuen BMW 3er-Reihe E36. Dennoch lief die Produktion der seitherigen E30-Limousine bis Ende April 1991 weiter. Cabriolet (seit Dezember auch als 318 i) und Touring wurden bis 1993/94 noch beträchtlich länger gefertigt, weil es hierfür im Rahmen der neuen Baureihe E36 noch keine Nachfolger gab.

BMW 325 iX Touring, 1987–1994. Der Prototyp entstand auf Privatinitiative eines BMW-Mitarbeiters.

BMW 318 i, Limousine 2 Türen (nach Facelift), 1988–1991.

BMW 320 Touring, 1987–1994.

	BMW 324 d 1985-1991	BMW 324 td 1987-1991
Motor	Wirbelkammer-Dieselmotor M21 D24	Wirbelkammer-Dieselmotor M 21 D24
		Garrett Abgas-Turbolader
Zylinder	6 (Reihe), Block um 20°, rechts seitlich geneigt	
Bohrung x Hub	80 x 81 mm	80 x 81 mm
Hubraum	2443 ccm	2443 ccm
Leistung	86 PS (63 kW) bei 4600/min	115 PS (85 kW) bei 4800/min
Drehmoment	15,25 mkg bei 2500/min	22,2 mkg bei 2400/min
Verdichtung	22:1	22:1
Gemischbereitung	Mechanische bzw. (ab März 1989) elektron. Diesel-Einspritzung	Elektron. Diesel-Einspritzung
Ventile	Hängend, 1 obenliegende Nockenwelle, Antrieb über Zahnriemen	
Kurbelwellenlager	7	
Kühlung	Pumpe, 12 Liter Wasser	
Schmierung	Druckumlauf, 5 Liter Öl	
Batterie	12 V 90 Ah (im Kofferraum)	
Lichtmaschine	Drehstrom 80 A = 1120 W	
Kraftübertragung	Antrieb auf Hinterräder, geteilte Kardanwelle	
Schaltgetriebe	5-Gang	5-Gang
Übersetzungen	I. 3,72 – II. 2,02 – III. 1,32 V. 1,00 – V. 0,80	I. 3,83 – II. 2,20 – III. 1,40 IV. 1,00 – V. 0,81
Antriebs-Übersetzung	3,45	3,25
Autom. Getriebe	Aufpreis: 4 Gang Automatic	
Übersetzungen	I. 2,73 – II. 1,56 – III. 1,00 – IV. 0,73	
Antriebs-Übersetzung	3,23 oder 3,45	3,25
Fahrwerk	Selbsttragende Ganzstahlkarosserie	
Vorderradaufhängung	McPherson-Federbeine, Schraubenfedern, Drehstab-Stabilisator	
Hinterradaufhängung	Schräglenker, Minibloc-Schraubenfedern	
Lenkung	ZF Zahnstange (21,4:1), (4,25 Lenkraddrehungen bzw. Aufpreis: mit Servo (20,5:1), 4 Lenkraddrehungen	ZF Zahnstange mit Servo (20,5:1), 4 Lenkraddrehungen
Fußbremse	Zweikreis-Hydraulik, Servo	
	Scheibenbr. vorn 225 mm Ø Trommelbr. hinten 250 mm Ø	Scheibenbr. vorn 255 mm Ø Scheibenbr. hinten 258 mm Ø
Allgemeine Daten	**Limousine 4 Türen**	**Limousine 4 Türen**
Radstand	2570 mm	2570 mm
Spur vorn/hinten	1407/1415 mm	1407/1415 mm
Gesamtmaße	4325 x 1645 x 1380 mm	4325 x 1645 x 1380 mm
Felgen	5,50 J x 14	5,50 J x 14
Reifen	175/70 TR 14	195/65 HR 14
Wendekreis links/rechts	10,5/10,5 Meter	10,5/10,5 Meter
Wagengewicht	1220 kg, Automatic 1240 kg	1270 kg, Automatic 1290 kg
Zuläss. Gesamtgewicht	1655 kg, Automatic 1675 kg	1720 kg, Automatic 1740 kg
Höchstgeschwindigkeit	170, Automatic 165 km/h	185, Automatic 180 km/h
Beschleunigung 0-100 km/h	16, Automatic 17,5 sec	12,5, Automatic 13,5 sec
Verbrauch/100 km	9,5, Automatic 10 Liter Diesel	10, Automatic 10,5 Liter Diesel
Kraftstofftank	55 Liter (unter Rücksitz)	55 Liter (unter Rücksitz)
Abweichende Daten		Wagen- und Gesamtgewicht: Touring + ca. 60 kg, ab Frühjahr 1990 mit Aufpreis: Katalysator

BMW 316 i KAT 1988-1991	BMW 318 i KAT 1987-1991	BMW 318 is KAT 1989-1991	BMW M 3 KAT 1986-1991
Einspritzmotor			
Dreiwege-Katalysator und Lambda-Sonde			
4 (Reihe), Block um 30° rechts seitlich geneigt			
84 x 72 mm	84 x 81 mm	84 x 81 mm	93,4 x 84 mm
1596 ccm	1796 ccm	1796 ccm	2302 ccm
100 PS (73 kW) b. 5500/min	113 PS (83 kW) b. 5500/min	136 PS (100 kW) b. 6000/min	195-215 PS b. 6750/min
14,1 mkg b. 4250/min	16,2 mkg b. 4250/min	17,2 mkg b. 4600/min	23,0 mkg b. 4600/min
9,0:1	8,8:1	10,0:1	10,5:1
Elektron. Benzineinspritzung	Elektron. Benzineinspritzung	Elektron. Benzineinspritzung	Elektron. Benzineinspritzung
Bosch Motronic	Bosch Motronic	Bosch Motronic M 1,7	Bosch Motronic ML
V-förmig hängend, Hydrostößel		4 Ventile je Zylinder, V-förmig hängend,	
1 obenliegende Nockenwelle, Antrieb überZahnriemen		2 obenliegende Nockenwellen, Antrieb über Duplex-Kette	
5		5	5
Pumpe, 6 Liter Wasser		Pumpe, 6,4 Liter Wasser	Pumpe, 9 Liter Wasser
Druckumlauf, 4 Liter Öl		Druckumlauf, 4,5 Liter Öl	Druckumlauf, 5 Liter Öl
12 V 46 Ah		12 V 46 Ah	12 V 65 Ah
Drehstrom 65 A = 910 W		Drehstrom 65 A = 910 W	Drehstrom 90 A = 1260 W
Antrieb auf Hinterräder, geteilte Kardanwelle		Antrieb auf Hinterräder, geteilte Kardanwelle	
5-Gang		5-Gang	5-Gang
I. 3,72		I. 3,72	I. 3,72
II. 2,02		II. 2,02	II. 2,40
III. 1,32		III. 1,32	III. 1,77
IV. 1,00		IV. 1,00	IV. 1,26
V. 0,81		V. 0,81	V. 1,00
4,10		4,10	3,25
Aufpreis: 4-Gang Automatic	Aufpreis: 4-Gang Automatic	Nicht lieferbar	Nicht lieferbar
I. 2,73	I. 2,48		
II. 1,56	II. 1,48		
III. 1,00	III. 1,00		
IV. 0,73	IV. 0,73		
4,45	4,45		
Selbsttragende Ganzstahlkarosserie			
McPherson-Federbeine, Schraubenfedern, Drehstab-Stabilisator			
Schräglenker, Minibloc-Schraubenfedern, Drehstab-Stabilisator			
ZF Zahnstange (21,4:1), 4,25 Lenkraddrehungen bzw.			ZF Zahnstange (19,6:1), Servo
Aufpreis: mit Servo (20,5:1), 4 Lenkraddrehungen			3,75 Lenkraddrehungen
Zweikreis-Hydraulik, Servo	Zweikreis-Hydraulik, Servo	Zweikreis-Hydraulik, Servo	Zweikreis-Hydraulik, Servo
Scheibenbr. vorn 255 mm Ø	Scheibenbr. vorn 255 mm Ø	Scheibenbr. vorn 255 mm Ø	Scheibenbr. vorn 280 mm Ø
Trommelbr. hinten 250 mm Ø	Trommelbr. hinten 250 mm Ø	Scheibenbr. hinten 258 mm Ø	Scheibenbr. hinten 282 mm Ø
Aufpreis: ABS (Bosch)	Aufpreis: ABS (Bosch)	Aufpreis: ABS (Bosch)	ABS (Bosch)
Limousine 2 Türen	**Limousine 2 Türen**	**Limousine 2 Türen**	**Limousine 2 Türen**
2570 mm	2570 mm	2570 mm	2562 mm
1407/1415 mm	1407/1415 mm	1407/1415 mm	1412/1424 mm
4325 x 1645 x 1380 mm	4325 x 1645 x 1380 mm	4325 x 1645 x 1380 mm	4360 x 1675 x 1370 mm
5,50 J x 14	5,50 J x 14	5,50 J x 14	7 J x 15 Alu
175/70 TR 14	195/65 HR 14	195/65 HR 14	205/55 ZR 15
10,5/10,5 Meter	10,5/10,5 Meter	10,5/10,5 Meter	11,2/11,2 Meter
1100, Automatic 1120 kg	1100, Automatic 1120 kg	1135 kg	1285 kg
1540, Automatic 1560 kg	1550, Automatic 1570 kg	1565 kg	1600 kg
185, Automatic 180 km/h	190, Automatic 185 km/h	205 km/h	235-240 km/h
12, Automatic 13,5 sec	11, Automatic 12 sec	10 sec	7-7,5 sec
10,5, Automatic 11 Liter	11, Automatic 11,5 Liter	11,5 Liter	13 Liter
Normalbenzin bleifrei	Normalbenzin bleifrei	Super bleifrei	Super bleifrei
55 Liter	55 Liter	55 Liter	Limousine 55 + 15 Liter
(unter Rücksitz)	(unter Rücksitz)	(unter Rücksitz)	Cabriolet 55 Liter (unter Rücksitz)
Wagen- und Gesamtgewicht:	Wagen- und Gesamtgewicht:		Wagen- und Gesamtgewicht:
Limousine 4 Türen + 25 kg	Limousine 4 Türen 4 + 25 kg		Cabriolet + 130 kg
Cabriolet + 130 kg	Cabriolet + 130 kg		
Touring + ca. 90 kg	Touring + ca. 90 kg		

BMW 320 i **1983-1986**	**BMW 320 i KAT** **1986-1991**	**BMW 323 i** **1983-1985**	**BMW 325 e KAT** **1985-1986**
Einspritzmotor M20 B20	Einspritzmotor mit Dreiwege- Katalysator und Lambda-Sonde	Einspritzmotor M20 B23	Einspritzmotor mit Dreiwege- Katalysator und Lambda-Sonde
6 (Reihe), Block um 20° rechts seitlich geneigt			
80 x 66 mm	80 x 66 mm	80 x 76,8 mm	84 x 81 mm
1990 ccm	1990 ccm	2316 ccm	2693 ccm
125 PS (92 kW) b. 5800/min bzw. ab Sept. 1995 129 PS (95 kW) b. 6000/min	129 PS (95 kW) b. 6000/min	139 PS (102 kW) b. 5300/min bzw. ab Sept. 1983 150 PS (110 kW) b. 6000/min	122 PS (90 kW) b. 4250/min
17 bzw. 17,4 mkg b. 4000/min	16,4 mkg b. 4300/min	20,5 mkg b. 4000/min	23,0 mkg b. 3250/min
9,8:1	8,8:1	9,8:1	9,0:1
Benzineinspritzung Bosch L-Jetronic	Elektron. Benzineinspritzung Bosch Motronic	Benzineinspritzung Bosch L-Jetronic	Elektron. Benzineinspritzung Bosch Motronic
V-förmig hängend, 1 obenliegende Nockenwelle, Antrieb durch Zahnriemen		V-förmig hängend, 1 obenliegende Nockenwelle, Antrieb durch Zahnriemen	
7		7	
Pumpe, 10,5 Liter Wasser		Pumpe, 12 Liter Wasser	
Druckumlauf, 4,25 Liter Öl		Druckumlauf, 4,75 Liter Öl	
12 V 50 Ah	12 V 50 Ah	12 V 50 Ah	12 V 66 Ah (im Kofferraum)
Drehstrom 80 A = 1120 W	Drehstrom 80 A = 1120 W	Drehstrom 80 A = 1120 0W	Drehstrom 80 A = 1120 W
Antrieb auf Hinterräder, geteilte Kardanwelle		Antrieb auf Hinterräder, geteilte Kardanwelle	
5-Gang I. 3,72 – II. 2,02 – III. 1,32 IV. 1,00 – V. 0,80		5-Gang oder Sport-5-Gang I. 3,83 – II. 2,20 – III. 1,40 IV. 1,00 – V. 0,81 I. 3,764 – II. 2,325 – III. 1,612 IV. 1,229 – V. 1,000	5-Gang I. 3,83 – II. 2,20 – III. 1,40 IV. 1,00 – V. 0,81
3,45, ab Sept. 1985:3,91	4,10	3,46 – 3,23	2,93
Aufpreis: 4-Gang Automatic I. 2,48 – II. 1,48 – III. 1,00 – IV. 0,73			
3,46 oder 3,64	4,10	3,23	2,93
Selbsttragende Ganzstahlkarosserie			
McPherson-Federbeine, Schraubenfedern, Drehstab-Stabilisator			
Schräglenker, Minibloc-Schraubenfedern, Drehstab-Stabilisator			
Aufpreis: mit Servo (20,5:1), 4 Lenkraddrehungen			
Zweikreis-Hydraulik, Servo Scheibenbremsen vorn 255 mm Ø Trommelbremsen hinten 250 mm Ø Aufpreis: ABS (Bosch)		Zweikreis-Hydraulik, Servo Scheibenbr. vorn 255 mm Ø Scheibenbr. hint. 258 mm Ø Aufpreis: ABS (Bosch)	Zweikreis-Hydraulik, Servo Scheibenbr. vorn 255 mm Ø Trommelbr. hint. 250 mm Ø Aufpreis: ABS (Bosch)
Limousine 2 Türen		**Limousine 2 Türen**	**Limousine 2 Türen**
2570 mm		2570 mm	2570 mm
1407/1415 mm		1407/1415 mm	1407/1415 mm
4325 x 1645 x 1380 mm		4325 x 1645 x 1380 mm	4325 x 1645 x 1380 mm
5,50 J x 14		5,50 J x 14	5,50 J x 14
195/60 bzw. 195/65 HR 14	195/65 HR 14	190/65 VR 14	195/65 HR 14
10,5/10,5 Meter	10,5/10,5 Meter	10,5/10,5 Meter	10,5/10,5 Meter
1110, Automatic 1130 kg	1120, Automatic 1140 kg	1140, Automatic 1160 kg	1170, Automatic 1190 kg
1510-1560 kg	1550-1570 kg	1540-1560 kg	1580-1600 kg
200, Automatic 195 km/h	195, Automatic 190 km/h	205, Automatic 200 km/h	190, Automatic 195 km/h
10, Automatic 11,5 sec	11, Automatic 13 sec	9, Automatic 10,5 sec	10,5, Automatic 12 sec
12, Automatic 12,5 Liter	13, Automatic 13,5 Liter	12,5, Automatic 13 Liter	13, Automatic 13,5 Liter
Super	Normalbenzin bleifrei	Super	Normalbenzin bleifrei
55 Liter (unter Rücksitz)	55 bzw. ab Sept. 1987 64, Cabriolet 62 Liter (unter Rücksitz)	55 Liter (unter Rücksitz)	55 Liter (unter Rücksitz)
Wagen- und Gesamtgewicht:	Wagen- und Gesamtgewicht:	Wagen- und Gesamtgewicht:	Wagen- und Gesamtgewicht:
Limousine 4 Türen + 25 kg Hardtop-Cabriolet + 50 kg Cabriolet + 130 kg	Limousine 4 Türen + 25 kg Hardtop-Cabriolet + 50 kg Cabriolet + 130 kg, Touring + ca. 100 kg	Limousine 4 Türen + 25 kg Hardtop-Cabriolet + 50 kg Cabriolet + 130 kg	Limousine 4 Türen + 25 kg Hardtop-Cabriolet + 50 kg

BMW 324d, Limousine 4 Türen, 1985–1987.

BMW M3 Evo (I), 1988.

BMW M3 Cabrio (ab Mai 1988 ohne Kat, ab März 1990 mit), 1988–1991.

	BMW 316 i 1987-1994	BMW 318 i 1987-1994	BMW 318 iS 1989-1991
Motor	Ottomotor (Einspritzer) M40 B16,	Ottomotor (Einspritzer) M40 B18,	Ottomotor (Einspritzer) M42 B18,
	LM-Kopf	LM-Kopf	LM-Kopf
Zylinderzahl	4 (Reihe), längs über der Vorderachse	4 (Reihe), längs über der Vorderachse	
Bohrung x Hub	84 x 72 mm	84 x 81 mm	
Hubraum	1596 ccm	1796 ccm	
Leistung	100 PS (73 kW) bei 5500/min	113 PS (83 kW) bei 4400/min	136 PS (100 kW) bei 6000/min
Drehmoment	141 Nm bei 4250/min	162 Nm bei 4250/min	170 Nm bei 4600/min
Verdichtung	9,0 : 1	8,8 : 1	10,0 : 1
Gemischbereitung	Elektronische Einspritzung		
	Bosch Motronic DME M1.7		
Ventile pro Zylinder	2, V-förmig hängend	2, V-förmig hängend	4, hängend
	1 obenlieg. Nockenwelle (Zahnriemen)	1 obenlieg. Nockenwelle (Zahnriemen)	2 obenlieg. Nockenwellen (Zahnriemen)
Kurbelwellenlager	5		5
Kühlung	Pumpe / 6,0 Liter Wasser		Pumpe / 6,4 Liter Wasser
Schmierung	Druckumlauf / 4,0 Liter Öl		Druckumlauf / 4,5 Liter Öl
Batterie/Lichtmaschine	12 V 46 (im Motorraum) – Drehstrom 65 / 910 W		
Kraftübertragung	Heckantrieb, a.W.		
	Sperrdifferential (25 %)		
Kupplung	Einscheiben-Trockenkupplung		
Schaltung	5-Gang, Schaltstock in Wagenmitte		
Übersetzungen	I. 3,72– II. 2,02 – III. 1,32		
	IV. 1,0– V. 0,81 – R:3,45		
Antriebsübersetzung	4,27	4,10	4,10
Automatik	4-Stufen (GM bzw. ZF)	4-Stufen (GM bzw. ZF)	–
Übersetzungen (Autom.)	I. 2,73 – II. 1,56 – III. 1,0	I. 2,48 – II. 1,48 – III. 1,0	
	IV. 0,73 – R: 2,09	IV. 0,73 – R: 2,09	
Antriebsübers. (Autom.)	4,45	4,45	
Fahrwerk	Selbsttragende Ganzstahlkarosserie		
Vorderradaufhängung	McPherson-Federbeine (Schraubenfedern, Teleskopstoßdämpfer), Dreieckquerlenker, Drehstab-Stabilisator		
Hinterradaufhängung	Schräglenkerachse, Schraubenfedern, Teleskopstoßdämpfer		
	Drehstab-Stabilisator		
Lenkung	Zahnstange (21,4 : 1), Servo	Zahnstange (21,4 : 1), Servo	Zahnstange (19,6 : 1), Servo
Fußbremse	Zweikreis-Hydraulik, Servo	Zweikreis-Hydraulik, Servo	Zweikreis-Hydraulik, Servo
	vorn Scheiben (Ø = 255 mm)	vorn Scheiben (Ø = 255 mm)	vorn (Ø = 255 mm) und hinten
	hinten Trommeln, ABS	hinten Trommeln, ABS	(Ø = 258 mm) Scheiben, ABS
Allgemeine Daten	Limousine, 2 od. 4türig	Limousine, 2 od. 4türig	Limousine, 2 od. 4türig
	Kombi, 5türig	Kombi, 5türig – Cabrio, 2türig	
Radstand	2570 mm	2570 mm	2570 mm
Spur vorn/hinten	1407/1415 mm	1407/1415 mm	1407/1415 mm
Gesamtmaße	Lim.: 4325 x 1645 x 1380 mm	Lim.: 4325 x 1645 x 1380 mm	4325 x 1645 x 1380 mm
	Kombi: 4325 x 1645 x 1380 mm	Kombi: 4325 x 1645 x 1380 mm	
		Cab.: 4325 x 1645 x 1370 mm	
Reifen/Felgen	175/70 TR 14 – 5.5 J x 14 (Stahl)	195/65 HR 14 – 5.5 J x 14 (Stahl)	195/65 HR 14 – 5.5 J x 14 (Stahl)
Wendekreisdurchmesser	10,5 m	10,5 m	10,5 m
Leermasse (DIN)	1100 (Autom.: 1120) kg	1100 (1120) kg, Kombi: 1200 kg	1135 kg
	Kombi: 1200 kg	Cab.: 1230 kg	
Zul. Gesamtmasse	1540 (Autom.: 1560) kg	1550 (1570) kg, Kombi: 1640 kg	1565 kg
	Kombi: 1630 kg	Cab.: 1680 kg	
Höchstgeschwindigkeit	185 (180) km/h	190 (185) km/h	205 km/h
Beschleunigung 0-100 km/h	12,0 (13,0) sec	11,0 (12,0) sec	10,0 sec
Drittelmix-Verbrauch	10,5 (Autom: 11,5) L /100 km (N)	11,0 (11,5) L /100 km (N)	11,5 L /100 km (S)
Kraftstofftank	55 Liter (vor der Hinterachse)	55 Liter (vor der Hinterachse)	55 Liter (vor der Hinterachse)

	BMW 320 i 1986-1992	BMW 325 i 1986-1993	BMW 325 iX 1986-1992
Motor	Ottomotor (Einspritzer) M20 B20, LM-Kopf	Ottomotor (Einspritzer) M20 B25, LM-Kopf	
Zylinderzahl	6 (Reihe), längs über der Vorderachse		
Bohrung x Hub	80 x 66 mm	84 x 75 mm	
Hubraum	1990 ccm	2494 ccm	
Leistung	129 PS (95 kW) bei 6000/min	170 PS (125 kW) bei 5800/min	
Drehmoment	160 Nm bei 4300/min	220 Nm bei 4300/min	
Verdichtung	8,8 : 1	8,8 : 1	
Gemischbereitung	Elektronische Einspritzung, Bosch Motronic DME		
Ventile pro Zylinder	2, V-förmig hängend, 1 obenlieg. Nockenwelle (Zahnriemen)		
Kurbelwellenlager	7		
Kühlung	Pumpe / 10,5 Liter Wasser	Pumpe / 12,0 Liter Wasser, Motor-Ölkühler	
Schmierung	Druckumlauf / 4,25 Liter Öl	Druckumlauf / 4,75 Liter Öl	
Batterie/Lichtmaschine	12 V 50 – Drehstrom 80 / 1120 W	12 V 50 Ah – Drehstrom 80 / 1120 W	
Kraftübertragung	Heckantrieb		permanenter Allradantrieb
	a.W. Sperrdifferential (25 %)		(asymmetr. Zentraldifferential, Viscosperre)
Kupplung	Einscheiben-Trockenkupplung		
Schaltung	5-Gang, Schaltstock in Wagenmitte	5-Gang /Schongang 5 Gang Schaltstock in Wagenmitte	5-Gang, Schaltstock in Wagenmitte
Übersetzungen	I. 3,72 – II. 2,02 – III. 1,32 IV. 1,0 – V. 0,8 – R: 3,45	I. 3,83 – II. 2,2 – III. 1,4 IV. 1,0 – V. 0,81 – R: 3,46 I. 3,35 – I. 2,02 – III. 1,36 IV. 1,0 – V. 0,81 – R: 3,46	I. 3,83 – II. 2,2 – III. 1,4 IV. 1,0 – V. 0,81 – R: 3,46
Antriebsübersetzung	4,10	3,73	3,64
Automatik	4-Stufen (GM bzw. ZF)	4-Stufen (GM bzw. ZF)	4-Stufen (GM bzw. ZF)
Übersetzungen (Autom.)	I. 2,73 – II. 1,56 – III. 1,0 – IV. 0,73 – R: 2,09	I. 2,48 – II. 1,48 – III. 1,0 – IV. 0,73 – R: 2,09	
Antriebsübers. (Autom.)	3,46	3,73	
Fahrwerk	Selbsttragende Ganzstahlkarosserie		
Vorderradaufhängung	McPherson-Federbeine (Schraubenfedern, Teleskopstoßdämpfer), Dreieckquerlenker, Drehstab-Stabilisator		
Hinterradaufhängung	Schräglenkerachse, Schraubenfedern, Teleskopstoßdämpfer, Drehstab-Stabilisator		
Lenkung	Zahnstange (21,4 : 1), Servo	Zahnstange (21,4 : 1), Servo	Zahnstange (20,5 : 1), Servo
Fußbremse	Zweikreis-Hydraulik, Servo vorn (Ø = 255 mm) und hinten (Ø = 250 mm) Scheiben, ABS	Zweikreis-Hydraulik, Servo vorn (Ø = 255 mm) und hinten (Ø = 258 mm) Scheiben, ABS	Zweikreis-Hydraulik, Servo vorn (Ø = 255 mm) und hinten (Ø = 258 mm) Scheiben ABS
Allgemeine Daten	Limousine, 2 od. 4türig Kombi, 5türig Cabrio, 2türig	Limousine, 2 od. 4türig Kombi, 5türig Cabrio, 2türig	Limousine, 2 od. 4türig Kombi, 5türig
Radstand	2570 mm	2570 mm	2570 mm
Spur vorn/hinten	1407/1415 mm	1407/1415 mm	1420/1416 mm
Gesamtmaße	Lim.: 4325 x 1645 x 1380 mm Kombi: 4325 x 1645 x 1380 mm Cab.: 4325 x 1645 x 1370 mm	Lim.: 4325 x 1645 x 1380 mm Kombi: 4325 x 1645 x 1380 mm Cab.: 4325 x 1645 x 1370 mm	Lim.: 4325 x 1662 x 1400 mm Kombi: 4325 x 1645 x 1380 mm
Reifen/Felgen	195/65 HR 14 – 5.5 J x 14 (Stahl)	195/65 HR 14 – 5.5 J x 14 (Stahl)	195/65 HR 14 – 6 J x 14 (LM)
Wendekreisdurchmesser	10,5 m	10,5 m	11,1 m
Leermasse (DIN)	1120 (1140) kg Kombi: 1220 kg, Cabrio: 1250 kg	1200 (1220) kg, Kombi: 1300 kg Cab.: 1330 kg	1280 (1300) kg Kombi: 1340 kg
Zul. Gesamtmasse	1550 (1570) kg, Kombi: 1650 kg	1585 (1605) kg, Kombi: 1685 kg	1685 (1705) kg, Kombi: 1785 kg
Höchstgeschwindigkeit	195 (190) km/h	215 (Autom.: 210) km/h	205 8200) km/h
Beschleunigung 0-100 km/h	11,0 (12,0) sec	9,0 (10,5) sec	9,5 (11,5) sec
Drittelmix-Verbrauch	13,0 (13,5) L/100 km (N)	12,5 (13,0) L/100 km (N)	14,5 (15,0) L/100 km (S)
Kraftstofftank	55 Liter (vor der Hinterachse)	55 Liter (vor der Hinterachse)	55 Liter (vor der Hinterachse)

BMW 3er-Reihe, Ausführung 1983–1985. Ab Modelljahr 1986 modifizierter Frontspoiler, im September 1987 große Modellpflege (Facelift, u.a. wieder Änderungen am Spoiler, geänderte Rückleuchten). Danach keine sichtbaren Modifikationen mehr.

BMW 325 i, 320 i (ab 1987), 318 i (ab 1990) Hardtop-Cabriolet TC, Karosserie Baur, Stuttgart. 1983–1991.

BMW 3er-Reihe (E36, 1990–1999)

Im September 1990 präsentierte BMW die neue 3er Limousine der Baureihe E36 im Stil der aktuellen 5er und 7er Limousinen. Handlichkeit und Fahreigenschaften des Autos galten als Maßstab für den Wettbewerb. Im Oktober 1990 lief die Produktion der ausschließlich viertürigen Limousine in München und Regensburg an – sofort mit dem vollen Motorenprogramm als 316 i, 318 i, 320 i, 323 i und 325 i. Zur IAA 1991 gesellte sich der 325 td hinzu. Das zweitürige Coupé folgte im Januar 1992 – als 320 i, 325 i und als 318 iS mit Vierventilmotor. Auf einigen Märkten kam dieser rasante Vierzylinder auch der Limousine zugute. Alles in allem entstand eine halbe Million Einheiten des schicken Zweitürers mit den voll versenkbaren, rahmenlosen Seitenscheiben, der trotz aller Ähnlichkeit keine Karosserie-Außenteile der Limousine nutzte.
Im November 1992 stellten die Münchner ihr neues 3er Cabrio vor, ausgeliefert wurde es ab Juni 1993. Genau wie beim Coupé war die Motorhaube um 10 Zentimeter verlängert worden und die stärker geneigte A-Säule etwas weiter nach hinten verlegt. Die Heckscheibe bestand aus Kunststoff, die vorderen Sicherheitsgurte waren an der B-Säule fixiert. Für einen Mehrpreis von DM 2200 konnte man einen bei Bedarf herausfahrenden Überrollbügel ordern; das Verdeck ließ sich elektrisch betätigen. Ebenfalls als Extra gab es von Anfang an ein Aluminium-Hardtop. Versuchsweise liefen auch Cabriolets mit Dieselmotor, die allerdings nie in Serie gingen. Das Cabrio darf zu Recht als gelungenstes Derivat der 3er Reihe gelten. Ab 1992 wurde auch die E36 Limousine beim Stuttgarter Karossier Baur als viertüriges »Top Cabriolet« umgebaut, hatte aber gegen die zweitürigen Werkscabrios keine Chance. Nach 320 TC-Exemplaren endete 1996 die Einzelfertigung; 1999 musste die traditionsreiche Firma Vergleich anmelden und wurde von der Münchner Ingenieurfirma IVM übernommen.
Im November 1992 gelangte auch das M3 Coupé mit dem von der BMW Motorsport GmbH entwickelten Vierventilmotor in den Handel. Der Sechszylinder hatte als erster BMW verstellbare Ein- und Auslass-Nockenwellen (Doppel-Vanos-System) und wartete auch bei niedrigeren Drehzahlen mit einem ungestümen Temperament auf. Im Winter 1993/94 folgte das M3 Cabrio, Ende 1994 die viertürige Limousine. Nur den Touring gab es nie als M-Version. Dafür aber entstanden 1994 350 Homologations-Exemplare M3 GT – ausschließlich in British Racing Green lackiert, vorn und hinten mit Spoilern versehen und 295 PS stark. Sie diente als Basis für den Motorsport. Im Sommer 1995 erfolgte der Einsatz des 3,2-Liter-Motors mit 321 PS.
Ende 1993 erschien als letzte eigenständige E36-Variante (Interne Bezeichnung E36-5) der ausschließlich zweitürig angebotene »compact«. Bis zur B-Säule war das 22,5 Zentimeter kürzere Auto identisch mit der Limousine, die Schräglenker-Hinterachse stammte vom E30. Neu war die vom Dach bis zum Stoßfänger reichende Heckklappe, die an die Zeiten des glücklosen 02 Touring erinnerte. Der kompalte »ompact« entwickelte sich zum bestverkauften Vertreter der 3er-Reihe. Der E36-5 wurde im Laufe der Bauzeit mit nahezu allen Motorvarianten des Limousinenprogramms ausgestattet, es hat aber keine M-Version gegeben. Im Dezember 1997 lief der 50.000ste M3 der Baureihe E36 vom Band – es handelte sich gleichzeitig um die letzte M3 Limousine. Sie ging an die bayerische Autobahnpolizei.

BMW 325 tds (Baureihe E36), Limousine 4 Türen, 1993–1999.

	BMW 316 i 1990-1999	BMW 318 i 1990-1999	BMW 318 iS 1992-1999
Motor	Ottomotor (Einspritzer) M40 B16	Ottomotor (Einspritzer) M40 B18	Ottomotor (Einspritzer) M42 B18
	LM-Kopf, ab 1993: M43B16	LM-Kopf, ab 1993: M43B18	LM-Kopf, 1996: M44B19
Zylinderzahl		4 (Reihe), längs über der Vorderachse	
Bohrung x Hub	84 x 72 mm	84 x 81 mm	84 x 81 mm, 1996: 85 x 83,5 mm
Hubraum	1596 ccm	1796 ccm	1796 ccm, 1996: 1895 ccm
Leistung	100 PS (73 kW) bei 5500/min	113 PS (83 kW) bei 4400/min	140 PS (103 kW) bei 6000/min
	1993: 102 PS (75 kW) bei 5500/min	1993: 115 PS (85 kW) bei 5500/min	
Drehmoment	141 Nm bei 4250/min	162 Nm bei 4250/min	175 Nm bei 4500/min
	1993: 150 Nm bei 3900/min	1993: 168 Nm bei 3900/min	1996: 180 Nm bei 4300/min
Verdichtung	9,0 : 1, 1993: 9,7 : 1	8,8 : 1, 1993: 9,7 : 1	10,0 : 1
Gemischbereitung		Elektronische Einspritzung, Bosch Motronic DME M 1.7	
	1993: Bosch DME M 1.7.1	1993: Bosch DME M 1.7.1	1996: DME M 5.2
Ventile pro Zylinder	2, V-förmig hängend, 1 obenlieg. Nockenwelle		4, V-förmig hängend
	(Zahnriemen, ab 1993: Kette)		2 obenlieg. Nockenwellen (Kette)
Kurbelwellenlager		5	
Kühlung	Pumpe / 6,0 (1993: 6,5) Liter Wasser	Pumpe / 6,5 Liter Wasser	Pumpe / 7,0 Liter Wasser
Schmierung	Druckumlauf / 4,0 Liter Öl		Druckumlauf / 5,0 Liter Öl
Abgasreinigung		Dreiwege-Kat, Lambdasonde	
Batterie/Lichtmaschine	12 V 46 / 50 Ah – Drehstrom 65	12 V 50 Ah	12 V 50 Ah – Drehstrom 70 A / 980 W
	oder 90 A	Cabrio: 12 V 70 Ah (im Kofferraum) –	oder 80 A/1120 W
		Drehstrom 70 A / 980 W oder 80 A/1120 W	
Kraftübertragung		Heckantrieb	
Kupplung		Einscheiben-Trockenkupplung	
Schaltung		5-Gang, Schaltstock in Wagenmitte	
Übersetzungen		I. 4,23 – II. 2,52 – III. 1,66 – IV. 1,22 – V. 1,0 – R: 4,04	
Antriebsübersetzung		3,45, Cabrio: 3,38; Kombi: 3,44	
Automatik	4-Stufen (GM bzw. ZF)	4-Stufen (GM bzw. ZF)	4-Stufen (ZF)
Übersetzungen (Autom.)	I. 2,4 – II. 1,466 – III. 1,0 – IV. 0,723 – R: 2,0		I. 2,4 – II. 1,47 – III. 1,0 – IV. 0,72 – R: 4,1
Antriebsübers. (Autom.)	4,45	4,45 – 4,44	4,45
Fahrwerk		Selbsttragende Ganzstahlkarosserie	
Vorderradaufhängung		McPherson-Federbeine (Schraubenfedern, Teleskopstoßdämpfer), Dreieckquerlenker, Drehstab-Stabilisator	
Hinterradaufhängung		Doppelquerlenker, Längslenker, Schraubenfedern, Teleskopstoßdämpfer, Drehstab-Stabilisator	
Lenkung	Zahnstange	Zahnstange	Zahnstange
	(21,4, 1993: 16,8:1, 1996: 15,4:1), Servo	(16,8 : 1; 1996: 15,4 : 1), Servo	(16,8 : 1; 1996: 15,4 : 1), Servo
Fußbremse	Zweikreis-Hydraulik, Servo	Zweikreis-Hydraulik, Servo	Zweikreis-Hydraulik, Servo
	vorn Scheiben (Ø = 286 mm)	vorn (belüft.) (Ø = 286 mm)	vorn (ab 1996 belüft.)
	im Coupe belüft., hinten Trommeln, ABS	hinten Trommeln, ABS	(Ø = 286 mm) und hinten
	1996: hinten Scheiben (Ø = 280 mm)	1996: hinten Scheiben (Ø = 280 mm)	(Ø = 272 mm) Scheiben, ABS
Fahrdynamikregelung	ab 1998: ACS+T	1997: ASC+T	1997: ASC+T
Allgemeine Daten	**Limousine, Touring, Coupé**	**Limousine, Touring, Cabrio**	**Coupé**
Radstand	2700 mm	2700 mm	2700 mm
Spur vorn/hinten	1418/1431 mm	1418/1431 mm	1408/1421 mm
Gesamtmaße		4433 x 1698 x 1393 mm, Coupé.: 4433 x 1710 x 1366 mm, Tour.: 4433 x 1698 x 1391 mm, Cab.: 4435 x 1710 x 1348 mm	
Gepäckraum		435 L, Tour.: 370 / 1320 L, Coupé: 405 L, Cabrio: 230 L	
Reifen/Felgen		185/65 HR 15, 318 i ab 1994: 205/60 HR (Cab.: HR) 15 – 6 J x 15 (6,5 J x 15) Stahl. Nur iS: 7 J x 15 LM	
Wendekreisdurchmesser	10,4 m	10,4 m	10,4 m
Leermasse		1210-1225, Tour. 1280 (Autom.: 1250/1320) kg, Cabrio 1370 (1410) kg, Coupé 1265 (1300) kg	
Zul. Gesamtmasse		1650-1665 (Autom.: 1690/1705) Tour.: 1780 (1820) kg, Cabrio 1770 (1810) kg, Coupé 1700 (1740) kg	
Höchstgeschwindigkeit		191-198 (Autom: 189-198) km/h, Tour.: 191-197 (185-194) km/h, Cabrio 194 (189) km/h, Coupé 213 (204) km/h	
Beschleunigung 0-100 km/h		11,3-12,9 (Autom: 12,3-14,4) sec, Tour.: 11,7 (12,8) sec, Cabrio 12,5 (13,7) sec, Coupé 10,5 (12) sec	
Euromix-Verbrauch	7,7 (Autom: 8,4) L/100 km (N)	7,9-8,1 (8,6-9,3) L/100 km (N)	8,6 (8,8) L/100 km (S)
		Cab.: 8,1 (9,3) L/100 km	
Kraftstofftank		65 Liter; ab 1995: 62 L (vor der Hinterachse)	

BMW 318 tds, Limousine 4 Türen, 1994–1998.

Erst im Frühjahr 1995 gab es die Kombiversion Touring. Sie war geräumiger als der Vorgänger, aber weiterhin kein Raumwunder. Manche hielten den trendigen Lifestyle-Kombi für das attraktivste geschlossene Modell der 3er-Reihe. Neben den Benziner-Modellen 318 i, 320 i und 328 i wurde der Touring auch mit selbstzündenden Motoren als 318 tds und 325 tds angeboten.
Die Fertigung der 3er Limousine endete Anfang 1998 nach über 1,5 Millionen Exemplaren. Die Karosserieversionen Touring, Coupé und Cabrio der E36-Reihe blieben bis 1999 im Programm.
Das M3-Coupé wurde bis Ende 1998 gefertigt (zum Schluss mit Aluminiumtüren), das Cabrio blieb bis Dezember 1999 im Programm. Insgesamt waren über 70.000 M3 gebaut worden, rund 60 Prozent für den Export in die USA.

BMW 328 i Cabrio, 1995–1999. Dieser Wagen ist Baujahr 1997.

	BMW 323 i 1995-1999	BMW 325 i 1990-1995	BMW 328 i 1995-1999	BMW 320 i 1990-1999
Motor	Ottomotor (Einspritzer)			
	M52 B25, LM-Kopf/Block	M50 B25, LM-Kopf/Block	M52 B28, LM-Kopf/Block	M50 B20, LM-Kopf, ab 1993: M52 B 20
Zylinderzahl	6 (Reihe), längs über der Vorderachse			
Bohrung x Hub	84 x 75mm	84 x 75 mm	84 x 84mm	80 x 66 mm
Hubraum	2494 ccm	2494 ccm	2793 ccm	1991 ccm
Leistung	170 PS (125 kW) bei 5500/min	192 PS (141 kW) bei 5900/min	193 PS (142 kW) bei 5500/min	150 PS (110 kW) bei 5900/min
Drehmoment	245 Nm bei 3950/min	245 Nm bei 4200/min	280 Nm bei 3500/min	190 bei 4700/min, '93: 190 Nm bei 4200/min
Verdichtung	10,5 : 1	10,5 : 1	10,2 : 1	10,5:1, 1993: 11,0:1
Gemischbereitung	Elektronische Einspritzung			
	Siemens DME MS 41.0	Bosch Motronic DME M 3.1	Siemens DME MS 41.0	Bosch Motronic DME M 3.1, 93: Siemens DME MS 41.0
Ventile pro Zylinder	4, V-förmig hängend, 2 obenliegende Nockenwellen			
	verstellbar (Vanos) (Kette)	(Kette)	verstellbar (Vanos) (Kette)	1994: verstellbar (Vanos) (Kette)
Kurbelwellenlager	7			
Kühlung	Pumpe / 10,5 Liter Wasser			
Schmierung, Abgasrein.	Druckumlauf / 6,5 Liter Öl; Dreiwege-Kat, Lambdasonde			Druckumlauf / 6,9 Liter Öl ('93: 6,5)
Batterie	12 V 46 / 50 Ah (im Kofferraum)	12 V 65 Ah (im Kofferraum) Cab.: 12 V 70 Ah (im Kofferraum)	12 V 65 Ah (im Motorraum) ab 1994: im Kofferraum	12 V 65 / 70 Ah (Motorraum) ab 1993: im Kofferaum
Lichtmaschine	Drehstrom 80 A / 1260 W	Drehstrom 80 A / 1120 W oder 90 A / 1260 W	Drehstrom 80 A / 1120 W	Drehstrom 80 A / 1120 W oder 90 A / 1260 W
Kraftübertragung	Heckantrieb			
Kupplung	Einscheiben-Trockenkupplung			
Schaltung	5-Gang, Schaltstock in Wagenmitte			
Übersetzungen	I. 4,21 – II. 2,49 – III. 1,66 IV. 1,24 – V. 1,0 – R: 3,85	I. 4,19 – II. 2,49 – III. 1,66 IV. 1,24 – V. 1,0 – R: 4,04 ab 6/91: I. 4,23 – II. 2,52 – III. 1,67 IV. 1,22 – V. 1,0 – R: 4,04	I. 4,21 – II. 2,49 – III. 1,66 IV. 1,24 – V. 1,0 – R: 3,85	I. 4,23 – II. 2,52 – III. 1,66 IV. 1,22 – V. 1,0 – R: 4,04
Antriebsübersetzung	2,93	3,15	2,93	3,45, Cab.: 3,45; Tour.: 3,45
Automatik	5-Stufen (ZF)			
Übersetzungen (Auto.)	I. 3,67 – II. 2,0 – III. 1,41 – IV. 1,0 – V. 0,74 – R: 4,1			
Antriebsübers. (Auto.)	2,93	3,45	3,07	3,45
Fahrwerk	Selbsttragende Ganzstahlkarosserie			
Vorderradaufhängung	Federbeine (Schraubenfedern, Teleskopstoßdämpfer), Dreieckquerlenker, Stabilisator			McPherson-Federbeine (Schraubenfedern, Teleskopstoßdämpfer), Dreieckquerlenker, Drehstab-Stabilisator
Hinterradaufhängung	Doppelquerlenker, Längslenker, Schraubenfedern, Teleskopstoßdämpfer, Stabilisator			
Lenkung	Zahnstange (15,4 : 1), Servo	Zahnst. (16,8 : 1; 1995: 15,4 : 1), Servo	Zahnstange (15,4 : 1), Servo	Zahnstange (16,8:1, 1996: 15,4:1), Servo
Fußbremse	Zweikreis-Hydraulik, Servo, vorn (Ø = 286 mm) und hinten (Ø = 276 mm) belüft. Scheiben, ABS			
Fahrdynamikregelung	1997: ACS+T		1997: ASC+T	
Allgemeine Daten	**Limousine, Kombi, Coupé**	**Limousine, Kombi, Coupé, Cabrio**		
Radstand	2700 mm			
Spur vorn/hinten	1408/1421 mm			
Gesamtmaße	4433 x 1698 x 1393, Kombi.: 4433 x 1698 x 1391, Coupé: 4433 x 1710 x 1366, Cabrio: 4433 x 1710 x 1348 mm (320 i: 4433 x 1710 x 1350 mm)			
Gepäckraum	435 L, Kombi: 370 / 1320 L (320 i: 300 / 1030 L), Coupé 405 L, Cabrio 230 L			
Reifen/Felgen	205/60 VR 15 – 6,5 J x 15 (Stahl)	205/60 ZR 15 – 7 J x 15 (LM)	205/60 WR 15 – 7 J x 15 (LM)	205/60 VR 15 – 6,5 J x 15 (Stahl)
Wendekreisdurchm.	10,8 m			10,4 m
Leermasse (DIN)	Lim., Cpé 1310 / Tour. 1365 kg	Lim., Cpé/Cab.: 1330 / 1450 kg	1320 / Kombi: 1365 / Cab. 1430 kg	1335 (1370) kg, Kombi: 1345 kg, Cabrio 1410 (1445) kg
Zul. Gesamtmasse	1770 / Tour. 1865 kg	1790 / Cab. 1850 kg	1780 / Tour.: 1865 / Cab. 1830 kg	1755 (1810) kg, Kombi: 1845 kg, Cabrio: 1810 (1845) kg
Höchstgeschwind.	227, Tour. 223 km/h	233 (231) , Cab. 229 km/h	236 (232) , Tour./Cab. 230 km/h	214 (214), Kombi 212 (212), Cab.: 211 (207)
Beschleunigung 0-100 km/h	8,0 (9,0), Tour. 8,3 sec	8,0 (8,8) / Cab. 8,6 sec	7,3 (7,8) / Tour: 7,4 / Cab. 7,7 sec	9,8 (10,8), Kombi 10,2 (11,0), Cabrio: 10,6 (11,4) sec
Euromix-Verbrauch	9,0-9,1 (Autom: 10,1) L/100 km	8,8-9,1 (8,6-8,8) L/100 km	9,2-9,3 (10,2-10,4) L/100 km	9,1-9,5 (10,3-11,4) L/100 km
Kraftstofftank	62 Liter (vor der Hinterachse)	65 Liter (vor der Hinterachse)	62 Liter (vor der Hinterachse)	65, 1995: 62 Liter (vor der Hinterachse)

BMW 328 i Cabrio, Coupé und Limousine, 1994.

BMW 328 i Touring, 1994–1999.

BMW 325 i Coupé, 1992–1999

BMW 3er Cabriolet TC, 4 Türen (Karosserie Baur, Stuttgart), 1993–1996. Die Herstellung der Kleinserie (auch mit Dieselmotor gebaut) wurde vorzeitig beendet, diese Cabriolimousine war das letzte Erzeugnis des renommierten Karosserieproduzenten.

.BMW M3 Cabrio, zunächst als 3,0 L mit 286 PS, ab 1995 3,2 L und 321 PS (Foto).

	BMW 318 tds 1994-1999	BMW 325 td 1991-1997	BMW 325 tds 1993-1999
Motor	Wirbelkammer-Dieselmotor M41 D17	Wirbelkammer-Dieselmotor M51 D25	
	Graugußß-Block, LM-Kopf	Graugußß-Block, LM-Kopf	
Zylinderzahl	4 (Reihe), längs über der Vorderachse	6 (Reihe), längs über der Vorderachse	
Bohrung x Hub	80 x 82,8 mm		
Hubraum	1665 ccm	2497 ccm	
Leistung	90 PS (66 kW) bei 4400/min	115 PS (85 kW) bei 4800/min	143 PS (105 kW) bei 4600/min
Drehmoment	19,4 mkg bei 2000/min	22,6 mkg bei 1900/min	26,5 mkg bei 2200/min
Verdichtung	22,0 : 1	22,0 : 1	22,0 : 1
Gemischbereitung	Digitale Diesel-Elektronik Bosch DDE 2.1		Digitale Diesel-Elektronik Bosch DDE 2.2
	Verteilereinspritzpumpe VP20		Verteilereinspritzpumpe VP20
	1 Abgasturbolader Garett		1 Abgasturbolader Garrett
	1 Ladeluftkühler		1 Ladeluftkühler
Ventile pro Zylinder	2, parallel hängend, 1 obenlieg. Nockenwelle (Kette)		
Kurbelwellenlager	5	7	
Kühlung	Pumpe / 7,5 Liter Wasser	Pumpe / 8,8 Liter Wasser	
Schmierung	Druckumlauf / 5,5 Liter Öl	Druckumlauf / 7,0 Liter Öl	
Batterie/Lichtmaschine	12 V 65 Ah – Drehstrom 95 A / 1330 W	12 V 85 Ah (im Kofferraum) – Drehstrom 105 A / 1470 W	12 V 85 Ah (im Kofferraum) – Drehstrom 95 A / 1330 W
Kraftübertragung	Antrieb auf Hinterräder		
Kupplung	Einscheiben-Trockenkupplung		
Schaltung	5-Gang, Schaltstock in Wagenmitte		
Übersetzungen	I. 5,43 – II. 2,95 – III. 1,81 IV. 1,26 – V. 1,0 – R: 4,96	I. 5,09 – II. 2,80 – III. 1,76 IV. 1,25 – V. 1,0 – R: 4,71	
Antriebsübersetzung	2,79	2,65	2,56
Automatik	–	4 S-ufen (GM oder ZF)	5-Stufen (ZF)
Übersetzungen (Autom.)		I. 2,86 – II. 1,62 – III. 1,0 IV. 0,72 – R: 4,1	I. 3,67 – II. 2,0 – III. 1,41 IV. 1,0 – V. 0,74 – R: 4,1
Antriebsübers. (Autom.)		3,23	2,56
Fahrwerk	Selbsttragende Ganzstahlkarosserie		
Vorderradaufhängung	McPherson-Federbeine (Teleskopstoßdämpfer, Schraubenfedern), Dreieckquerlenker, Drehstab-Stabilisator		
Hinterradaufhängung	Doppelquerlenker, Längslenker, Schraubenfedern, Teleskopstoßdämpfer, Drehstab-Stabilisator		
Lenkung	Zahnstange (15,4 : 1), Servo	Zahnstange (16,8:1, 1995: 15, :1), Servo	Zahnstange (15,4 : 1), Servo
Fußbremse	Zweikreis-Hydraulik, Servo vorn Scheiben (Ø = 286 mm) hinten Trommeln, ABS Kombi: hinten Scheiben (ø = 280 mm)	Zweikreis-Hydraulik, Servo vorn belüft. (Ø = 286 mm) und hinten (Ø = 280 mm) Scheiben, ABS	Zweikreis-Hydraulik, Servo vorn belüft. (Ø = 286 mm) und hinten (Ø = 276/280 mm) Scheiben, ABS
Fahrdynamikregelung	1998: ASC+T		1997: ASC+T
Allgemeine Daten	Limousine, 4türig – Kombi, 5türig	Limousine, 4türig	Limousine, 4türig – Kombi, 5türig
Radstand	2700 mm	2700 mm	2700 mm
Spur vorn/hinten	118/1431 mm	1418/1431 mm	1408/1421 mm
Gesamtmaße	Limousine: 4433 x 1698 x 1393 mm Touring: 4433 x 1698 x 1391 mm	4433 x 1698 x 1393 mm	Limousine: 4433 x 1698 x 1393 mm Kombi: 4433 x 1698 x 1391 mm
Gepäckraum	Limousine: 435 L, Kombi: 370 / 1320 L	435 L	Limousine: 435 L, Kombi: 370 /1320 L
Reifen/Felgen	185/65 TR 15 – 6 J x 15 (Stahl)	185/65 HR 15 – 6 J x 15 (Stahl)	205/60 VR 15 – 6 J x 15 (Stahl)
Wendekreisdurchmesser	10,4 m	10,4 m	10,4 m
Leermasse (DIN)	Limousine: 1280 kg Kombi: 1325 kg	1355 (1390) kg	Limousine: 1365 (1400) kg Kombi: 1410 (1445) kg
Zul. Gesamtmasse	Limousine: 1740 kg Kombi: 1825 kg	1815 (1845) kg	Limousine: 1825 (1860) kg Kombi: 1910 (1945) kg
Luftwiderstand (c_W x A)	Limousine: 0,30 x 1,96 m^2 Kombi: 0,32 x 1,96 m^2	Limousine: 0,31 x 1,96 m^2	Limousine: 0,32 x 1,96 m^2 Kombi: 0,32 x 1,96 m^2
Höchstgeschwindigkeit	Limousine: 182 km/h Kombi: 179 km/h	195 (193) km/h	Limousine: 208 (206) km/h Kombi: 206 (204) km/h
Beschleunigung 0-100 km/h	Limousine: 14,2 sec Kombi: 14,5 sec	12,0 (12,8) sec	Limousine: 10,4 (10,8) sec Kombi: 10,5 (11,0) sec
Euromix-Verbrauch	Limousine: 6,5 L/100 km (D) Kombi: 6,5 (10,1) L	7,4 (8,4) L/100 km (D)	Limousine: 7,3 (8,3) L/100 km (D) Kombi: 7,4 (8,5) L/100 km
Kraftstofftank	65 Liter	65 Liter	65 Liter
* DIN-Drittelmix	1995: 62 Liter (unter Rücksitz)	1995: 62 Liter (unter Rücksitz)	1995: 62 Liter (unter Rücksitz)

	BMW M3 1992–1995	BMW M3 1995–1999
Motor	Ottomotor (Einspritzer) S50 B30, LM-Kopf	Ottomotor (Einspritzer) S50 B32, LM-Kopf
Zylinderzahl	6 (Reihe), längs über der Vorderachse	
Bohrung x Hub	86 x 85,8 mm	86,4 x 91 mm
Hubraum	2990 ccm	3201 ccm
Leistung	286 PS (210 kW) bei 7000/min M3 GT: 295 PS (217 kW) bei 7000/min	321 PS (236 kW) bei 7400/min
Drehmoment	320 Nm bei 3600/min, M3 GT: 323 Nm bei 3900/min	350 Nm bei 3250/min
Verdichtung	10,8: 1	11,3 : 1
Gemischbereitung	Elektronische Einspritzung Bosch Motronic DME	Elektronische Einspritzung Bosch Motronic DME, BMW MSS 50
Ventile pro Zylinder	4, V-förmig hängend, 2 obenliegende Nockenwellen verstellbar (Doppel-Vanos) (Kette)	
Kurbelwellenlager	7	
Kühlung	Pumpe / 10,7 Liter Wasser, Motor-Ölkühler	Pumpe / 10,8 Liter Wasser, Motor-Ölkühler
Schmierung	Druckumlauf / 7,0 Liter Öl	Druckumlauf / 8,0 Liter Öl
Abgasreinigung	Dreiwege-Metallkat, 2 Lambdasonden	Dreiwege-Metallkat, 2 Lambdasonden
Batterie/Lichtmaschine	12 V 70 Ah (im Kofferraum) – Drehstrom 90 A / 1260 W oder 115 A / 1380 W	12 V 70 Ah (im Kofferraum) – Drehstrom 120 A / 1610 W
Kraftübertragung	Heckantrieb, Sperrdifferential (25%)	
Kupplung	Einscheiben-Trockenkupplung	
Schaltung	5-Gang, Schaltstock in Wagenmitte	5- Gang (a.W. sequentiell), Schaltstock in Wagenmitte (a.W. DSG)
Übersetzungen	I. 4,2 – II. 2,49 – III. 1,66 – IV. 1,24 – V. 1,0 – R: 3,89	I. 4,23 – II. 2,51 – III. 1,67 – IV. 1,23 – V. 1,0 – VI. 0,83 – R: 3,75
Antriebsübersetzung	3,15	3,23
Fahrwerk	Selbsttragende Ganzstahlkarosserie	
Vorderradaufhängung	McPherson-Federbeine (Schraubenfedern Teleskopstoßdämper), Dreieckquerlenker Drehstab-Stabilisator	
Hinterradaufhängung	Doppelquerlenker, Längslenker, Schraubenfedern Teleskopstoßdämpfer, Drehstab-Stabilisator	
Lenkung	Zahnstange (16,8 : 1), Servo	Zahnstange (17,8 : 1), Servo
Fußbremse	Zweikreis-Hydraulik, Servo vorn (Ø = 315 mm) und hinten (Ø = 312 mm) belüft. Scheiben ABS	Zweikreis-Hydraulik, Servo vorn (Ø = 315 mm) und hinten (Ø = 312 mm) belüft. Scheiben ABS, CBC
Fahrdynamikregelung	–	DSC
Allgemeine Daten	Limousine, 4türig Coupé – Cabrio, 2türig	Limousine, 4türig Coupé – Cabrio, 2türig
Radstand	2700 mm	2710 mm
Spur vorn/hinten	1422/1444 mm	1422/1444 mm
Gesamtmaße	4435 x 1710 x 1365 mm Coup./Cab.: 4435 x 1710 x 1340 mm	4435 x 1710 x 1370 mm Coup./Cab.: 4435 x 1710 x 1340 mm
Gepäckraum	435, Coup.: 405, Cab.: 230 L	435, Coup.: 405, Cab.: 230 L
Reifen (vorn/hinten)	235/40 ZR 17	225/45 ZR 17 / 245/40 ZR 17
Felgen (vorn/hinten)	7,5 J x 17 / 8,5 J x 17 (LM)	7,5 J x 17 / 8,5 J x 17 (LM)
Wendekreisdurchmesser	10,7 m	10,7 m
Leermasse (DIN)	Lim./Coup.: 1460, Cab.: 1540 kg	Lim.: 1460; Coup.: 1440, Cab.: 1560 kg
Zul. Gesamtmasse	Lim./Coup.: 1930, Cab.: 1930 kg	Lim.: 1950; Coup.: 1930, Cab.: 1980 kg
Luftwiderstand (c_W x A)	Lim./Coup.: 0,31 x 2,17 m²	Lim./Coup.: 0,31 x 2,17 m², Cab.: 0,36
Höchstgeschwindigkeit	250 km/h (abgeregelt)	250 km/h (abgeregelt)
Beschleunigung 0-100 km/h	Lim./Coup.: 6,0; Cab.: 6,2 sec; GT: 5,9 sec	Lim./Coup.: 5,5, Cab.: 5,6 sec
Drittelmix-Verbrauch	Coup.: 9,1 L /100 km (S)	Coup.: 8,7 L/100 km
Kraftstofftank	65 Liter (vor der Hinterachse)	62 Liter (vor der Hinterachse)

	BMW Compact 316 1.6/102 PS, 1993–1999 BMW Compact 316 g, 1995–2000	BMW Compact 316 1.9/105 PS 1999–2000	BMW Compact 318 ti 1993–1999
Motor	Ottomotor (Einspritzer)		Ottomotor (Einspritzer)
	M43 B16, LM-Kopf		M42 B18, LM-Kopf, 1996: M44 B19
Zylinderzahl	4 (Reihe), längs über der Vorderachse		
Bohrung x Hub	84 x 72 mm	85 x 83,5 mm	84 x 81; ab 1996: 85 x 83,5 mm
Hubraum	1596 ccm	1895 ccm	1796; ab 1996: 1895 ccm
Leistung	102 PS (75 kW) bei 5500/min	105 PS (77 kW) bei 5300/min	140 PS (103 kW) bei 6000/min
	316 g: 102 PS (75 kW)		
	87 PS (64 kW) bei Gasbetrieb		
Drehmoment	150 Nm bei 3900/min	165 Nm bei 2500/min	175 Nm bei 4500/min
	316 g: 150 Nm, 127 Nm bei Gasbetrieb		ab 1996: 180 Nm bei 4300/min
Verdichtung	9,7 : 1		10,0 : 1
Gemischbereitung	Elektronische Einspritzung	Elektronische Einspritzung	Elektronische Einspritzung
	Bosch DME M 1.7.1, 316 g: M 1.7.3 CNG	BMW/Siemens DME BMS 46	Bosch Motronic DME M 5.2
Ventile pro Zylinder	2, V-förmig hängend		4, V-förmig hängend
	1 obenlieg. Nockenwelle (Kette)		2 obenlieg. Nockenwellen (Kette)
Kurbelwellenlager	5		7
Kühlung	Pumpe / 6,0 Liter Wasser	Pumpe / 6,5 Liter Wasser	
Schmierung	Druckumlauf / 4,0 Liter Öl		Druckumlauf / 4,5 Liter Öl
Abgasreinigung	Dreiwege-Kat, Lambdasonde		
Batterie/Lichtmaschine	12 V 46/50 Ah – Drehstrom 80 A / 1120 W	12 V 50 Ah – Drehstrom 70 / 980 W	12 V 70 Ah – Drehstrom 70 / 980 W
		oder 80 A /1120 W	oder 80 A / 1120 W
Kraftübertragung	Heckantrieb		
Kupplung	Einscheiben-Trockenkupplung		
Schaltung	5-Gang, Schaltstock in Wagenmitte		
Übersetzungen	I. 4,23 – II. 2,52 – III. 1,66 – IV. 1,22 – V. 1,0 – R: 4,04		
Antriebsübersetzung	3,38	3,23	3,38
Automatik	4-Stufen (GM), nicht für 316 g	4-Stufen (GM)	
Übersetzungen (Autom.)	I. 2,4 – II. 1,47 – III. 1,0 0 IV. 0,72 – R: 2,0		I. 2,86 – II. 1,62 – III. 1,0 – IV. 0,72 – R: 2,0
Antriebsübers. (Autom.)	4,45	4,44	
Fahrwerk	Selbsttragende Ganzstahlkarosserie		
Vorderradaufhängung	McPherson-Federbeine (Schraubenfedern, Teleskopstoßdämpfer), Dreieckquerlenker		
			Stabilisator
Hinterradaufhängung	Schräglenker, Schraubenfedern, Teleskopstoßdämpfer,		
	Drehstab-Stabilisator a.W.	Drehstab-Stabilisator a.W.	Drehstab-Stabilisator
Lenkung	Zahnstange (16,8; 1996: 15,4 : 1), Servo	Zahnstange (15,4 : 1), Servo	Zahnstange (16,8, 1996: 15,4 : 1), Servo
Fußbremse	Zweikreis-Hydraulik, Servo	Zweikreis-Hydraulik, Servo	Zweikreis-Hydraulik, Servo
	vorn Scheiben (Ø = 286 mm)	vorn (Ø = 286 mm)	vorn belüft. (Ø = 286 mm)
	hinten Trommeln; 1999: 316 g	und hinten (Ø = 272 mm)	und hinten (Ø = 272 mm)
	mit Scheiben (Ø = 280 mm), ABS	Scheiben, ABS	Scheiben, ABS
Fahrdynamikregelung	ASC+T (nicht für 316 g)	ASC+T	ASC+T
Allgemeine Daten	Schrägheck-Limousine, 3türig	Schrägheck-Limousine, 3türig	Schrägheck-Limousine, 3türig
Radstand	2700 mm	2700 mm	2700 mm
Spur vorn/hinten	1420/1425 mm	1420/1425 mm	1410/1415 mm
Gesamtmaße	4210 x 1700 x 1390 mm	4210 x 1700 x 1390 mm	4210 x 1700 x 1390 mm
Gepäckraum	300/1030 L	300/1030 L	300 / 1030 L
Reifen/Felgen	185/65 HR 15 – 6 J x 15 (Stahl)	185/65 HR 15 – 6 J x 15 (Stahl)	205/60 VR 15 – 6 J x 15 (Stahl)
Wendekreisdurchmesser	10,4 m	10,8 m	10,8 m
Leermasse (DIN)	1175 kg; 316 g: 1280 kg	1175 (1215) kg	1200 kg
Zul. Gesamtmasse	1635 kg; 316 g: 1640 kg	1635 (1675) kg	1660 kg
Luftwiderstand (c_W x A)	0,31 x 1,95 m²	0,33 x 1,96 m²	0,34 x 1,96 m²
Höchstgeschwindigkeit	188 (183) km/h; 316 g: 188 (Gas: 177) km/h	190 (185) km/h	209 (202) km/h
Beschleunigung 0-100 km/h	12,3 (13,8) sec; 316 g: 13,0 (Gas: 15,6) sec	11,9 (13,3) sec	9,9 (10,8) sec
Euromix-Verbrauch	7,6 L (8,5) L/100 km (S)	7,6 (8,9) L/100 km (S)	7,9 L (8,8) L/100 km (S)
	316 g: 7,8 (Gas: 4,9) L/100 km		
Kraftstofftank	55 Liter (vor der Hinterachse)	55 Liter (vor der Hinterachse)	55 Liter (vor der Hinterachse)

BMW M3 Limousine 4 Türen, 1995–1997. Die weißen Blinkleuchten sind Kennzeichen der Facelift-Ausführung.

BMW M Compact (Versuchsmuster, keine Serienfertigung), 1994.

	BMW Compact 323 ti 1997–2000	BMW Compact 318 tds 1995–2000
Motor	Ottomotor (Einspritzer) M52 B25	Dieselmotor (Wirbelkammer-Einspritzer) M4 1D17
	LM-Kopf/Block	Grauguß-Block, LM-Kopf
Zylinderzahl	6 (Reihe), längs über der Vorderachse	4 (Reihe), längs über der Vorderachse
Bohrung x Hub	84 x 75 mm	80 x 82,2 mm
Hubraum	2494 ccm	1665 ccm
Leistung	170 PS (125 kW) bei 5500/min	90 PS (66 kW) bei 4400/min
Drehmoment	245 Nm bei 3950/min	190 Nm bei 2000/min
Verdichtung	10,5 : 1	22,0 : 1
Gemischbereitung	Elektronische Einspritzung	Digitale Diesel-Elektronik
	Simens MS 41.0	Bosch DDE 2.1
		Verteilereinspritzpumpe VP20
		1 Abgasturbolader Garrett, 1 Ladeluftkühler
Ventile pro Zylinder	4, V-förmig hängend	2, parallel hängend
	2 obenlieg. Nockenwellen, verstellbar (Vanos), (Kette)	1 obenlieg. Nockenwelle (Kette)
Kurbelwellenlager	7	5
Kühlung	Pumpe / 10,5 Liter Wasser	Pumpe / 7,5 Liter Wasser
Schmierung	Druckumlauf / 6,5 Liter Öl	Druckumlauf / 5,5 Liter Öl
Abgasreinigung	Dreiwege-Kat, Lambdasonde	Oxi-Kat, Abgasrückführung
Batterie/Lichtmaschine	12 V 70 Ah – Drehstrom 80 A / 1120 W	12 V 65 Ah – Drehstrom 95 A / 1330 W
Kraftübertragung	Heckantrieb	
Kupplung	Einscheiben-Trockenkupplung	
Schaltung	5-Gang, Schaltstock in Wagenmitte	
Übersetzungen	I. 4,23 – II. 2,52 – III. 1,66 – IV 1,22 – V. 1,0 – R: 4,04	I. 5,43 – II. 2,95 – III. 1,81 – IV. 1,26 – V. 1,0 – R: 4,96
Antriebsübersetzung	3,07	2,65
Automatik	5-Stufen (ZF)	–
Übersetzungen (Autom.)	I. 3,67 – II. 2,0 – III. 1,41 – IV 1,0 – V. 0,47 – R: 4,1	
Antriebsübers. (Autom.)	3,23	
Fahrwerk	Selbsttragende Ganzstahlkarosserie	
Vorderradaufhängung	McPherson-Federbeine (Schraubenfedern, Teleskopstoßdämpfer)	
	unt. Dreieckquerlenker, Drehstab-Stabilisator	
Hinterradaufhängung	Schräglenker, Schraubenfedern	
	Teleskopstoßdämpfer, Drehstab-Stabilisator	
Lenkung	Zahnstange (15,4 : 1), Servo	
Fußbremse	Zweikreis-Hydraulik, Servo	Zweikreis-Hydraulik, Servo, vorn Scheiben
	vorn belüft. (Ø = 286 mm) und hinten	(Ø = 286 mm), hinten Trommeln, ABS
	(Ø = 272 mm) Scheiben, ABS	1999: hinten Scheiben (Ø = 280 mm)
Fahrdynamikregelung	ASC+T	ASC +T
Allgemeine Daten	Schrägheck-Limousine, 3türig	Schrägheck-Limousine, 3türig
Radstand	2700 mm	2700 mm
Spur vorn/hinten	1413/1413 mm	1420/1425 mm
Gesamtmaße	4210 x 1698 x 1378 mm	4210 x 1700 x 1390 mm
Gepäckraum	300/1030 L	300/1030 L
Reifen/Felgen	225/50 WR 15 – 7 J x 15 (LM)	185/65 TR 15 – 6 J x 15 (Stahl)
Wendekreisdurchmesser	10,9 m	10,8 m
Leermasse (DIN)	1255 (1290) kg	1215 kg
Zul. Gesamtmasse	1715 (1750) kg	1675 kg
Luftwiderstand (c_W x A)	0,53 x 1,96 m^2	0,34 x 1,96 m^2
Höchstgeschwindigkeit	230 (225) km/h, 7,8 (8,6) sec	175 km/h, 13,9 sec
Euromix-Verbrauch	9,3 (10,4) L /100 km (S)	6,4 L/100 km (D)
Kraftstofftank	55 Liter (vor der Hinterachse)	55 Liter (vor der Hinterachse)

BMW 3er-Reihe (E46, 1998–2007)

Im März 1998 erfolgte das Debüt des BMW 3er der vierten Generation, zunächst als 316i. Auffallend war die modifizierte Wagenfront mit einer Scheinwerferform, deren untere Kante zwei Wellen aufwies, sowie eine flachere Kühlerniere, jetzt Teil der Motorhaube. Auch die Heckpartie hatte man geändert.
März 1999: E46 zusätzlich als 328i und 320i. In Genf Vorstellung eines neuen Coupés; der Wagen war breiter und niedriger als der E36. Ab Juli auch als Touring zu bekommen, der den Kombi E36 ablöste. Im März 2000 Einführung des 330d mit 3,0-Liter-Dieselmotor, ferner gab es den 320d als 2,0-Liter-Vierzylinder. Alle Motorisierungen ebenfalls im Touring. Das Programm enthielt jetzt auch einen 330Xd (Allrad). Debüt des 2,8-Liter-Cabriolets.
Mai 2000: Es erschien ein neuer 323i. Alle Benzinmotoren mit Doppel-VANOS. Im Juni ersetzte im Cabriolet ein 231 PS leistender 3,0-Liter den 2,8-Liter-Sechszylinder. Ab Oktober gab es den E46 auch in Gestalt eines 343 PS starken M3 Coupés mit variabler Differenzialsperre und Dynamischer Stabilitätskontrolle (DSC).

BMW E46 M3 Coupé, 2000.

	BMW 316 i Limousine 4-türig 1999-2006	BMW 320 i Limousine 4-türig 1998-2006	BMW 328 i Limousine 4-türig 1998-2000
Motor	Ottomotor (Einspritzer) mit Dreiwege-Katalysator und Lambda-Sonde		
Zylinder	4 (Reihe)	6 (Reihe)	6 (Reihe)
Bohrung x Hub	85 x 83,5 mm	80 x 66 mm	84 x 84 mm
Hubraum	1895 ccm	1991 ccm	2793 ccm
Leistung	105 PS (77 kW) b. 5300/min	150 PS (110 kW) b. 5900/min	193 PS (142 kW) b. 5500/min
Drehmoment	16,8 mkg b. 2500/min	19,4 mkg b. 3500/min	28,5 mkg b. 3500/min
Verdichtung	9,7:1	11,0:1	10,0:1
Gemischbildung	elektronische Einspritzung	elektronische Einspritzung	elektronische Einspritzung
	BMW/Siemens	BMW/Siemens	BMW/Siemens
	DME BMS 46	DME MS 42.0	DME M 7-2
Ventile	2, hängend, 1 ohc, Antrieb über Kette	2, hängend, 2 ohc, Doppel-Vanos, Antrieb über Kette	
Kurbelwellenlager	5; zwei Ausgleichswellen	7	7
Kühlung	Pumpe, 6,0 Liter Wasser	Pumpe, 8,4 Liter Wasser	
Schmierung	Druckumlauf, 4,0 Liter Öl	Druckumlauf, 6,5 Liter Öl	
Batterie	12 V 55 Ah (Batterie im Motorraum)	12 V 70 Ah (Batterie im Kofferraum)	
Kraftübertragung	Hinterräder		
	geteilte Kardanwelle		
Schaltung	Schaltstock Wagenmitte		
Schaltgetriebe	5-Gang Handschaltung		
Übersetzungen	I. 4,23 – II. 2,52 – III. 1,66 – IV.1,22	I. 4,23 – II. 2,52 – III. 1,66 – IV.1,22	I. 4,21 – II. 2,49 – III. 1,66 – IV.1,24
	V. 1,0 – R 4,04	V. 1,0 – R 4,04	V. 1,0 – R 3,85
Antriebs-Übersetzung	3,23	3,45	2,93
Automat. Getriebe			ZF, Hydraulischer Wandler
Übersetzungen			I. 3,67 – II. 2,00 – III. 1,41
			IV. 1,0 – V. 0,74 - R 4,1
Antr.-Übers. Automatik			3,07
Fahrwerk	Selbsttragende Ganzstahlkarosserie		
Vorderradaufhängung	McPherson-Federbeine, Schraubenfedern, Dreieckslenker, Drehstab-Stabilisator		
Hinterradaufhängung	Mehrlenker-Hinterachse, Schraubenfedern		
Lenkung	Zahnstange, 15:1, Servo		
	3,4 Lenkraddrehungen		
Betriebsbremse	Zweikreis-Hydraulik, Servo		
	Scheibenbremsen vorn und hinten, ABS, CBC		
Allgemeine Daten			
Radstand	2725 mm	2725 mm	2725 mm
Spur vorn/hinten	1480/1490 mm	1480/1490 mm	1470/1480 mm
Gesamtmaße	4470 x 1740 x 1415 mm	4470 x 1740 x 1415 mm	4470 x 1740 x 1415 mm
Felgen	6,5 J x 15	7,5 J x 17	7 J x 16 LM
Reifen	195/65 HR 15	195/65 HR 15	205/55 WR 16
Wendekreis links/rechts	10,4 m	10,4 m	10,4 m
Wagengewicht	1285 kg	1365 kg	1395 kg
Bodenfreiheit	11 cm	11 cm	113 cm
Gepäckraum	440 Liter	440 Liter	440 Liter
Zuläss. Gesamtgewicht	1785 kg	1865 kg	1895 kg
Höchstgeschwindigkeit	200 km/h	219 km/h	240 km/h
Beschleunigung 0-100 km/h	12,4 sec	9,9 sec	7,0 sec
Verbrauch/100 km	7,8 Liter	9,9 Liter	9,1 Liter
Kraftstofftank	63 Liter	63 Liter	63 Liter

	BMW 318 1998-2001	BMW 323 i 1998-2000 BMW 325 i BMW 325 xi ab 2000	BMW 330 i 2000-2005
Motor	Ottomotor (Einspritzer), M43B19, LM-Kopf	Ottomotor (Einspritzer), M52B25, LM-Block/Kopf	Ottomotor (Einspritzer), M52B30, LM-Block/Kopf
Zylinder	4 (Reihe) längs über der Vorderachse	6 (Reihe) längs über der Vorderachse	6 (Reihe) längs über der Vorderachse
Bohrung x Hub, Hubraum	85 x 83,5 mm, 1895 ccm	84 x 75 mm, 2494 ccm	84 x 89,6 mm, 2979 ccm
Leistung	118 PS (87 kW) b. 5500/min	170 PS (125 kW) b. 5500/min	231 PS (170 kW) b. 5900/min
Drehmoment, Verdichtung	180 Nm b. 3900/min; 9,7:1	280 Nm b. 3500/min; 10,2:1	300 Nm b. 3500/min; 10,2:1
Gemischbildung	elektronische Einspritzung BMW/Siemens DME BMS 4.0	elektronische Benzineinspritzung Siemens DME MS 42.0 ab 7/2000: Siemens DME MS 43.0	elektronische Benzineinspritzung Siemens DME MS 43.0
Ventile	2, V-förmig häng., 1 obenlieg. Nockenwelle Antrieb über Kette	4, V-förmig häng., 2 obenlieg. Nockenwellen, verstellbar (Doppel-Vanos), Kette	4, V-förmig häng., 2 obenlieg. Nockenwellen, verstellbar (Doppel-Vanos), Kette
Kurbelwellenlager	5	7	
Kühlung	Pumpe, 6,0 Liter Wasser	Pumpe, 8,4 Liter Wasser	
Schmierung	Druckumlauf, 4,0 Liter Öl	Druckumlauf, 6,5 Liter Öl	Druckumlauf, 6,1 Liter Öl
Batterie	12 V 55 Ah (im Motorraum)	12 V 70/80 Ah (im Kofferraum)	12 V 70 Ah (im Kofferraum)
Lichtmaschine	Drehstrom 70 A / 980 W oder 90 A / 1260 W	Drehstrom 90 A / 1260 W	Drehstrom 90 A / 1260 W
Kraftübertragung	Heckantrieb	Heckantrieb, 325 xi Lim./Kombi: Allrad m. DSC	Heckantrieb
Kupplung, Schaltung		Einscheiben-Trockenkupplung, Schaltstock in Wagenmitte	
Schaltgetriebe		5-Gang	
Übersetzungen	I. 4,23 – II. 2,52 – III. 1,66 – IV.1,22 V. 1,0 – R 4,04 – 3,23	I. 4,23 – II. 2,52 – III. 1,66 – IV.1,22 V. 1,0 – R 4,04 – 3,07; Ci: 3,23	I. 4,21 – II. 2,49 – III. 1,66 – IV.1,24 V. 1,0 – R 3,85 – 2,93
Automat. Getriebe	4-Stufen (GM)	5-Stufen (ZF)	
Übersetzungen	I. 2,4, II. 1,466, III. 1,0, IV. 0,723, R: 2,0	I. 3,67, II. 2,0, III. 1,41, IV. 1,0, V. 0,74, R: 4,1	I. 3,67, II. 2,0, III. 1,41, IV. 1,0, V. 0,74, R: 4,1
Antr.-Übers. Automatik	4,44	3,07, Ci: 3,38	3,38
Fahrwerk		Selbsttragende Ganzstahlkarosserie	
Vorderradaufhängung		McPherson-Federbeine, Schraubenfedern, Dreieckslenker, Drehstab-Stabilisator	
Hinterradaufhängung		Mehrlenkerachse mit Längs-, Quer- und Schräglenkern, Schraubenfedern, Drehstab-Stabilisator, Hilfsrahmen	
Lenkung		Zahnstange, 15:1, Servo	
Fußbremse	Zweikreis-Hydraulik, Servo, vorn belüftet (Ø 286 mm), hinten (Ø 280 mm), Scheiben, ABS, CBC; Kombi: Scheib. belüftet (286/272 mm)	Zweikreis-Hydraulik, Servo, vorn (Ø 286 mm) hinten (Ø 276 mm) belüft. Scheiben, 325 i: Ø 300/294 mm; ABS, CBC	Zweikreis-Hydraulik, Servo, vorn (Ø 325 mm) hinten (Ø 320 mm) belüft. Scheiben, ABS, CBC
Fahrdynamikregelung		ASC+T, a.W. DSC	
Allgemeine Daten		**Limousine (4-türig), Kombi (5-türig), Coupé (Ci, 2-türig); 323 i/325 i/330 i Cabrio (Ci)**	
Radstand	2725 mm	2725 mm	2725 mm
Spur vorn/hinten	1480/1490 mm (Ci: 1470/1480 mm)	1480/1490 mm (Ci: 1470/1480 mm)	1480/1490 mm (Ci: 1470/1480 mm)
Gesamtmaße		4470 x 1740 x 1415 mm; Ci: 4490 x 1755 x 1370 mm, Kombi: 4480 x 1740 x 1410 mm	
Felgen	6,5 J x 15 Stahl (Lim.)/LM (Kombi) Ci: 7 J x 16 (LM)	323 i Lim.: 6,5 J x 15 (LM), Ci: 7 J x 16 (LM) 325 i: 7 J x 16 (LM)	7 J x 17 LM
Reifen	Lim./Kombi: 195/65 HR 15, Ci: 205/55 VR 16	195/65 VR 15, Ci/325 i: 205/55 VR/WR 16	205/55 WR 17
Wendekreisdurchmesser	10,4 m	10,4 m	10,4 m
Wagengewicht	Lim., Ci: 1285 (1320) kg, Kombi: 1365 (1380) kg	323 i Lim. 1370 (1405) kg, Cab.: 1540 (1580) kg, 325 i Lim. 1410 (1445) kg, Cab.: 1540 (1580) kg Coupé: 1410 (1445) kg, Kombi: 1450 (1585) kg	Limousine: 1430 (1465) kg Kombi: 1500 (1535) kg Cabrio: 1585 (1620) kg
Bodenfreiheit	13 cm	13 cm	13 cm
Gepäckraum	440 L, Ci: 410 L, Kombi: 435/1345 L	440 L, Ci: 410 L, Kombi: 435/1345 L	440 L, Ci: 410 L, Kombi: 435/1345 L
Zuläss. Gesamtgewicht	Lim., Ci: 1785 (1820) kg, Kombi: 1905 (1920) kg	323 i: 1870 (1905) kg, Cab.: 1960 (2000) kg 325 i: 1910 (1945) kg, Kombi: 2000 (2035) kg Cab.: 1960 (2000) kg, Coupé: 1920 (1945) kg	Limousine: 1930 (1965) kg Kombi: 2010 (2035) kg Cabrio: 2005 (2040) kg
Höchstgeschwindigkeit in km/h	Lim., Ci: 206 (202), Kombi: 202 (196)	323 i: 231 (228), Coup.: 233 (230), Cab.: 225, (220), 325 i: 240 (237), Kombi: 237 (234), Cab.: 234 (230), Coupé: 240 (237)	Limousine: 250 (247) km/h Kombi: 250 (243) km/h Cabrio: 247 (240) km/h
Beschleunigung 0-100 km/h in sec	Lim., Ci: 10,4 (12,2), Kombi: 10,9 (12,6)	323 i: 8,0 (9,0), Cab.: 8,6 (9,7), 325 i Lim./ Coup.: 7,2 (8,3), Kom.: 7,4 (8,5), Cab. 7,7 (8,8)	Limousine: 6,5 (7,0) sec Kombi: 6,7 (7,2) sec, Cab.: 6,9 (7,5) sec
Verbrauch/100 km in Liter	Lim., Ci: 7,9 (9,1), Kombi: 8,1 (9,3)	323 i: 9,0 (10,0), Cab.: 9,7 (10,6), 325 i: 9,0 (9,5), Kombi: 9,2 (9,7), Cab.: 9,6 (9,9), Coupé: 9,9 (9,5)	Limousine: 9,1 (9,9) Liter Kombi: 9,4 (10,2) Liter Cabrio: 9,9 (10,6) Liter
Kraftstofftank	63 Liter (vor der Hinterachse)	63 Liter (vor der Hinterachse)	63 Liter (vor der Hinterachse)

	BMW 320 d 1998-2005	BMW 330 d 1999-2005	BMW M3 2000-2006
Motor	Dieselmotor (Direkteinspritzer) M47D20, LM-Kopf	Dieselmotor (Direkteinspritzer) M57D30, LM-Kopf	Ottomotor (Einspritzer) S50B32, LM-Block/Kopf
Zylinder	4 (Reihe) längs über der Vorderachse	6 (Reihe) längs über der Vorderachse	6 (Reihe) längs über der Vorderachse
Bohrung x Hub, Hubraum	84 x 88 mm, 1951 ccm	84 x 88 mm, 2996 ccm	87 x 91 mm, 3245 ccm
Leistung	136 PS (100 kW) b. 4000/min	184 PS (135 kW) b. 4000/min	343 PS (252 kW) b. 7900/min
Drehmoment	280 Nm b. 1750/min	390 Nm b. 1750/min	370 Nm b. 4900/min
Verdichtung	19,0:1	18:1	11,3:1
Gemischbildung	digitale Diesel-Elektronik Bosch DDE 3.0 Verteilereinspritzpumpe VP44, 1 Abgas-turbolader Garrett, 1 Ladeluftkühler	digitale Diesel-Elektronik Bosch DDE 4.0 Common Rail-Hochdruckeinspritzsystem 1 Abgasturbolader Garrett, 1 Ladeluftkühler	elektronische Benzineinspritzung Bosch DME / BMW MSS 54
Ventile	4, parallel häng., 2 obenlieg. Nockenwellen Antrieb über Kette	4, parallel häng., 2 obenlieg. Nockenwellen Antrieb über Kette	4, V-förmig häng., 2 obenlieg. Nockenwellen, verstellbar (Doppel-Vanos), Kette
Kurbelwellenlager	5	7	7
Kühlung	Pumpe, 7,0 Liter Wasser	Pumpe, 10,2 Liter Wasser	Pumpe, 10,8 Liter Wasser, Motorkühler
Schmierung	Druckumlauf, 5,0 Liter Öl	Druckumlauf, 6,75 Liter Öl	Druckumlauf, 8,0 Liter Öl
Batterie	12 V 80 Ah (im Kofferraum)	12 V 70/95 Ah (im Kofferraum)	12 V 70 Ah (im Kofferraum)
Lichtmaschine	Drehstrom 120 A / 1680 W	Drehstrom 150 A / 2100 W	Drehstrom 115 A
Kraftübertragung	Heckantrieb	Heckantrieb	Heckantrieb, Sperrdifferential (variabel)
Kupplung, Schaltung	Einscheiben-Trockenkupplung, Schaltstock in Wagenmitte		
Schaltgetriebe	5-Gang		6-Gang
Übersetzungen	I. 5,09 – II. 2,8 – III. 1,76 – IV.1,25 V. 1,0 – R 4,71 – 2,47	I. 5,24 – II. 2,92 – III. 1,82 – IV.1,27 V. 1,0 – R 4,72 – 2,35	I. 4,23 – II. 2,51 – III. 1,67 – IV.1,23 V. 1,0 – VI. 0,83 – R 3,75 – 3,23
Automat. Getriebe	5-Stufen (ZF)		–
Übersetzungen	I. 3,45 II. 2,21 III. 1,59, IV. 1,0, V. 0,76 R: 3,17	I. 3,52, II. 2,22, III. 1,60, IV. 1,0, V. 0,75, R: 3,03	
Antr.-Übers. Automatik	2,81	2,93	
Fahrwerk	Selbsttragende Ganzstahlkarosserie		
Vorderradaufhängung	McPherson-Federbeine, Schraubenfedern, Dreieckquerlenker, Drehstab-Stabilisator		
Hinterradaufhängung	Mehrlenkerachse mit Längs-, Quer- und Schräglenkern, Schraubenfedern, Teleskopstoßdämpfer, Drehstab-Stabilisator, Hilfsrahmen		
Lenkung	Zahnstange, 15:5, Servo		
Fußbremse	Zweikreis-Hydraulik, Servo, vorn belüftet (Ø 325 mm), hinten (Ø 320 mm), Scheiben, ABS, CBC; Kombi: Scheib. belüftet (286 mm)	Zweikreis-Hydraulik, Servo, vorn (Ø 325 mm) und hinten (Ø 320 mm) belüftete Scheiben, ABS, CBC; Kombi: Scheib. belüftet (300 mm)	Zweikreis-Hydraulik, Servo, vorn (Ø 325 mm) und hinten (Ø 326 mm) belüftete Scheiben (Compound), ABS, CBC
Fahrdynamikregelung	ASC+T, a.W. DSC		
Allgemeine Daten	**Limousine (4-türig), Kombi (5-türig)**		**Coupé (2-türig)**
Radstand	2725 mm	2725 mm	2725 mm
Spur vorn/hinten	1480/1490 mm	1480/1490 mm	1480/1490 mm
Gesamtmaße	4470 x 1740 x 1415 mm, Kombi: 4480 x 1740 x 1410 mm		4490 x 1780 x 1370 mm
Felgen	6,5 J x 15 (LM)	7 J x 17 (LM)	8 J x 18 / 9 J x 18 (LM)
Reifen	195/65 HR 15	205/55 WR 17	225/45 ZR 18 / 255/40 ZR 18
Wendekreisdurchmesser	10,4 m	10,4 m	11,6 m
Wagengewicht	1375 kg, Kombi: 1460 kg	1520 (1535) kg Kombi: 1590 (1600) kg	1550 kg
Bodenfreiheit	13 cm	13 cm	13 cm
Gepäckraum	440 L, Kombi: 435/1345 L	440 L, Kombi: 435/1345 L	410 L
Zuläss. Gesamtgewicht	1785 kg, Kombi: 1960 kg	2020 (2035) kg Kombi: 2130 (2140) kg	2050 kg
Höchstgeschwindigkeit	207 km/h	227 (222) km/h Kombi: 225 (220) km/h	250 km/h (abgeregelt)
Beschleunigung 0-100 km/h	9,9 sec, Kombi: 10,1 sec	7,8 (8,2) sec Kombi: 7,9 (8,3) sec	5,2 sec
Verbrauch/100 km	5,7 Liter, Kombi: 5,9 Liter	6,8 L (Autom.: 8,0 L) Kombi: 7,0 (8,1) L	10,0 Liter
Kraftstofftank	63 Liter (vor der Hinterachse)	63 Liter (vor der Hinterachse)	63 Liter (vor der Hinterachse)
Bemerkung	ab 2001 auch als 318 d		

Oben: Schwenkmontage im Werk München.

Unten: BMW E46 M3 CSL im Tuning-Outfit von BBS, 2002.

Oben: BMW E46 M3 Cabriolet, 2000.

Rechts: BMW E46 CSL Coupé, 2001.

BMW E46 Touring mit M-Paket, 2001.

BMW E46 Cabriolet, 1998.

Ende 2000 war ein neues 320Ci Cabriolet mit 3,3-Liter-Motor produktionsreif, das ab Februar 2001 zur Auslieferung kam, und im Mai erschien der E46 auch als compact mit 1,8-Liter-Vierzylinder- und 2,5-Liter-Sechszylindermotor. Im September 2001 präsentierte BMW den 318d als Limousine und Touring, 115 PS stark (dohc-Vierventiler, Turbolader/Intercooler) sowie das besonders wirtschaftliche Modell 316i mit 1,8-Liter-dohc-Motor und Valvetronic (variable Ventilhubsteuerung). Die compact-Modelle wurden jetzt mit dem Kürzel ti bezeichnet. Optional gab es das M-Sportpaket und ein sequentiell schaltbares Getriebe, zu bedienen über Drucktasten am Lenkrad. Das Modell 318Ci mit 143 PS bot BMW nun auch als viersitziges Cabriolet an, doch dessen Stückzahl blieb gering.

BMW 7er-Reihe (E23, 1977–1986)

Im Januar 1977 stellte BMW die ersten Fahrzeuge einer neuen, großen Modellreihe vor; sie trug die Werks-Chiffre E23. Es handelte sich um den viertürigen 7er, ein anspruchsvoller Repräsentations- und Reisewagen, der in der technischen Konzeption, in seiner reichhaltigen Ausstattung und auch im Design dem zweitürigen 6er entsprach. Serienmäßig war der 7er mit dem Check-Control-System, Seitenscheibenbelüftung und Hohlraumversiegelung versehen. Der 733 i hatte außerdem Sonnenschutzverglasung und Zentralverriegelung. Gegen Aufpreis bekam man Sperrdifferenzial, Niveauregulierung und Getriebeautomatik. Alle Bedienungsorgane waren ergonomisch zum Fahrer hin angeordnet. Insgesamt durfte man dem großen neuen BMW unauffällige Eleganz bescheinigen, zumal sich die Applikation von Chromzierrat in Grenzen hielt.
Die Motorisierungen – alles bewährte Aggregate aus dem Regal – der ersten drei 7er ging aus den Modellbezeichnungen 728, 730 und 733 i hervor, wobei sich der 2,8 Liter am besten absetzen ließ: Er fand 30.717 Käufer, gefolgt vom 733 i mit 26.650 und dem 730 mit 16.848 Kunden.
Der ersten Serie folgte im Juli 1979 eine zweite, bei der man durch konsequente Leichtbaumaßnamen – äußerlich aber nur an der noch sparsameren Verwendung von Chrom, etwa am Kühlergrill erkennbar – Gewicht an der Karosseriekonstruktion eingespart und durch stärkere Motoren ein Plus bei den Fahrleistungen erreicht hatte. Das neue Motorenangebot, durchwegs Einspritzer, begann wieder beim 2,8 Liter, von 170 auf 184 PS erstarkt; daneben gab es einen 3,2 Liter mit 197 PS, und der 735 i hatte 218 PS. Schon ein Jahr später schob BMW einen 745 i nach, hinter dessen Bezeichnung sich aber kein 4,5-Liter verbarg; es handelte sich um einen 3,2 Liter mit L-Jetronic und ladeluftgekühlten Turbolader. Mit Bordcomputer, Getriebeautomatik, Niveauregulierung, ABS und Lederausstattung ein Traumwagen, der 15.302-mal gebaut wurde. Die anderen drei 7er brachten es von 1979 bis 1986 auf insgesamt 189.093 Stück.

BMW 733 i (Baureihe E23), Limousine 4 Türen, 1977–1979.

	BMW 728 1977-1979	BMW 730 1977-1979	BMW 733 i 1977-1979
Motor	Vergasermotor	Vergasermotor	Einspritzmotor
Zylinder	6 (Reihe), Block um 30° rechts seitlich geneigt	6 (Reihe), Block um 30° rechts seitlich geneigt	6 (Reihe), Block um 30° rechts seitlich geneigt
Bohrung x Hub	86 x 80 mm	89 x 80 mm	89 x 86 mm
Hubraum	2788 ccm	2985 ccm	3205 ccm
Leistung	170 PS (125 kW) b. 5800/min	184 PS (135 kW) b. 5800/min	197 PS (145 kW) b. 5500/min
Drehmoment	23,8 mkg b. 4000/min	26,0 mkg b. 3500/min	28,5 mkg b. 4300/min
Verdichtung	9,0:1	9,0:1	9,0:1
Gemischbereitung	1 Fallstrom-Registervergaser Pierburg 4 A 1	1 Fallstrom-Registervergaser Pierburg 4 A 1	Elektron. Benzineinspritzung Bosch L-Jetronic
Ventile		V-förmig hängend 1 obenliegende Nockenwelle, Antrieb über Duplex-Kette	
Kurbelwellenlager		7	
Kühlung		Pumpe, 12 Liter Wasser	
Schmierung		Druckumlauf, 6 Liter Öl	
Batterie	12 V 55 Ah	12 V 55 Ah	12 V 66 Ah
Lichtmaschine	Drehstrom 770 W	Drehstrom 770 W	Drehstrom 910 W
Zündung	Unterbrecher-gesteuerte Spulenzündung	Unterbrecher-gesteuerte Spulenzündung	Kontaktlos gesteuerte Transistor-Spulenzündung
Kraftübertragung		Antrieb auf Hinterräder, geteilte Kardanwelle	
Schaltgetriebe		4-Gang (Getrag)	
Übersetzungen		I. 3,855 II. 2,203 III. 1,402 IV. 1,000 Ab Febr. 1979 mit Aufpreis: 5-Gang	
Antriebs-Übersetzung	3,64	3,45	3,45
Automat. Getriebe		Aufpreis: ZF 3-Gang Automatic	
Übersetzungen		I. 2,478 – II. 1,478 – III. 1,00 – Wandler 2-fach	
Antriebs-Übersetzung	3,64	3,45	3,45
Fahrwerk		Selbsttragende Ganzstahlkarosserie	
Vorderradaufhängung		McPherson-Federbeine, Schraubenfedern, Drehstab-Stabilisator	
Hinterradaufhängung		Schräglenker, Federbeine, Schraubenfedern	
Lenkung		ZF Kugelmutter-Hydro-Servolenkung (15,2:1), 3,8 Lenkraddrehungen	
Betriebsbremse		Zweikreis-Hydraulik, Servo Scheibenbremsen vorn und hinten 280 mm Ø Ab Nov. 1978 mit Aufpreis: ABS (Bosch)	
Allgemeine Daten	**Limousine 4 Türen**	**Limousine 4 Türen**	**Limousine 4 Türen**
Radstand	2795 mm	2795 mm	2795 mm
Spur vorn/hinten	1508/1522 mm	1502/1516 mm	1502/1516 mm
Gesamtmaße	4860 x 1800 x 1430 mm	4860 x 1800 x 1430 mm	4860 x 1800 x 1430 mm
Felgen	6 J x 14 (Stahl)	6,50 J x 14 (Stahl)	6,50 J x 14 (Stahl)
Reifen	195/70 HR 14	205/70 HR 14	205/70 VR 14
Wendekreis links/rechts	11,3/11,4 Meter	11,3/11,4 Meter	11,3/11,4 Meter
Wagengewicht	1550 kg Automatic + 20 kg	1600 kg Automatic + 20 kg	1660 kg Automatic + 20 kg
Zuläss. Gesamtgewicht	2000 kg	2050 kg	2070 kg
Höchstgeschwindigkeit	195, Automatic 190 km/h	200, Automatic 195 km/h	205, Automatic 200 km/h
Beschleunigung 0-100 km/h	10, Automatic 13 sec	9,5, Automatic 11,5 sec	9, Automatic 10,5 sec
Verbrauch/100 km	16,5, Autom. 18,5 l Super	17,5, Autom. 19 l Super	17,5, Autom. 19 l Super
Kraftstofftank	85 Liter (im Heck)	85 Liter (im Heck)	85 Liter (im Heck)

	BMW 728 i 1979-1982	BMW 732 i 1979-1982	BMW 735 i 1979-1982
Motor	Einspritzmotor	Einspritzmotor	Einspritzmotor
Zylinder	6 (Reihe), Block um 30° rechts seitlich geneigt	6 (Reihe), Block um 30° rechts seitlich geneigt	6 (Reihe), Block um 30° rechts seitlich geneigt
Bohrung x Hub	86 x 80 mm	89 x 86 mm	93,4 x 84 mm
Hubraum	2788 ccm	3205 ccm	3453 ccm
Leistung	184 PS (135 kW) b. 5800/min	197 PS (145 kW) b. 5500/min	218 PS (160 kW) b. 5200/min
Drehmoment	24,0 mkg b. 4200/min	28,5 mkg b. 4300/min	31,0 mkg b. 4000/min
Verdichtung	9,3:1	9,3:1	9,3:1
Gemischbereitung	Elektron. Benzineinspritzung Bosch L-Jetronic	Elektron. Benzineinspritzung Bosch Motronic	Elektron. Benzineinspritzung Bosch L-Jetronic bzw. (ab Aug. 1980) Bosch Motronic
Ventile		V-förmig hängend 1 obenliegende Nockenwelle, Antrieb über Duplex-Kette	
Kurbelwellenlager		7	
Kühlung		Pumpe, 12 Liter Wasser	
Schmierung		Druckumlauf, 5,75 Liter Öl	
Batterie	12 V 55 Ah	12 V 66 Ah	12 V 66 Ah
Lichtmaschine	Drehstrom 65 A = 910 W	Drehstrom 65 A = 910 W	Drehstrom 65 A = 910 W
Kraftübertragung	Antrieb auf Hinterräder, geteilte Kardanwelle	Antrieb auf Hinterräder, geteilte Kardanwelle	Antrieb auf Hinterräder, geteilte Kardanwelle

Schaltgetriebe	4-Gang (bis1982)	Schon-5-Gang	Sport-5-Gang	Schon-5-Gang	Sport-5-Gang
Übersetzungen	I. 3,855	I. 3,822	I. 3,717	I. 3,822	I. 3,717
	II. 2,203	II. 2,202	II. 2,403	II. 2,202	II. 2,403
	III. 1,402	III. 1,398	III. 1,766	III. 1,398	III. 1,766
	IV. 1,000	IV. 1,000	IV. 1,263	IV. 1,000	IV. 1,263
		V. 0,813	V. 1,000	V. 0,813	V. 1,000

	BMW 728 i	BMW 732 i	BMW 735 i
Automat. Getriebe		Aufpreis: ZF 3-Gang Automatic	
Übersetzungen		1.2,478 – II. 1,478– III. 1,00	
Antriebs-Übersetzung	3,64	3,64	3,25
Fahrwerk		Selbsttragende Ganzstahlkarosserie	
Vorderradaufhängung		McPherson-Federbeine, Schraubenfedern, Drehstab-Stabilisator	
Hinterradaufhängung		Schräglenker, Federbeine, Schraubenfedern	
Lenkung		ZF Kugelmutter-Hydro-Servolenkung (15,7:1), 3,8 Lenkraddrehungen	
Betriebsbremse		Zweikreis-Hydraulik, Servo, mit Aufpreis: ABS Scheibenbremsen vorn 280 mm Ø Scheibenbremsen hinten 280 mm Ø bzw. (ab Sept. 1981) 284 mm Ø	
Allgemeine Daten	**Limousine 4 Türen**	**Limousine 4 Türen**	**Limousine 4 Türen**
Radstand	2795 mm	2795 mm	2795 mm
Spur vorn/hinten	1508/1522 mm	1502/1516 mm	1502/1516 mm
Gesamtmaße	4860 x 1800 x 1430 mm	4860 x 1800 x 1430 mm	4860 x 1800 x 1430 mm
Felgen	6 J x 14 (Stahl) oder 165 TR 390 (Alu)	6,50 J x 14 (Stahl) oder 165 TR 390 (Alu)	6,50 J x 14 (Alu) oder 165 TR 390 (Alu)
Reifen	195/70 HR 14 oder 220/55 VR 390 TRX	205/70 HR 14 oder 220/55 VR 390 TRX	205/70 VR 14 oder 220/55 VR 390 TRX
Wendekreis links/rechts	11,6/11,6 Meter	11,6/11,6 Meter	11,6/11,6 Meter
Wagengewicht	1530 kg Automatic + 20 kg	1580 kg Automatic + 20 kg	1580 kg Automatic + 20 kg
Zuläss. Gesamtgewicht	1960 kg	2000 kg	2000 kg
Höchstgeschwindigkeit	200, Automatic 195 km/h	210, Automatic 205 km/h	213, Automatic 210 km/h
Beschleunigung 0-100 km/h	9,5, Automatic 12 sec	8,5, Automatic 10,5 sec	8, Automatic 10 sec
Verbrauch/100 km	16,5, Autom. 18,5 l Super	16,5, Autom. 18 l Super	16,5, Autom. 18 l Super
Kraftstofftank	85 bzw. (ab Aug. 1980) 100 l (im Heck)	85 bzw. (ab Aug. 1980) 100 l (im Heck)	85 bzw. (ab Aug. 1980) 100 l (im Heck)

BMW 725 i, Limousine 4 Türen, 1979–1986.

BMW 735 i, Limousine 4 Türen, 1979–1986.

	BMW 728 i 1982-1986	BMW 732 i 1982-1986	BMW 735 i 1982-1986
Motor	Einspritzmotor	Einspritzmotor	Einspritzmotor
Zylinder	6 (Reihe), Block um 30° rechts seitlich geneigt	6 (Reihe), Block um 30° rechts seitlich geneigt	6 (Reihe), Block um 30° rechts seitlich geneigt
Bohrung x Hub	86 x 80 mm	89 x 86 mm	92 x 86 mm
Hubraum	2788 ccm	3205 ccm	3420 ccm
Leistung	184 PS (135 kW) b. 5800/min	197 PS (145 kW) b. 5500/min	218 PS (160 kW) b. 5200/min
Drehmoment	24,0 mkg b. 4200/min	28,5 mkg b. 4300/min	31,0 mkg b. 4000/min
Verdichtung	9,3:1	10,0:1	10,0:1
Gemischbereitung	Elektron. Benzineinspritzung Bosch L-Jetronic	Elektron. Benzineinspritzung Bosch Motronic	Elektron. Benzineinspritzung Bosch Motronic
Ventile		V-förmig hängend 1 obenliegende Nockenwelle, Antrieb über Duplex-Kette	
Kurbelwellenlager		7	
Kühlung		Pumpe, 12 Liter Wasser	
Schmierung		Druckumlauf, 5,75 Liter Öl	
Batterie/Lichtmaschine		12 V 66 Ah – Drehstrom 80 A = 1120 W	
Kraftübertragung		Antrieb auf Hinterräder, geteilte Kardanwelle	
Schaltgetriebe		Schon-5-Gang Sport-5-Gang	
Übersetzungen		Schon-5-Gang: I. 3,82 – II. 2,20 – III. 1,39 – IV. 1,000 – V. 0,813 Sport-5-Gang: I. 3,71 – II. 2,403 – III. 1,766 0 IV. 1,263 – V. 1,000	
Automat. Getriebe		gegen Aufpreis: 4-Gang Automatic	
Übersetzungen		I. 2,478 II. 1,478 III. 1,000 IV. 0,730	
Antriebs-Übersetzung	3,64	3,45	3,25
Fahrwerk		Selbsttragende Ganzstahlkarosserie	
Vorderradaufhängung		McPherson-Federbeine, Schraubenfedern, Drehstab-Stabilisator	
Hinterradaufhängung		Schräglenker, Federbeine, Schraubenfedern Aufpreis: Drehstab-Stabilisator	
Lenkung		ZF Kugelmutter-Hydro-Servolenkung (15,7:1), 3,8 Lenkraddrehungen	
Betriebsbremse		Zweikreis-Hydraulik, Servo Scheibenbremsen vorn 280 mm Ø Scheibenbremsen hinten 284 mm Ø Aufpreis bzw. (ab Sept. 1984) Serie: ABS	
Allgemeine Daten	Limousine 4 Türen	Limousine 4 Türen	Limousine 4 Türen
Radstand	2795 mm	2795 mm	2795 mm
Spur vorn/hinten	1502/1524 mm	1502/1524 mm	1502/1524 mm
Gesamtmaße	4860 x 1800 x 1430 mm	4860 x 1800 x 1430 mm	4860 x 1800 x 1430 mm
Felgen	6,50 J x 14 (Stahl)	6,50 J x 14 (Stahl)	6,50 J x 14 (Alu)
Reifen	195/70 VR 14	205/70 VR 14	205/70 VR 14
Wendekreis links/rechts	11,6/11,6 Meter	11,6/11,6 Meter	11,6/11,6 Meter
Wagengewicht	1530, Automatic 1550 kg	1530, Automatic 1550 kg	1530, Automatic 1550 kg
Zuläss. Gesamtgewicht	1980 kg	2010 kg	2010 kg
Höchstgeschwindigkeit	200 km/h	210 km/h	215 km/h
Beschleunigung 0-100 km/h	9,5, Automatic 12 sec	8,5, Automatic 10,5 sec	8, Automatic 9,5 sec
Verbrauch/100 km	15, Autom. 16 l Super	15,5, Autom. 16,5 l Super	15,5, Autom. 16,5 l Super
Kraftstofftank	100 Liter (im Heck)	100 Liter (im Heck)	100 Liter (im Heck)
Bemerkungen			Ab Jan. 1984 mit Katalysator lieferbar, aber nur in Verbindung mit Automat-Getriebe: 185 PS, 200 km/h

	BMW 745 i 1980-1982	BMW 745 i 1983-1986
Motor	Einspritzmotor mit Abgas-Turbolader (KKK K 27) und Ladeluftkühlung	
Zylinder	6 (Reihe), Block um 30° rechts seitlich geneigt	
Bohrung x Hub	89 x 86 mm	92 x 86 mm
Hubraum	3205 ccm	3430 ccm
Leistung	252 PS (185 kW) b. 5200/min	252 PS (185 kW) b. 4900/min
Drehmoment	38,0 mkg b. 2600/min	38,0 mkg b. 2200/min
Verdichtung	7,0:1 bzw. (ab Sept. 1981) 7,5:1	8,0:1
Gemischbereitung	Elektron. Benzineinspritzung	Elektron. Benzineinspritzung
	Bosch L-Jetronic	Bosch Motronic
Ventile	V-förmig hängend, 1 obenliegende Nockenwelle, Antrieb über Duplex-Kette	
Kurbelwellenlager	7	
Kühlung	Pumpe, 12 Liter Wasser	
Schmierung	Druckumlauf, 5,75 Liter Öl	
Batterie	12 V 66 oder 80 Ah	
Lichtmaschine	Drehstrom 80 A = 1120 W	
Kraftübertragung	Antrieb auf Hinterräder, geteilte Kardanwelle	
Schaltgetriebe	Nicht lieferbar	
Automat. Getriebe	ZF 3-Gang Automatic	ZF 4-Gang Automatic
Übersetzungen	I. 2,478	I. 2,478
	II. 1,478	II. 1,478
	III. 1,000	III. 1,000
		IV. 0,730
Antriebs-Übersetzung	3,70	2,93
Fahrwerk	Selbsttragende Ganzstahlkarosserie	
Vorderradaufhängung	McPherson-Federbeine, Schraubenfedern, Drehstab-Stabilisator	
Hinterradaufhängung	Schräglenker, Federbeine, Schraubenfedern Drehstab-Stabilisator, Hydropneumatische Niveauregelung	
Lenkung	ZF Kugelmutter-Hydro-Servolenkung (15,7:1), 3,8 Lenkraddrehungen	
Betriebsbremse	Zweikreis-Hydraulik, Servo, ABS	Zweikreis-Hydraulik, Servo, ABS
	Scheibenbremsen vorn 280 mm Ø	Scheibenbremsen vorn 280 mm Ø
	Scheibenbremsen hinten 280 mm Ø	Scheibenbremsen hinten 284 mm Ø
Allgemeine Daten	**Limousine 4 Türen**	
Radstand	2795 mm	
Spur vorn/hinten	1502/1524 mm	
Gesamtmaße	4860 x 1800 x 1430 mm	
Felgen	6,50 J x 14 (Alu) 165 TR 390 (Alu)	
Reifen	205/70 VR 14 oder 220/55 VR 390 TRX	
Wendekreis links/rechts	11,6/11,6 Meter	
Wagengewicht	1670 kg	1650 kg
Zuläss. Gesamtgewicht	2070 kg	2100 kg
Höchstgeschwindigkeit	222 km/h	227 km/h
Beschleunigung 0-100 km/h	8 sec	8 sec
Verbrauch/100 km	19,5 Liter Super	17 Liter Super
Kraftstofftank	100 Liter (im Heck)	100 Liter (im Heck)

BMW 730, Limousine 4 Türen, 1977–1979. Anhängelast gebremst 1600 kg bzw. 1900 kg mit Sonderausstattung Anhängerfederung bzw. Niveauregulierung.

BMW 745 i, Limousine 4 Türen, 1980–1986.

BMW 7er-Reihe (E32, 1986–1994)

Der im September 1986 vorgestellte 7er BMW der zweiten Generation (Baureihe E32) überzeugte durch eine elegantes, schlankes Aussehen (cW unter 0,34). Zunächst debütierten die Sechszylinder-Typen 730i und 735i. 1987 kam der V12 im 750i hinzu, der für einen riesigen Imagegewinn sorgte – weil Erzkonkurrent Mercedes damals noch kein adäquates Aggregat anbieten konnte. Äußerlich unterschieden sich die Sechs- und Zwölfzylinder durch die Form der Niere im Kühlergrill und die Auspuffenden; beim 750i war die Niere in die Breite gezogen, und die Auspuffenden hatten eine rechteckige Form.
Von Anfang an gab es alternativ die um elf Zentimeter verlängerten L-Versionen, wobei in Deutschland die Modelle mit dem kleinsten Hubraum bis zuletzt nicht mit dieser Option zu haben waren.
Im März 1992 offerierte BMW zwei neue Achtzylindermotoren mit Vierventiltechnik, die in Gestalt des 730i und 740i um Kunden warben. Dafür entfiel der 735i; der 730i-Sechszylinder blieb. Äußerlich unterschieden sich die beiden 730er durch die inzwischen auch beim Achtzylinder verbreiterte Niere (die des 750i wurde darum nun komplett verchromt) und den schräggestellten Schriftzug auf dem Kofferraumdeckel. Zwischen beiden lag ein Preisunterschied von stolzen 11.000 DM. Das Fahrwerk der V8-Modelle blieb – bis auf die Abstimmung – im Wesentlichen unverändert das der Sechszylinder. 740i und 750i wurden übrigens nie mit Schaltgetriebe angeboten, wobei der V12 mit einer Vierstufen-Automatik auskommen musste. Fürs Modelljahr 1993 bekam sie eine adaptive Getriebesteuerung – das Schaltprogramm passte sich der Fahrweise an.
Mitte 1994 endete die Fertigung der zweiten 7er-Reihe. Rund 310.000 große BMW waren entstanden, davon fast 50.000 Zwölf- und weitere 43.000 Achtzylinder. Der Anteil der Langversionen hatte stark zugenommen. In kleiner Stückzahl wurde überdies ein gegen Angriffe geschütztes L-Sicherheitsfahrzeug produziert. Nur zu Forschungszwecken entstanden waren 1990 einige 7er mit Wasserstoffantrieb.

BMW 730i (Baureihe E32) als »art car« von Cesar Manrique, 1990 (siehe auch Seite 260–262).

	BMW 730 i 1986-1994	BMW 735 i/BMW 735 iL 1986-1992	BMW 730 i-V8 1992-1994
Motor	Ottomotor (Einspritzer)		
	M30B30, LM-Kopf	M30B35, LM-Kopf	M60B30, LM-Kopf/Block
Zylinderzahl	6 (Reihe), längs über der Vorderachse		8 (V 90°), längs über der Vorderachse
Bohrung x Hub	89 x 80 mm	92 x 86 mm	84 x 67,6 mm
Hubraum	2986 ccm	3430 ccm	2997 ccm
Leistung	188 PS (138 kW) bei 5800/min	211 PS (155 kW) bei 5700/min	218 PS (160 kW) bei 5800/min
Drehmoment	260 Nm bei 4000/min	305 Nm bei 4000/min	290 Nm bei 4500/min
Verdichtung	9,0 : 1	9,0 : 1	10,5 : 1
Gemischbereitung	Elektronische Einspritzung Bosch Motronic DME		Elektronische Einspritzung Bosch Motronic DME M3.3
Ventile pro Zylinder	2, V-förmig hängend 1 obenlieg. Nockenwelle (Kette)		4, V-förmig hängend 2 x 2 obenlieg. Nockenwellen (Kette)
Kurbelwellenlager	7		5
Kühlung	Pumpe / 12,0 Liter Wasser		Pumpe / 12,5 Liter Wasser
Schmierung	Druckumlauf / 5,75 Liter Öl		Druckumlauf / 7,5 Liter Öl
Abgasreinigung	Dreiwege-Kat, Lambdasonde		Dreiwege-Kat, Lambdasonde
Batterie/Lichtmaschine	12 V 84 Ah (unter Rückbank) – Drehstrom 90 A / 1260 W		12 V 85 Ah unter Rückbank) – Drehstrom 100 A / 1400 W od. 140 A / 1960 W
Kraftübertragung	Heckantrieb		
Kupplung	Einscheiben-Trockenkupplung		
Schaltung	5--Gang, Schaltstock in Wagenmitte	5-Gang (außer L-Version) Schaltstock in Wagenmitte	5-Gang, Schaltstock in Wagenmitte
Übersetzungen	I. 3,83 – II. 2,2 – III. 1,4 IV. 1,0 – V. 0,81 – R: 3,46		I. 4,2 – II. 2,49 – III. 1,66 IV. 1,24 – V. 1,0 – R: 3,89
Antriebsübersetzung	3,64	3,45	3,15
Automatik	4-Stufen (ZF)		5-Stufen (ZF)
Übersetzungen (Autom.)	I. 2,48 – II. 1,48 – III. 1,0 IV. 0,73 – R: 2,09		I. 3,66 – II. 2,0 – III. 1,41 IV. 1,0 – V. 0,74 – R: 4,1
Antriebsübers. (Autom.)	4,1	3,91	3,23
Fahrwerk	Selbsttragende Ganzstahlkarosserie		
Vorderradaufhängung	McPherson-Federbeine (Schraubenfedern, Teleskopstoßdämpfer), Dreieckquerlenker diagonale Druckstreben, Drehstab-Stabilisator		
Hinterradaufhängung	Schräglenkerachse, Federbeine (Schraubenfedern, Teleskopstoßdämpfer), Drehstab-Stabilisator a.W. Niveauregulierung	Niveauregulierung	
Lenkung	Kugelumlauf (16,2 : 1), Servo	Kugelumlauf (16,9 : 1), Servo	Kugelumlauf (16,2 : 1), Servo
Fußbremse	Zweikreis-Hydraulik, Servo vorn belüft. (Ø = 302 mm) und hinten (Ø = 300 mm) Scheiben ABS, EDC	Zweikreis-Hydraulik, Servo vorn belüft. (Ø = 316 mm) und hinten (Ø = 324 mm) Scheiben, ABS, EDC	Zweikreis-Hydraulik, Servo vorn (Ø = 302 mm) und hinten (Ø = 300 mm) belüft. Scheiben, ABS, EDC
Fahrdynamikregelung	a.W. ASC	a.W. ASC	ASC+T
Allgemeine Daten	Limousine, 4türig	Limousine – Lang-Limousine, 4türig	Limousine, 4türig
Radstand	2833 mm	2833 mm, iL: 2947 mm	2833 mm,
Spur vorn/hinten	1530 / 1558 mm	1530 / 1558 mm	1530 / 1558 mm
Gesamtmaße	4910 x 1845 x 1411 mm	4910 x 1845 x 1411 mm iL: 5024 x 1845 x 1400 mm	4910 x 1845 x 1411 mm
Gepäckraum	500 L	500 L	500 L
Reifen/Felgen	205/65 VR 15 – 6.5 J x 15 (Stahl)	225/60 ZR 15 – 7 J x 15 (LM)	225/60 ZR 15 – 7 J x 15 (LM)
Wendekreisdurchmesser	11,6 m	11,6 m; iL: 12,0 m	11,6 m
Leermasse (DIN)	1720 (1740) kg	1720 (1740) kg, iL: 1780 kg	1720 (1750) kg
Zul. Gesamtmasse	2130 (2150) kg	2150 (2170) kg, iL: 2200 kg	2220 (Autom.: 2250) kg
Luftwiderstand (c_W x A)	0,32 x 2,11 m^2	0,33 x 2,11 m^2	0,33 x 2,11 m^2
Höchstgeschwindigkeit	222 (218) km/h	233 (230) km/h, iL: 233 km/h	233 (230) km/h
Beschleunigung 0-100 km/h	9,3 (10,6) sec	8,3 (9,1) sec, iL: 9,0 sec	8,5 (9,3) sec
Drittelmix-Verbrauch	11,1 (11,7) L /100 km (N)	11,4 (12,1) L /100 km (N)	11,1 (10,9) L /100 km (N)
Kraftstofftank	90 Liter (vor der Hinterachse)	90 Liter, Niveaureg./iL: 102 Liter (vor der Hinterachse)	90 Liter, Niveaureg./iL: 102 Liter (vor der Hinterachse)

	BMW 740 i BMW 740 iL 1992-1994	BMW 750 i BMW 750 iL 1987-1994
Motor	Ottomotor (Einspritzer) M60B40, LM-Kopf/Block	Ottomotor (Einspritzer) M70B50, LM-Kopf/Block
Zylinderzahl	8 (V 90°), längs über der Vorderachse	12(V 60°), längs über der Vorderachse
Bohrung x Hub	89 x 80 mm	84 x 75 mm
Hubraum	3982 ccm	4988 ccm
Leistung	286 PS (210 kW) bei 5800/min	300 PS (220 kW) bei 5200/min
Drehmoment	400 Nm bei 4500/min	450 Nm bei 4100/min
Verdichtung	10,0 : 1	8,8 : 1
Gemischbereitung	Elektronische Einspritzung	Elektronische Einspritzung
	Bosch DME M3.3	2 x Bosch DME M1.7
Ventile pro Zylinder	4, hängend	2, hängend
	2 x 2 obenlieg. Nockenwellen (Kette)	2 x 1 obenlieg. Nockenwelle (Kette)
Kurbelwellenlager	5	7
Kühlung	Pumpe / 12,5 Liter Wasser	Pumpe / 12,0 Liter Wasser
Schmierung	Druckumlauf / 7,5 Liter Öl	
Abgasreinigung	Dreiwege-Kat, Lambdasonde	
Batterie/Lichtmaschine	12 V 85 Ah (im Kofferraum) – Drehstrom 140 A / 1960 W	
Kraftübertragung	Heckantrieb	
Kupplung	Einscheiben-Trockenkupplung	
Schaltung	Schaltstock in Wagenmitte	
Automatik	5-Stufen (ZF)	4-Stufen (ZF)
Übersetzungen (Autom.)	I. 3,55 – II. 2,24 – III. 1,54	I. 2,48 – II. 1,48 – III. 1,0
	IV. 1,0 – V. 0,79 – R: 3,68	IV. 0,73 – R: 2,09
Antriebsübers. (Autom.)	2,93	3,15
Fahrwerk	Selbsttragende Ganzstahlkarosserie	
Vorderradaufhängung	McPherson-Federbeine	
	(Schraubenfedern, Teleskopstoßdämpfer), Dreieckquerlenker	
	diagonale Druckstreben, Drehstab-Stabilisator	
Hinterradaufhängung	Schräglenkerachse	
	Federbeine	
	(Schraubenfedern, Teleskopstoßdämpfer), Drehstab-Stabilisator	
	Niveauregulierung	
Lenkung	Kugelumlauf (16,2 : 1), Servo	
Fußbremse	Zweikreis-Hydraulik, Servo	
	vorn (Ø = 302 mm) und hinten	
	(Ø = 300 mm) belüft. Scheiben, ABS	
Fahrdynamikregelung	ASC+T	
Allgemeine Daten	Limousine – Lang-Limousine, 4türig	Limousine – Lang-Limousine, 4türig
Radstand	2833 mm, iL: 2947 mm	2833 mm, iL: 2947 mm
Spur vorn/hinten	1530 / 1558 mm	1530 / 1558 mm
Gesamtmaße	4910 x 1845 x 1411 mm	4984 x 1862 x 1435 mm
	iL: 5024 x 1845 x 1400 mm	iL: 5124 x 1862 x 1425 mm
Gepäckraum	500 L	500 L
Reifen/Felgen	225/60 ZR 15 – 7 J x 15 (LM)	225/60 ZR 15 – 7 J x 15 (LM)
Wendekreisdurchmesser	11,6 m; iL: 12,0 m	11,6 m; iL: 12,2 m
Leermasse (DIN)	1810 kg, iL: 1850 kg	1830 kg, iL: 1860 kg
Zul. Gesamtmasse	2310 kg, iL: 2350 kg	2350 kg, iL: 2380 kg
Luftwiderstand (c_W x A)	0,33 x 2,11 m^2	0,34 x 2,11 m^2, iL: 0,34 x 2,13 m^2
Höchstgeschwindigkeit	240 km/h	250 km/h
Beschleunigung 0-100 km/h	7,4 sec	8 sec
Drittelmix-Verbrauch	11,9 L /100 km (S)	13,2 L /100 km (S)
Kraftstofftank	90 Liter; Niveaureg. und iL: 102 Liter (vor der Hinterachse)	102 Liter (vor der Hinterachse)

BMW 740 i / 740 iL V8, 1993.

BMW 750 iL, Einzelstück für Karl Lagerfeld, 1990.

BMW 730i (E32), Limousine, 1986–1994.

BMW 740i (E32), Limousine, 1992–1994.

BMW 750 iL in Sonderschutz-Ausführung, 1987–1992. Insgesamt wurden 305 Fahrzeuge gebaut.

BMW 750 iL, 1990.

BMW 7er-Reihe (E38, 1994–2001)

Die im März 1994 auf dem Genfer Salon vorgestellte neue 7er-Reihe unter der Werks-Chiffre E38 stand ab Mai beim Händler. Die Form der Limousine ähnelte der des neuen 3ers (E36) – ein Trend, der sich mit den später folgenden Modellen noch verstärken sollte: Was BMW als Familienähnlichkeit konzipiert hatte, stieß bei den nach Unterscheidungsmerkmalen suchenden Kunden nicht immer auf die gewünschte Gegenliebe. Zuerst kamen die V8-Typen 730i und 740i heraus; gebaut wurden sie wiederum im Werk Dingolfing. Im September 1994 brachte BMW den 750i – erkennbar an den verchromten Streben im Grill – mit dem auf 5,4 Liter Hubraum vergrößerten V12, der später auch im Rolls-Royce Silver Seraph Einzug hielt. Gleichzeitig begannen die Bayern mit der Fertigung der um 14 cm verlängerten Lang-Limousinen (Code E38-2), die den Fondpassagieren mehr Raum boten und als Chauffeurs-Version (was ganz besonders auf die noch weiter verlängerte L7-Version zutraf – Preis 1999 / 2000: DM 252.900,-) galten. Bis auf die Dieselmodelle wurden künftig alle 7er in zwei Längen angeboten. Im September 1995 folgten der 728i mit Sechszylinder, der bis zu 60 Prozent des Absatzes ausmachte, sowie Anfang 1996 der 725 tds – der erste Diesel, den BMW in der Luxusklasse einsetzte.

BMW 740i (E38), Limousine, 1993–2001.

BMW 750iL, Limousine, 1998–2000.

	BMW 728 i BMW 728 iL 1995-2001	BMW 730 i BMW 730 iL 1994-1996	BMW 735 i BMW 735 iL 1996-2001
Motor	Ottomotor (Einspritzer) M52B28, LM-Kopf/Block	Ottomotor (Einspritzer) M60B30, LM-Kopf/Block	Ottomotor (Einspritzer) M62B35, LM-Kopf/Block
Zylinderzahl	6 (Reihe), längs über der Vorderachse	8 (V 90°), längs über der Vorderachse	
Bohrung x Hub	84 x 84 mm	84 x 67,6 mm	84 x 78,9 mm
Hubraum	2793 ccm	2997 ccm	3498 ccm
Leistung	193 PS (142 kW) bei 5300/min 1998: 193 PS (142 kW) bei 5500/min	218 PS (160 kW) bei 5800/min	235 PS (173 kW) bei 5700/min 1998: 238 PS (175 kW) bei 5800/min
Drehmoment	280 Nm bei 3950/min 1998: 280 Nm bei 3500/min	290 Nm bei 4500/min	320 Nm bei 3300/min 1998: 345 Nm bei 3800/min
Verdichtung	10,2 : 1	10,5 : 1	10,0 : 1
Gemischbereitung	Elektronische Einspritzung Siemens DME MS 41.0 1998: Siemens DME MS 42.0	Elektronische Einspritzung Bosch DME M3.3	Elektronische Einspritzung Bosch DME M5.2 1998: Bosch DME M7.2
Ventile pro Zylinder	4, V-förmig hängend 2 x 2 obenlieg. Nockenwellen verstellbar (Vanos; 1998: Doppel-Vanos), (Kette)	4, V-förmig hängend 2 x 2 obenlieg. Nockenwellen (Kette)	4, V-förmig hängend 2 x 2 obenlieg. Nockenwellen 1998: verstellbar (Vanos) (Kette)
Kurbelwellenlager		5	
Kühlung	Pumpe / 10,5 Liter Wasser	Pumpe / 12,0 Liter Wasser	
Schmierung	Druckumlauf / 6,5 Liter Öl	Druckumlauf /8,5 Liter Öl	Druckumlauf / 7,5 Liter Öl
Abgasreinigung		Dreiwege-Kat, Lambdasonde	
Batterie/Lichtmaschine	12 V 90 Ah (im Kofferraum) – Drehstrom 120 A / 1680 W	12 V 92 Ah (im Kofferraum) – Drehstrom 100 A / 1400 W	12 V 90 Ah (im Kofferaum) – Drehstrom 150 A/ 2100 W
Kraftübertragung		Heckantrieb	
Kupplung		Einscheiben-Trockenkupplung	
Schaltung		5-Gang (außer L-Version), Schaltstock in Wagenmitte	
Übersetzungen	I. 4,21 – II. 2,49 – III. 1,66 IV. 1,24 – V. 1,0 – R: 3,85	I. 4,21 – II. 2,49 – III. 1,66 IV. 1,24 – V. 1,0 – R: 3,89	I. 4,21 – II. 2,49 – III. 1,66 IV. 1,24 – V. 1,0 – R: 3,85
Antriebsübersetzung	3,23	3,23	3,07
Automatik	5-Stufen (ZF)		5-Stufen (ZF)
Übersetzungen (Autom.)	I. 3,67 – II. 2,0 – III. 1,41 IV. 1,0 – V. 0,74 – R: 4,1		I. 3,57 – II. 2,2 – III. 1,51 IV. 1,0 – V. 0,8 – R: 4,1
Antriebsübers. (Autom.)	3,23		3,15
Fahrwerk		Selbsttragende Ganzstahlkarosserie	
Vorderradaufhängung		McPherson-Federbeine (Schraubenfedern, Teleskopstoßdämpfer), Dreieckquerlenker diagonale Druckstreben, Drehstab-Stabilisator	
Hinterradaufhängung		Mehrlenkerachse mit Längs-, Quer- und Schräglenkern, Schraubenfedern, Stoßdämpfer, Drehstab-Stabilisator	
	Niveauregulierung, EDC (a.W.)	Niveauregulierung, EDC	Niveauregulierung, EDC
Lenkung		Kugelumlauf (16,9 : 1), Servo	
Fußbremse		Zweikreis-Hydraulik, Servo, vorn belüft. (Ø = 316 mm) und hinten (Ø = 324 mm) Scheiben, ABS	
Fahrdynamikregelung		ASC+T, DSC	
Allgemeine Daten	Limousine – Lang-Limousine, 4türig	Limousine – Lang-Limousine, 4türig	Limousine – Lang-Limousine, 4türig
Radstand	2930 mm, L: 3070 mm	2930 mm, L: 3070 mm	2930 mm, L: 3070 mm
Spur vorn/hinten	1552 / 1568 mm	1552 / 1568 mm	1552 / 1568 mm
Gesamtmaße	4984 x 1862 x 1435 mm L: 5124 x 1862 x 1425 mm	4984 x 1862 x 1435 mm L: 5124 x 1862 x 1425 mm	4984 x 1862 x 1435 mm L: 5124 x 1862 x 1425 mm
Gepäckraum	500 L	500 L	500 L
Reifen/Felgen	215/65 VR 16 – 7 J x 16 (Stahl)	215/65 VR 16 – 7,5 J x 16 (LM)	235/60 WR 16 – 7,5 J x 16 (LM)
Wendekreisdurchmesser	11,6 m; L: 12,2 m	11,6 m; L: 12,2 m	11,6 m; L: 12,2 m
Leermasse (DIN)	1710 (1730) kg, L: 1765 kg	1725 (1755) kg, L: 1775 kg	1745 (1790) kg, L: 1825 kg
Zul. Gesamtmasse	2245 (2265) kg, L: 2300 kg	2260 (2290) kg, L: 2315 kg	2280 (2325) kg, L: 2360 kg
Luftwiderstand (c_W x A)	0,30 x 2,21 m²	0,30 x 2,21 m²	0,30 x 2,21 m²
Höchstgeschwindigkeit	228 (226) km/h, L: 226 km/h	235 (234) km/h, L: 234 km/h	243 (240) km/h, L: 240 km/h
Beschleunigung 0-100 km/h	8,6 (9,6) sec, L: 9,6 sec	8,3 (9,7) sec, L: 9,7 sec	7,6 (8,4) sec; 1998: 8,3 sec, L: 8,4 sec
Euromix-Verbrauch	10,3 (11,1)	10,8 (10,5) L /100 km (S)	12,3 (12,6) L /100 km (S)
Kraftstofftank	L /100 km (S) 85 Liter; L: 95 Liter (vor der Hinterachse)	Drittelmix-Verbrauch 85 Liter, L: 95 Liter (vor der Hinterachse)	85 Liter, L: 95 Liter (vor der Hinterachse)

	BMW 740 i/BMW 740 iL 740 iL Protection 1995-2001	BMW 750 i/BMW 750 iL 750 iL Protection/750 iXL L7 1994-2001
Motor	Ottomotor (Einspritzer) M60B40	Ottomotor (Einspritzer) M73B54
	1996: M62B44, LM-Kopf/Block	LM-Kopf/Block
Zylinderzahl	8 (V 90°), längs über der Vorderachse	12(V 60°), längs über der Vorderachse
Bohrung x Hub	89 x 80 mm, 1996: 92 x 82,7 mm	85 x 79 mm
Hubraum	3982 ccm; 1996: 4398 ccm	5379 ccm
Leistung	286 PS (210 kW) bei 5800/min	326 PS (240 kW) bei 5000/min
	1996: 286 PS (210 kW) bei 5400/min	
Drehmoment	400 Nm bei 4500/min, 1996: 440 Nm bei 3600/min	490 Nm bei 3900/min
Verdichtung	10,0 : 1	
Gemischbereitung	Elektronische Einspritzung	Elektronische Einspritzung
	Bosch DME Motronic M3.3, 1996: Bosch DME M5.2	2 x Bosch DME M5.1, 1998: 2 x Bosch DME M5.2
Ventile pro Zylinder	4, V-förmig hängend	2, V-förmig hängend
	2 x 2 obenlieg. Nockenwellen	2 x 1 obenlieg. Nockenwelle
	1996: verstellbar (Vanos), (Kette)	(Kette)
Kurbelwellenlager	5	7
Kühlung	Pumpe / 10,5 Liter Wasser	Pumpe / 13,0 Liter Wasser
Schmierung	Druckumlauf / 6,5 Liter Öl	Druckumlauf / 8,0 Liter Öl
Abgasreinigung	Dreiwege-Kat, Lambdasonde	
Batterie/Lichtmaschine	12 V 90 Ah (im Kofferraum) – Drehstrom 120 A / 1680 W	12 V 90 Ah (im Kofferraum) – Drehstrom 150 A / 2100 W
Kraftübertragung	Heckantrieb	
Kupplung	Einscheiben-Trockenkupplung	
Schaltung	6-Gang (außer L-Version), Schaltstock in Wagenmitte	Schaltstock in Wagenmitte
Übersetzungen	I. 4,23 – II. 2,51 – III. 1,67	
	IV. 1,23 – V 1,0 – VI. 0,83 – R: 4,04	
Antriebsübersetzung	3,15	
Automatik	5-Stufen (ZF)	5-Stufen (ZF)
Übersetzungen (Autom.)	I. 3,55 – II. 2,24 – III. 1,54	I. 3,55 – II. 2,24 – III. 1,54
	IV. 1,0 – V. 0,79 – R: 3,68	IV. 1,0 – V. 0,79 – R: 3,68
	740 i 4.4: I. 3,57 – II. 2,2 – III. 1,51	
Antriebsübers. (Autom.)	3,15, 740 i 4.4: 2,93	2,81
Fahrwerk	Selbsttragende Ganzstahlkarosserie	
Vorderradaufhängung	McPherson-Federbeine (Schraubenfedern, Teleskopstoßdämpfer), Dreieckquerlenker	
	diagonale Druckstreben, Drehstab-Stabilisator	
Hinterradaufhängung	Mehrlenkerachse mit Längs-, Quer-, und Schräglenkern, Schraubenfedern	
	koaxiale Stoßdämpfer, Drehstab-Stabilisator, Niveauregulierung, EDC	
Lenkung	Kugelumlauf (16,9 : 1), Servo	
Fußbremse	Zweikreis- Hydraulik, Servo	Zweikreis-Hydraulik, Servo
	vorn belüft. (Ø = 324 mm) und	vorn (Ø = 334 mm) und
	hinten (Ø = 324 mm) Scheiben, ABS	hinten (Ø = 328 mm) belüft. Scheiben
	Protection: hinten belüftet	ABS
Fahrdynamikregelung	ASC+T, DSC	
Allgemeine Daten	Limousine – Lang-Limousine, 4türig	Limousine – Lang-Limousine, 4türig
Radstand	2930 mm, L: 3070 mm	2930 mm, L: 3070 mm, XL: 3320 mm
Spur vorn/hinten	1552 / 1568 mm	1552 / 1568 mm
Gesamtmaße	4984 x 1862 x 1435 mm	4984 x 1862 x 1435 mm
	L: 5124 x 1862 x 1425 mm	L: 5124 x 1862 x 1425 mm, L7: 5274 x 1862 x 1425 mm
Gepäckraum	500 L	500 L
Reifen/Felgen	4.0: 215/65 WR 16, 4.4: 235/60 WR 16 – 7,5 J x 16 (LM)	235/65 WR 16 – 7,5 J x 16 (LM)
Wendekreisdurchmesser	11,6 m; L: 12,2 m	11,6 m; L: 12,2 m; XL: 13 m
Leermasse (DIN)	1850 (1880) kg, L: 1890 kg, Protection: 2060 kg	1980 kg, L: 2035 kg, XL: 2120 kg, Protection: 2185 kg
Zul. Gesamtmasse	2385 (2415) kg, L: 2425 kg , Protection: 2520 kg	2515 kg, L: 2570 kg, XL: 2580 kg, Protection: 2645 kg
Luftwiderstand (c_W x A)	0,30 x 2,21 m²	0,32 x 2,21 m²
Höchstgeschwindigkeit	250 (250) km/h, L: 250 km/h, Protection: 240 km/h	250 km/h, Protection: 240 km/h, L7: 250 km/h
Beschleunigung 0-100 km/h	4.0: 6,9 (7,4) sec, 4.4: 6,6 (7,0) sec, L: 7,5 sec	6,6 sec; L: 6,8 sec, Protection: 7,0 sec, L7: 6,8 sec
Euromix-Verbrauch	4.0: 11,8 (11,5) L /100 km (S), Drittelmix-Verbrauch,	13,6 L /100 km (S), L: 13,8 L/100 km (S)
	4.4: 12,5 (12,4) L/100 km (S), Protection: 13,3 L/100 km (S)	Protection: 15,2 L/100 km (S), L7: 15,0 L/100 km (S)
Kraftstofftank	85 Liter; L/Protection: 95 Liter (vor der Hinterachse)	95 Liter (vor der Hinterachse)

	BMW 725 tds 1995-1998	BMW 730 d 1998-2001	BMW 740 d 1999-2001
Motor	Dieselmotor (Wirbelkammer-Einspritzer)	Dieselmotor (Direkteinspritzer)	
	M51 D25, LM-Kopf	M57 D30, LM-Kopf	M67 D39, LM-Kopf
Zylinderzahl	6 (Reihe), längs über der Vorderachse		8 (V 90°), längs über der Vorderachse
Bohrung x Hub	80 x 82,8 mm	84 x 88,8 mm	84 x 88,0 mm
Hubraum	2498 ccm	2926 ccm	3901 ccm
Leistung	143 PS (105 kW) bei 4600/min	184 PS (135 kW) bei 4000/min 2000: 193 PS (142 kW) bei 4000/min	245 PS (180 kW) bei 4000/min
Drehmoment	280 Nm bei 2200/min	410 Nm bei 2000/min 2000: 430 Nm bei 2000/min	560 Nm bei 1750/min
Verdichtung	22,0 : 1	18,0 : 1	
Gemischbereitung	Digitale Diesel-Einspritzung Bosch DDE 2.1 Verteilereinspitzpumpe VP 20 1 Abgasturbolader, 1 Ladeluftkühler	Digitale Diesel-Einspritzung Bosch DDE 4.0 Common Rail 1 Abgasturbolader, 1 Ladeluftkühler	Digitale Diesel-Einspritzung Bosch DDE 4.1 Common Rail 1 Abgasturbolader, 1 Ladeluftkühler
Ventile pro Zylinder	2, parallel hängend 1 obenlieg. Nockenwelle (Kette)	4, parallel hängend, 2 x 2 obenlieg. Nockenwellen (Kette)	
Kurbelwellenlager	7	5	
Kühlung	Pumpe / 9,8 Liter Wasser	Pumpe / 9,2 Liter Wasser	Pumpe / 16,0 Liter Wasser
Schmierung	Druckumlauf / 7,0 Liter Öl	Druckumlauf / 7,7 Liter Öl	Druckumlauf / 9,5 Liter Öl
Batterie/Lichtmaschine	12 V 85 Ah (im Kofferraum) – Drehstrom 95 A / 1330 W	12 V 110 Ah (im Kofferraum) – Drehstrom 150 A / 2100 W	
Kraftübertragung	Heckantrieb		
Kupplung	Einscheiben-Trockenkupplung		
Schaltung	5-Gang, Schaltstock in Wagenmitte	Schaltstock in Wagenmitte	Schaltstock in Wagenmitte
Übersetzungen	I. 5,09 – II. 2,80 – III. 1,76 IV. 1,25 – V. 1,0 – R: 4,71		
Antriebsübersetzung	2,93		
Automatik		5-Stufen (ZF)	
Übersetzungen (Autom.)	I. 3,67 – II. 2,0 – III. 1,41 IV. 1,0 – V. 0,74 – R: 4,1	I. 3,57 – II. 2,2 – III. 1,51 IV. 1,0 – V. 0,8 – R: 4,1	I. 3,55 – II. 2,24 – III. 1,54 IV. 1,0 – V. 0,79 – R: 3,68
Antriebsübers. (Autom.)	3,38	3,08	2,65
Fahrwerk	Selbsttragende Ganzstahlkarosserie		
Vorderradaufhängung	McPherson-Federbeine (Schraubenfedern, Teleskopstoßdämpfer), Dreieckquerlenker diagonale Druckstreben, Drehstab-Stabilisator		
Hinterradaufhängung	Mehrlenkerachse mit Längs-, Quer- und Schräglenkern, Schraubenfedern		
	Stoßdämpfer Drehstab-Stabilisator Niveauregulierung, EDC (aW.)	Teleskopstoßdämpfer Drehstab-Stabilisator Niveauregulierung, EDC	
Lenkung	Kugelumlauf (16,9 : 1), Servo		
Fußbremse	Zweikreis-Hydraulik, Servo vorn belüft. (Ø = 316 mm) und hinten (Ø = 324 mm) Scheiben, ABS		Zweikreis-Hydraulik, Servo vorn (Ø = 334 mm) und hinten (Ø = 328 mm) belüft. Scheiben, ABS
Fahrdynamikregelung	ASC+T, DSC		
Allgemeine Daten	Limousine, 4türig	Limousine, 4türig	Limousine, 4türig
Radstand	2930 mm	2930 mm	2930 mm
Spur vorn/hinten	1552 / 1568 mm	1552 / 1568 mm	1552 / 1568 mm
Gesamtmaße	4984 x 1862 x 1435 mm	4984 x 1862 x 1435 mm	4984 x 1862 x 1435 mm
Gepäckraum	500 L	500 L	500 L
Reifen	215/65 VR 16 – Felgen	215/65 VR 16 – 7,5 J x 16 (LM)	235/60 WR 16 – 7,5 J x 16 (LM)
Wendekreisdurchmesser	11,6 m	11,6 m	11,6 mm
Leermasse (DIN)	1710 (1740) kg	1830 kg	1960 kg
Zul. Gesamtmasse	2245 (2275) kg	2365 kg	2495 kg
Luftwiderstand (c_W x A)	0,30 x 2,21 m²	0,30 x 2,21 m²	0,31 x 2,21 m²
Höchstgeschwindigkeit	206 (202) km/h	220 km/h	242 km/h
Beschleunigung 0-100 km/h	11,4 (12,2) sec	8,7 sec	8,4 sec
Euromix-Verbrauch	7,9 (8,9) L /100 km (D)	8,7 L /100 km (D)	9,8 L /100 km (D)
Kraftstofftank	85 Liter (vor der Hinterachse)	85 Liter (vor der Hinterachse)	85 Liter (vor der Hinterachse)

BMW 6er-Reihe (E24, 1976–1989)

Im März 1976 (Genfer Salon) präsentierte BMW das 6er-Coupe (intern: Baureihe E24) mit 3-Liter-Vergaser- oder mit 3,3-Liter-Einspritzmotor. Eleganter, aber auch relativ sehr teurer Wagen. Im ersten Produktionsjahr litten die 6er-Coupes unter lästigen Verarbeitungsmängeln. Deshalb verlegte BMW ab August 1977 die Endmontage in das Werk Dingolfing, so dass von da an nur noch die Rohkarosserie von Karmann kam.
Juli 1978: Als weiteres Modell BMW 635 CSi mit 3,5-Litermotor, Fünfgang-Schaltgetriebe sowie Front- und Heckspoiler.
August 1979: BMW 628 CSi ersetzt den BMW 630 CS mit Vergasermotor. Gleiche Fahrleistungen bei geringerem Verbrauch.
März 1982 bzw. auf dem deutschen Markt Juli 1982: Zahlreiche technische Modifikationen (vor allem anders ausgelegter 3,5-Liter-Motor) ohne auffallende Änderung der äußeren Erscheinung (Stoßfänger am Heck bis zum hinteren Radausschnitt herum- und vorgezogen). Der BMW 633 CSi wird aus dem Programm genommen.
September 1983 (Lieferbeginn Frühjahr 1984): BMW M 635 CSi mit dem Motor des BMW M 1, also mit Vierventiltechnik.
Hohe Motorleistung , sehr eindrucksvoll, Preisunterschied noch sehr viel eindrucksvoller. Äußeres Merkmal ist die tief herabgezogene Frontschürze.
September 1985 wurden BMW 635 CSi und ab Oktober 1986 auch BMW M 635 CSi mit Katalysator lieferbar.
Mai 1987: BMW 628 CSi entfällt. Nochmals Modellpflege für den BMW 635 CSi KAT. Motorleistung fast wieder auf früherem Stand. Zweirohr-Gasdruck-Stoßdämpfer. Stoßfänger mit Prallpuffern. Frontschürze mit integriertem Spoiler.
Anfang 1989: Produktion der 6er-Reihe beendet.

BMW M 635 CSi Kat Coupé, 1986–1989.

	BMW 630 CS 1976-1979	BMW 633 CSi 1976-1982	BMW 628 CSi 1979-1987
Motor	Vergasermotor	Einspritzmotor	Einspritzmotor
Zylinder	6 (Reihe), Block um 30° rechts seitlich geneigt	6 (Reihe), Block um 30° rechts seitlich geneigt	6 (Reihe), Block um 30° rechts seitlich geneigt
Bohrung x Hub	89 x 80 mm	89 x 86 mm	86 x 80 mm
Hubraum	2985 ccm	3210 ccm	2788 ccm
Leistung	185 PS (136 kW) b. 5800/min	197 PS (145 kW) b. 5500/min	184 PS (135 kW) b. 5800/min
Drehmoment	26,0 mkg b. 3500/min	29,0 mkg b. 4300/min	24,0 mkg b. 4200/min
Verdichtung	9,0:1	9,3:1	9,3:1
Gemischbereitung	1 Fallstrom-Registervergaser Pierburg 4 A 1	Elektron. Benzineinspritzung Bosch L-Jetronic	Elektron. Benzineinspritzung Bosch L-Jetronic
Ventile		V-förmig hängend, 1 obenliegende Nockenwelle, Antrieb über Duplex-Kette	
Kurbelwellenlager		7	
Kühlung		Pumpe, 12 Liter Wasser	
Schmierung		Druckumlauf, 5,75 Liter Öl	
Batterie		12 V 66 Ah	
Lichtmaschine	Drehstrom 770 W	Drehstrom 910 W	910 W,ab1984: 1120W
Zündung	Unterbrecher-gesteuerte Spulenzündung	Kontaktlos gesteuerte Transistor-Spulenzündung	Kontaktlos gesteuerte Transistor-Spulenzündung
Kraftübertragung	Antrieb auf Hinterräder, geteilte Kardanwelle	Antrieb auf Hinterräder, geteilte Kardanwelle	Antrieb auf Hinterräder, geteilte Kardanwelle
Schaltgetriebe	4-Gang	4-Gang / 5-Gang (1979)	4-Gang (bis 1982) / 5-Gang / 5-Gang Sport
Übersetzungen	I. 3,855	I. 3,855 / I. 3,82	I. 3,855 / 3,82 / 3,717
	II. 2,203	II. 2,203 / II. 2,20	II. 2,203 / 2,20 / 2,403
	III. 1,402	III. 1,402 / III. 1,40	III. 1,402 / 1,40 / 1,766
	IV. 1,000	IV. 1,000 / IV. 1,00	IV. 1,000 / 1,00 / 1,263
		V. 0,81	V. / 0,81 / 1,000
Antriebs-Übersetzung	3,45	3,25 / 3,25	3,45 / 3,45 / 3,45
Automat. Getriebe	Aufpreis: ZF 3-Gang Automatic	Nicht lieferbar	Aufpreis: ZF 3-Gang Automatic
Übersetzungen	I. 2,48		I. 2,48
	II. 1,48		II. 1,48
	III. 1,00		III. 1,00
Antriebs-Übersetzung	3,45		3,45
Fahrwerk		Selbsttragende Ganzstahlkarosserie	
Vorderradaufhängung		McPherson-Federbeine, Schraubenfedern, Drehstab-Stabilisator	
Hinterradaufhängung		Schräglenker, Federbeine, Schraubenfedern, Drehstab-Stabilisator	
Lenkung		ZF Kugelmutter-Hydro-Servolenkung (16,9:1), 3,5 Lenkraddrehungen	
Betriebsbremse		Zweikreis-Hydraulik, Servo	
		Scheibenbremsen, vorn 280 mm Ø, hinten 272 mm Ø	
		BMW 628 CSi mit Aufpreis ab 1982 und Serie ab Sept. 1984: ABS	
Allgemeine Daten		**Sport-Coupé 4 Sitze**	
Radstand		2626 mm	
Spur vorn/hinten		1422/1487 mm	
Gesamtmaße		4755 x 1725 x 1365 mm	
Felgen	6 J x 14 (Alu)	6 J x 14 (Alu)	6 J x 14 (Alu) bzw. (ab 1982) 6,50 J x 14 Alu
Reifen	195/70 VR 14	195/70 VR 14	195/70 VR 14 bzw. (ab 1982) 205/70 VR 14
Wendekreis links/rechts	11,2/11,2 Meter	11,2/11,2 Meter	11,2/11,2 Meter
Wagengewicht	1475 kg Automatic + 20 kg	1495 kg	1475 bzw. (ab 1982) 1450 kg Automatic + 20 kg
Zuläss. Gesamtgewicht	1830 kg	1830 kg	1830 bzw. (ab 1982) 1850 kg
Höchstgeschwindigkeit	210 km/h	215 km/h	210-215 km/h
Beschleunigung 0-100 km/h	9 sec	8,5 sec	9-9,5 sec
Verbrauch/100 km	16,5 Liter Super	16,5 Liter Super	15,5 bzw. (ab 1982) 14 l Super
Kraftstofftank	70 Liter (im Heck)	70 Liter (im Heck)	70 Liter (im Heck) 239

BMW Alpina B10 3.5, 1985.

BMW 628 CSi, 1979–1987.

Motor

Zylinderzahl

Bohrung x Hub
Hubraum
Leistung
Drehmoment
Verdichtung
Gemischbereitung

Ventile

Kurbelwellenlager
Kühlung
Schmierung
Batterie
Lichtmaschine

Kraftübertragung

Schaltgetriebe
Übersetzungen

Antriebs-Übersetzung
Autom. Getriebe

Übersetzungen

Antriebs-Übersetzungen

Fahrwerk

Vorderradaufhängung
Hinterradaufhängung

Lenkung
Betriebsbremse

Allgemeine Daten

Radstand
Spur vorn/hinten
Gesamtmaße
Felgen
Reifen

Wendekreis links/rechts
Wagengewicht

Zuläss. Gesamtgewicht
Höchstgeschwindigkeit
Beschleunigung 0-100 km/h
Verbrauch/100 km
Kraftstofftank

Bemerkungen

BMW 635 CSi 1978-1981	**BMW 635 CSi 1982-1987**	**BMW 635 CSi KAT 1987-1989**	**BMW M 635 CSi 1983-1989**
Einspritzmotor	Einspritzmotor	Einspritzmotor mit	Einspritzmotor
		Dreiwege-Katalysator	
		und Lambda-Sonde	
6 (Reihe), Block um 30°	6 (Reihe), Block um 30	6 (Reihe), Block um 30	6 (Reihe), Block um 30°
rechts seitlich geneigt	rechts seitlich geneigt	rechts seitlich geneigt	rechts seitlich geneigt
93,4 x 84 mm	92 x 86 mm	92 x 86 mm	93,4 x 84 mm
3453 ccm	3430 ccm	3430 ccm	3453 ccm
218 PS (160 kW) b. 5200/min	218 PS (160 kW) b. 5200/min	211 PS (155 kW) b. 5700/min	286 PS (210 kW) b. 6500/min
31,0 mkg b. 4000/min	31,0 mkg b. 4000/min	30,5 mkg b. 4000/min	34,0 mkg b. 4500/min
9,3:1	10,0:1	9,0:1	10,5:1
Elektron. Benzineinspritzung	Elektron. Benzineinspritzung	Elektron. Benzineinspritzung	Elektron. Benzineinspritzung
Bosch L-Jetronic	Bosch Motronic	Bosch Motronic	Bosch Motronic
V-förmig hängend	V-förmig hängend	V-förmig hängend	4 Ventile je Zylinder
1 obenliegende Nockenwelle	1 obenliegende Nockenwelle	1 obenliegende Nockenwelle	V-förmig hängend
Antrieb über Duplex-Kette	Antrieb über Duplex-Kette	Antrieb über Duplex-Kette	2 obenliegende Nockenwellen
			Antrieb über Duplex-Kette
7	7	7	7
Pumpe, 12 Liter Wasser	Pumpe, 12 Liter Wasser	Pumpe, 12 Liter Wasser	Pumpe, 10,5 Liter Wasser
Druckumlauf, 5,75 Liter Öl	Druckumlauf, 5,75 Liter Öl	Druckumlauf, 5,75 Liter Öl	Druckumlauf, 8 Liter Öl
12 V 66 Ah	12 V 66 Ah	12 V 66 Ah	12 V 90 Ah (im Kofferraum)
Drehstrom 910 W	910 W bzw. (ab 1984) 1120 W	Drehstrom 1120 W	Drehstrom 1120 W
Antrieb auf Hinterräder,	Antrieb auf Hinterräder,	Antrieb auf Hinterräder,	Antrieb auf Hinterräder,
geteilte Kardanwelle	geteilte Kardanwelle	geteilte Kardanwelle	geteilte Kardanwelle
5-Gang-Sport	5-Gang 5-Gang-Sport	5-Gang	5-Gang
I. 3,717 – II. 2,403 – III. 1,766	I. 3,822 – II. 2,202 – III. 1,398	I. 3,822 – II. 2,202 – III. 1,398	I. 3,51 – II. 2,08 – III. 1,35
IV. 1,263 – V. 1,000	IV. 1,000 – V. 0,813	IV. 1,000 – V. 0,813	IV. 1,00 – V. 0,81
	I. 3,717 – II. 2,403 – III. 1,766		
	IV. 1,263 – V. 0,813		
3,07	3,08 3,08	3,64	3,73 oder 3,91
Nicht lieferbar	Aufpreis: ZF Automatic	Aufpreis: ZF Automatic	Nicht lieferbar
	3-Gang (bis 1983), 4-Gang (bis 1983)	4-Gang	
	I. 2,48 – II. 1,48 – III. 1,00	I. 2,48 – II. 1,48 – III. 1,00 – IV. 0,73	
	I. 2,48 – II. 1,48 – III. 1,00 – IV. 0,73		
	3,08 3,08	3,64	
Selbsttragende Ganzstahlkarosserie			
McPherson-Federbeine, Schraubenfedern, Drehstab-Stabilisator			
Schräglenker, Federbeine, Schraubenfedern, Drehstab-Stabilisator			
BMW 635 CSi ab 1987: Niveauregelung			
ZF Kugelmutter-Hydro-Servolenkung (16,9:1), 3,5 Lenkraddrehungen			
Zweikreis-Hydraulik, Servo, ABS, Scheibenbremsen vorn 280 mm Ø, hinten 272 mm Ø			
Sport-Coupé 4 Sitze	**Sport-Coupé 4 Sitze**	**Sport-Coupé 4 Sitze**	**Sport-Coupé 4 Sitze**
2626 mm	2626 mm	2626 mm	2626 mm
1430/1460 mm	1430/1460 mm	1430/1460 mm	1430/1464 mm
4755 x 1725 x 1365 mm	4755 x 1725 x 1365 mm	4755 x1725 x 1365 mm	4755 x 1725 x 1354 mm
6,50 Jx 14 (Alu)	6,50 Jx 14 (Alu)	6,50 Jx 14 (Alu)	165 TR 390 (Alu) oder 210 TR 415 (Alu)
195/70 VR 14	205/70 VR 14 oder	205/70 VR 14	220/55 VR 390 oder
	202/55 VR 390 TRX		240/45 VR 415
11,5/11,5 Meter	11,7/11,7 Meter	11,7/11,7 Meter	11,7/11,7 Meter
1520 kg	1470 kg	1475 kg	1510 kg
	Automatic + 20 kg	Automatic + 20 kg	
1860 kg	1850 kg	1850 kg	1850 kg
222 km/h	225 km/h	225 km/h	250-255 km/h
8 sec	8,5 sec	8,5 sec	6,5-7,0 sec
17 Liter Super	15 Liter Super	15,5 Liter Normal bleifrei	18 Liter Super
70 Liter (im Heck)	70 Liter (im Heck)	70 Liter (im Heck)	70 Liter (im Heck)
	Ab Sept. 1985 mit KAT lieferbar:		Ab 1986 mit KAT lieferbar:
	185 PS, 217 km/h		260 PS, 240-245 km/h 241

1984 geht BMW mit dem 6er Coupé in der neu gegründeten DTM (»Deutsche Produktionswagen-Meisterschaft«) an den Start. Volker Strycek – hier hinter Hans-Joachim Stuck – gewinnt das Championat.

BMW M 635 CSi Kat, Ausführung nach letztem Facelift mit neuer Frontschürze, 1987–1989.

BMW Z1 (E30Z, 1988–1991)

Basierend auf der 3er-Modellreihe E30 kam 1988 der Roadster Z1 auf den Markt, erstmals präsentiert auf der IAA 1987. Er nutzte die Technik des 325 i, hatte aber eine vollkommen anders aufgebaute Karosserie. Sie bestand aus einem selbsttragenden Rahmengerüst aus Stahlblech (Monocoque-Chassis), das über einen Kunststoffboden verfügte und mit Kunststoffteilen beplankt war. Der Radstand verkürzte sich gegenüber der 3er-Reihe um 12 Zentimeter.

Die Gewichtsverteilung des mit einem Frontmotor ausgestatteten Auto mit vorn/hinten 49:51 % war nahezu ideal. Nicht vom E30 stammt die so genannte Z-Hinterachse mit zwei Querlenkern und einem Längslenker (Bremsnickausgleich), die im nächsten 3er BMW der Baureihe E36 Eingang finden sollte. Sofort ins Auge fielen die aerodynamisch geformten Außenspiegel und die elektrisch absenkbaren Hubtüren, auch verfügte der Z1 als erstes Serienauto überhaupt über Projektionsscheinwerfer (Ellipsoidtechnik).

Der hohe Preis nahe dem des M3 von zunächst 80.000, dann sogar 89.000 D-Mark ließ die Nachfrage schnell abbrechen. Anfang Juni 1991 beendete man die Produktion – nach nur 8000 Einheiten.

BMW Z1 (Baureihe E30Z), 1988–1991. Ein Kennzeichen dieses Wagens waren die elektrisch betätigten Hubtüren.

	BMW Z1 1988-1991
Motor	Ottomotor (Einspritzer)
	M20B25, LM-Kopf
Zylinderzahl	6 (Reihe), längs hinter der Vorderachse
Bohrung x Hub	84 x 75 mm
Hubraum	2494 ccm
Leistung	170 PS (125 kW) bei 5800/min
Drehmoment	220 Nm bei 4300/min
Verdichtung	8,8 : 1
Gemischbereitung	Elektron. Einspritzung
	Bosch Motronic DME
Ventile pro Zylinder	2, V-förmig hängend
	1 obenlieg. Nockenwelle (Zahnriemen)
Kurbelwellenlager	7
Kühlung	Pumpe / 12,0 l Wasser, Motor-Ölkühler
Schmierung	Druckumlauf / 4,75 l Öl
Batterie/Lichtmaschine	12 V 66 Ah – Drehstrom 90 A / 1120 W
Kraftübertragung	Heckantrieb, opt. Sperrdifferential (25 %)
Kupplung	Einscheiben- Trockenkupplung
Schaltung	5-Gang, Schaltstock in Wagenmitte
Übersetzungen	I. 3,83 – II. 2,20 – III. 1,40
	IV. 1,0 – V. 0,81 – R: 3,46
Antriebsübersetzung	3,64
Fahrwerk	Selbsttragendes
	Stahlblech-Rahmengerüst
	Kunststoffboden
	Kunststoff-Karosseriebeplankung
Vorderradaufhängung	McPherson-Federbeine
	(Schraubenfedern, Teleskopstoßdämpfer)
	Dreieckquerlenker
	Drehstab-Stabilisator
Hinterradaufhängung	Längslenker, Schrägstreben unten
	Querlenker oben, Schraubenfedern
	Teleskopstoßdämpfer
	Drehstab-Stabilisator
Lenkung	Zahnstange (18,75 : 1), Servo
Fußbremse	Zweikreis-Hydraulik, Servo
	vorn belüft. (Ø = 260 mm)
	und hinten (Ø = 282 mm)
	Scheiben, ABS
Allgemeine Daten	Roadster, 2sitzig
Radstand	2450 mm
Spur vorn/hinten	1456/1470 mm
Gesamtmaße	3925 x 1690 x 1248 mm
Gepäckraum	260 L
Reifen/Felgen	225/45 ZR 16 – 7.5 J x 16 (LM)
Wendekreisdurchmesser	10,5 m
Leermasse (DIN)	1290 kg
Zul. Gesamtmasse	1460 kg
Luftwiderstand (c_W x A)	0,36 x 1,83 m^2
Höchstgeschwindigkeit	220 km/h
Beschleunigung 0-100 km/h	9,0 sec
Drittelmix-Verbrauch	11,0 L/100 km (N)
Kraftstofftank	57 Liter (vor der Hinterachse)

BMW M1 (E26, 1978–1981)

Niemand weiß bis heute genau, ob BMW mit dem M1 lediglich dem Markenimage einen zusätzlichen Impuls geben wollte, oder ob die Münchener Firma vorhatte, sich auf Dauer auch im illustren Kreis der teuersten Edelsportwagen (wie Ferrari oder Aston Martin) zu etablieren. Jedenfalls blieb der M1 eine einmalige, einzigartige und zweifellos bemerkenswerte Veranstaltung. Die Bayerischen Motoren Werke hatten mit dem M1 (werksintern: E26) ein hochkarätiges Sportfahrzeug herausgebracht, das sich insgesamt doch ausgezeichnet bewährte. Ursprünglich war vorgesehen, dass die von Giorgio Giugiaro (Ital. Design) entworfene Karosserie und das Fahrwerk von der italienischen Firma Lamborghini gebaut werden, während BMW für die Motoren und die Kraftübertragung sorgen sollte. Der Vertrag mit Lamborghini wurde jedoch im April 1978 gekündigt, nachdem sich die Firma außerstande erwiesen hatte, wenigstens einige Vorserienwagen fristgerecht herzustellen. So war unnötig viel Zeit verloren gegangen, ehe man schließlich zu einer weniger spektakulären, dafür aber praktikablen Lösung gelangte: Die 450 Autos, die geplant waren, ließ man bei der Karosseriefabrik Baur in Stuttgart montieren. Die offizielle Vorstellung erfolgte beim Pariser Salon im Oktober 1978. Angeboten wurde der Wagen in drei Leistungsstufen, nämlich in der serienmäßigen Straßenausführung mit 277 PS sowie in je einer Rennausführung mit 470 PS starkem Saugmotor oder mit 850-PS-Turbomotor.
490 Wagen reichten vollauf zur Sättigung des Marktes. Der Listenpreis betrug zunächst DM 100.000, dann ab Juli 1979 sogar DM 113.000. Die anfangs durchaus gute Nachfrage ließ ab 1980 spürbar nach, so dass die Autos zuletzt selbst um DM 90.000, also weit unter Listenpreis, nur noch mühsam an den Mann gebracht werden konnten. Für die BMW AG war der M1 trotz seines für damalige Begriffe stolzen Preises kein lukratives Geschäft, weshalb er ohne Nachfolger blieb.

Nach ersten Planungen sollten vom BMW M1 nur die erforderliche Mindestanzahl an Homologationsfahrzeugen eine Straßenzulassung erhalten.

BMW M1 1978-1981	
Motor	Einspritzmotor
Zylinder	6 (Reihe)
Bohrung x Hub	93,4 x 84 mm
Hubraum	3453 ccm
Leistung	277 PS (204 kW) b. 6500/min
Drehmoment	33,0 mkg b. 5000/min
Verdichtung	9,0:1
Gemischherstellung	Mechanische Benzineinspritzung
	Kugelfischer
Ventile	4 Ventile je Zylinder
	V-förmig hängend
	2 obenliegende Nockenwellen
	Antrieb über Duplex-Kette
Kurbelwellenlager	7
Kühlung	Pumpe, 20 Liter Wasser
Schmierung	Trockensumpf-Druckumlauf, 8 Liter Öl
Batterie	12 V 55 Ah (vorn im Wagen)
Lichtmaschine	Drehstrom 65 A = 910 W
Kraftübertragung	Motor in Wagenmitte, Antrieb auf Hinterräder
	Motor in Längsrichtung vor, Getriebe hinter der Hinterachse
	Schaltgetriebe mit integriertem Sperrdifferential (40%)
Schaltgetriebe	ZF 5-Gang
Übersetzungen	I. 2,42
	II. 1,61
	III. 1,14
	IV. 0,84
	V. 0,70
Antriebs-Übersetzung	4,22
Automat. Getriebe	Nicht lieferbar
Fahrwerk	Stahlrohr-Gitterrahmen mit Kunststoff-Karosserie
Vorderradaufhängung	Doppel-Querlenker, Schraubenfedern,
	Drehstab-Stabilisator, Gasdruck-Stoßdämpfer
Hinterradaufhängung	Doppel-Querlenker, Schraubenfedern,
	Drehstab-Stabilisator, Gasdruck-Stoßdämpfer
Lenkung	Zahnstange, 3,2 Lenkraddrehungen
Betriebsbremse	Zweikreis-Hydraulik, Servo
	Scheibenbremsen vorn 300 mm Ø, hinten 297 mm Ø
Allgemeine Daten	**Sport-Coupé 2 Sitze**
Radstand	2560 mm
Spur vorn/hinten	1550/1576 mm
Gesamtmaße	4360 x 1824 x 1140 mm
Felgen	vorn 7 J x 16 (Alu), hinten 8 J x 16 (Alu)
Reifen	vorn 205/55 VR 16, hinten 225/50 VR 16
Wendekreis links/rechts	13,3/13,3 Meter
Wagengewicht	1440 kg
Zuläss. Gesamtgewicht	1600 kg
Höchstgeschwindigkeit	250-260 km/h
Beschleunigung	0-100 km/h: 6,5 sec
	0-200 km/h: 22,5 sec
Verbrauch/100 km	17 Liter Super
Kraftstofftank	116 Liter,
	je 58 Liter links und rechts vor der Hinterachse

Im Verkehrsbild war der BMW M1 eher selten zu sehen …

Mit dem M1 ausgetragene Procar-Rennen fanden im Beiprogramm von Grand-Prix-Läufen statt.

BMW 8er Coupé (E31, 1989–1999)

Zur IAA 1989 überraschte BMW mit dem großen Luxuscoupé 850 i (Baureihe E31), das fahrwerks- und motorenseitig Komponenten der 7er Limousine nutzte. Die Auslieferung begann im Mai 1990. Ein Großteil der insgesamt 20000 Fahrzeuge ging in die USA. Die ungewöhnliche und als sehr modern empfundene Form des 8ers wurde stets kontrovers diskutiert – vielleicht auch deshalb, weil der fast zeitgleich präsentierte, aber viel preiswertere Opel Calibra ein ähnliches Design wie das noble Hochpreis-Auto aufwies. Erstmals bei einem BMW Seriencoupé wurden Klappscheinwerfer eingesetzt. Unterm Blech des Wagens fand sich alles, was die Bayern an innovativem High-Tech aufzubieten hatten. Die hintere Integral-Mehrlenkerachs mit Mitlenk-Effekt war neu; im Herbst 1991 kam ein Fahrdynamik-Paket mit aktiver Hinterachs-Kinematik, elektronischer Dämpferkontrolle, Traktionskontrolle und Servotronic-Lenkung hinzu.
Auf dem Pariser Salon im Oktober 1992 zeigte BMW dann die sportlichste Version des 8ers – den 850 CSi mit 5,6 Liter großem V12, serienmäßig »mitlenkender« Hinterachse und Sperrdifferenzial (25 %). Entwickelt und gebaut wurde das Fahrzeug von der BMW Motorsport GmbH. Ebenfalls im Herbst 1992 wurde der bisherige 850 i in 850 Ci umbenannt; er erhielt erstmals eine adaptive Steuerung seiner ZF-Vierstufen- Automatik. Erkennungszeichen des CSi waren die tief heruntergezogene Frontschürze und spezielle 17 Zoll-Fünfspeichen-Felgen im Stil des BMW M5. Vorn und hinten wurde unterschiedlich breite Bereifung aufgezogen. Der 850 CSi war das einzige Modell der Baureihe, das ausschließlich mit Handschalter zu haben war, denn aus deutscher Produktion war keine geeignete Automatik verfügbar. Alle 8er, auch der 850 CSi, wurden bei Tempo 250 abgeregelt.
Ein halbes Jahr später, auf dem Genfer Salon 1993, gab es den hubraumkleinsten Vertreter der Baureihe zu sehen – den 840 Ci mit dem neuen, 4 Liter großen V8 (der wie alle anderen 8er-Motoren einen Ölkühler besaß). Er war 25 Prozent preisgünstiger als der V12, war aber optisch nicht von diesem zu unterscheiden.
Der 850 Ci behielt zunächst die Vierstufen-Automatik, erst in der ersten Jahreshälfte 1994 – mit dem auf 5,4 Liter vergrößerten V12 – wich sie einer Fünfstufen-Ausführung (ab 1995 mit manuellem Schalteingriff Steptronic). Damit entfiel beim 850 Ci das Handschaltgetriebe.
1996 erhielt das V8-Modell – nach 5000 ausgelieferten Einheiten – mehr Hubraum und mehr Leistung. Nur Einzelstücke wurden auf besonderen Kundenwunsch mit dem 3 Liter kleinen V8 ausgestattet – vielleicht wäre dies ein besserer Weg zur Absatzförderung gewesen. Ein Jahr später wurde der CSi aus dem Programm genommen; 1999 verschwanden die nur noch auf ausdrücklichen Wunsch montierten 840 Ci und 850 Ci. Vom Cabriolet entstanden nur Prototypen.

BMW 850 CSi (Baureihe E31), 1992–1996. Unten: BMW 850 Ci, 1993.

	BMW 850 i / 850 Ci 1989-1994/1994-1999	BMW 840 Ci 1993-1996/1996-1999	BMW 850 CSi 1992-1997
Motor	Ottomotor (Einspritzer) M70 B50	Ottomotor (Einspritzer) M60 B40	Ottomotor (Einpritzer) S70 B56
	1994: M73B54, LM-Block/Kopf	1996: M62B44, LM-Block/Kopf	LM-Block/Kopf
Zylinderzahl	12 (V 60°), längs über der Vorderachse	8 (V 90°), längs über der Vorderachse	12 (V 60°), längs über der Vorderachse
Bohrung x Hub	84 x 75, 1994: 85 x 79 mm	89 x 80 mm, 1996: 92 x 82,7 mm	86 x 80 mm
Hubraum	4988 ccm, 1994: 5379 ccm	3982 ccm, 1996: 4398 ccm	5576 ccm
Leistung	300 PS (220 kW) bei 5200/min	286 PS (210 kW) bei 5800/min	381 PS (280 kW) bei 6300/min
	1994: 326 PS (240 kW bei 5000/min	1996: 286 PS (210 kW) bei 5700/min	
Drehmoment	450 Nm bei 4100/min	400 Nm bei 4500/min	550 Nm bei 4000/min
	1994: 490 Nm bei 3900/min	1996: 420 Nm bei 3900/min	
Verdichtung	8,8 : 1, 1994: 10,0 : 1	10,0 : 1	9,8 : 1
Gemischbereitung	Elektronische Einspritzung	Elektronische Einspritzung	Elektronische Einspritzung
	2 x Bosch Motronic DME M 1.7	Bosch Motronic DME M 3.3	2 x Bosch Motronic DME M 1.7
	ab 1994: Bosch Motronic DME M 5.2	1996: Bosch Motronic DME M 5.2	
Ventile pro Zylinder	2, hängend	4, hängend	2, hängend
	2 x 1 obenliegende Nockenwelle	2 x 2 obenliegende Nockenwellen	2 x 1 obenliegende Nockenwelle
	(Kette)	verstellbar (Vanos) (Kette)	(Kette)
Kurbelwellenlager	7	5	7
Kühlung	Pumpe / 13 Liter Wasser, Motor-Ölkühler	Pumpe / 12,5 Liter Wasser, Motor-Ölkühler	Pumpe / 13 Liter Wasser, Motor-Ölkühler
Schmierung		Druckumlauf / 7,5 Liter Öl	
Abgasreinigung		Dreiwege-Kat, Lambdasonde	
Batterie/Lichtmaschine	12 V 130 Ah (im Kofferraum) –	12 V 90/130 Ah (im Kofferraum) –	12 V 130 Ah (im Kofferraum) –
	Drehstrom 90 A / 1610 W,	Drehstrom 120 A / 1680 W	Drehstrom 140 A / 1960 W
	1994: 140 A /1960 W	oder 140 A /1960 W	
Kraftübertragung	Heckantrieb		Heckantrieb, Sperrdifferential
Kupplung		Einscheiben-Trockenkupplung	
Schaltung	6-Gang (bis 1994), Schaltst. in Wagenmitte	6-Gang, Schaltstock in Wagenmitte	
Übersetzungen	I. 4,25 – II. 2,53 – III. 1,68	I. 4,23 – II. 2,51 – III. 1,67	I. 4,25 – II. 2,53 – III. 1,68
	IV. 1,24 – V. 1,0 – VI. 0,83 – R: 3,89	IV. 1,23 – V. 1,0 – VI. 0,83 – R: 3,75	IV. 1,24 – V. 1,0 – VI. 0,83 – R: 3,89
Antriebsübersetzung	2,93	3,08, 1996: 2,93	2,93
Automatik	4-Stufen (ZF), 1994: 5-Stufen (ZF)	5-Stufen (ZF)	–
Übersetzungen (Autom.)	I. 2,48 – II. 1,48 – III. 1,0 – IV. 0,73 – R: 2,1	I. 3,57 – II. 2,2 – III. 1,51	
	1994: I. 3,55 – II. 2,24 – III. 1,54	IV. 1,0 – V. 0,8, R: 4,1	
	IV. 1,0 – V. 0,8 – R: 2,1		
Antriebsübers. (Autom.)	3,15, 1994: 2,89	2,93, 1995: 2,81	
Fahrwerk		Selbsttragende Ganzstahlkarosserie	
Vorderradaufhängung		Federbeine (Schraubenfedern, Teleskopstoßdämpfer), Dreieckquerlenker, Stabilisator diagonale Druckstreben	
Hinterradaufhängung		Mehrlenkerachse (Längs-, Quer- und Schäglenker), Schraubenfedern, Teleskopstoßdämpfer	
	Stabilisator, EDC	Stabilisator, a.W. autom. Niveau-regulierung u. EDC	Stabilisator, EDC
Lenkung	Kugelumlauf (15,4 : 1), Servo		Kugelumlauf (13,5 : 1), Servo
Fußbremse	Zweikreis-Hydraulik, Servo	Zweikreis-Hydraulik, Servo	Zweikreis-Hydraulik, Servo
	vorn (Ø = 284 / 324 mm) und	vorn belüft. (Ø = 324 mm) und	vorn (Ø = 345 mm) und
	hinten (Ø = 279 / 324 mm)	hinten (Ø = 324 mm)	hinten (Ø = 345 / 328 mm)
	belüft. Scheiben, ABS	Scheiben, ABS	belüft. Scheiben, ABS
Fahrdynamikregelung	ASC+T, ab 1992: DSC	ASC+T, ab 1992: DSC	ASC+T, DSC
Allgemeine Daten	Coupé, 4sitzig	Coupé, 4sitzig	Coupé, 4sitzig
Radstand	2684 mm	2684	2684
Spur vorn/hinten	1554/1562 mm	1554/1562 mm	1554/1562 mm
Gesamtmaße	4780 x 1855 x 1340 mm	4780 x 1855 x 1340 mm	4780 x 1855 x 1330 mm
Gepäckraum	320 L	320 L	320 L
Reifen (vorn/hinten)	235/50 ZR/WR 16	235/50 ZR/WR 16	235/45 ZR 17 / 265/40 ZR 18
Felgen (vorn/hinten)	7,5 J x 16 (LM)	7,5 J x 16 (LM)	8 J x 17 / 9 J x 18 (LM)
Wendekreisdurchmesser	11,5 m	11,5 m	12,1 m
Leermasse (DIN)	1790 - 1880 (1830 - 1920) kg	1780 (1830) kg	1865 kg
Zul. Gesamtmasse	2300 (2330) kg	2180 - 2200 (2230) kg	2300 kg
Luftwiderstand (c_W x A)	0,29 x 2,06 m²	0,29 x 2,06 m²	0,31 x 2,06 m²
Höchstgeschwindigkeit	250 km/h (abgeregelt)	250 km/h (abgeregelt)	250 km/h (abgeregelt)
Beschleunigung 0-100 km/h	6,8 (7,4) sec; 1994: 6,3 sec	6,6 (7,0) sec	6,0 sec
Drittelmix-Verbrauch	13,0 (Autom.: 12,9) L /100 km (S)	11,7 (11,4) L / 100 km (S)	12,8 L / 100 km (S)
	1994: 12,0 L/100 km (S)	1996: 11,0 L/10 km (S)	12,8 L / 100 km (S)
Kraftstofftank	90 Liter (vor der Hinterachse)	90 Liter (vor der Hinterachse)	90 Liter (vor der Hinterachse)

BMW Z3 Roadster (E36-7, 1995–2002)
BMW Z3 Coupé (E36-7, 1998–2002)
BMW M Roadster (E36-7, 1997–2002)
BMW M Coupé (E36-7, 1998–2002)

Anlässlich des bevorstehenden 60. Geburtstages des legendären 328 aus dem Jahr 1936 überraschte BMW die Motorwelt 1995 mit einem attraktiven Sportwagen, der im amerikanischen BMW Werk in Spartanburg gebaut wurde. Technik und Fahrwerk stammten vom BMW der aktuellen 3er-Reihe, die Bodengruppe vom BMW compact. Die Cockpitabmessungen waren für einen Zweisitzer akzeptabel, die Größe des Kofferraums allerdings minimal.
BMW hatte die Präsentation des Z3 (E36-7) vorweggenommen, und zwar durch ein so genanntes »product placing« in einem James-Bond-Film. Dort ließ der Geheimagent 007 im Dienste ihrer Majestät seinen Aston Martin stehen und stieg auf einen bayerischen Sportwagen um. Was für eine cineastische Sensation!
Der 116-PS starke 1,8-Liter-Motor war der gleiche Vierzylinder, der im BMW 318i zum Einbau kam, wobei es bis Ende des Jahres 1998 auch einen 1,9-Liter mit 140 PS gab. Im September 1996 kam der Sechszylinder Z3 2.8i hinzu; der Vierventil-VANOS-Motor war der des BMW 328i. Ab 1999 stand für den Z3 ein Hardtop zur Verfügung.
Es war abzusehen gewesen, dass BMW den Z3 mit weiteren Motorisierungen anbieten würde. So wurde der Wagen ab 1999 mit einem Zweiliter-Sechszylinder-Aggregat angeboten, das den 1,9-Liter ersetzte, aber nur kurz im Programm blieb und dann dem Modell 2.2i Platz machte. Zugleich erschien der Z3 3.0i, dessen Doppel-VANOS-Sechszylindermotor mit zwei obenliegenden Nockenwel-

Produktionszahlen BMW Z3 (Baureihe E36), 1994–1999

	1994	1995	1996	1997	1998	1999
Z3 1.8	6	1242	11.890	10.386	5987	–
Z3 1.9 *	–	818	32.716	27.137	17.235	9136
Z3 2.0	–	–	–	–	9	8908
Z3 2.5 **	–	–	–	–	4364	11.864
Z3 2.8	–	–	1427	21.300	15.642	9523
M	–	–	60	2013	5468	4191
2.8 Coupé	–	–	4	160	3451	3286
M Coupé	–	–	–	19	2475	1831

* inkl. Z3 1.8 mit 1.9 Liter-118 PS ** nicht im deutschen Modellprogramm

Preise BMW Z3 (in DM)

	1.8	1.9	2.0	2.8	M	2.8 Coupé	M Coupé
Januar 1996	43.700	48.700	–	–	–	–	–
September 1996	44.500	49.800	–	–	–	–	–
März 1997	45.500	49.800	–	61.300	91.500	–	–
September 1997	45.500	50.400	–	61.300	91.500	–	–
April 1998	46.500	51.500	–	62.600	93.300	–	–
September 1998	47.050	52.050	–	63.300	94.300	64.000	95.000
April 1999	47.550 *	–	54.050	63.800	94.300	64.000	95.000
September 1999	47.550	–	54.050	63.800	94.300	64.000	95.000
März 2000	47.850	–	54.350	64.100	94.600	64.300	95.000
			1.8	2.0/2.2.	3.0		3.0 Coupé
Juli 2000			47.850	54.350	56.600		65.800

* inkl. Z3 1.8 mit 1.9 Liter-118 PS

len 231 PS leistete und für den 1258 kg leichten Zweisitzer das maximal Zumutbare darstellte – zumindest für den Augenblick.
Für das Modelljahr 2000 ließ BMW dem Z3 einige kosmetische Verbesserungen angedeihen. Auch wurde die hintere Spur verbreitert, es gab neue Rückleuchten, neue Stoßfänger und einen geänderten Kofferdeckel. Die Scheinwerfer wurden mit Chromrändern versehen.
Da der Z3 Roadster ein zwar reizvoller Sportwagen war, BMW aber ermittelt hatte, dass eine große Klientel sich ein solches Auto als Coupé wünschte, kam man diesen Erwartungen nach und stellte im Herbst 1997 den Z3 als eine Art Kombicoupé mit Heckklappe vor. Im Januar 1998 war Baubeginn des Coupés.
Von 1998 bis 2000 gab es das Z3 Coupé als 2.8Ci, von 2000 bis 2003 als 3.0Ci. Serienmäßig waren beide Modelle mit ASC+T ausgestattet. Eine M-Version mit 321 PS starkem 3,2-Liter-Motor (dohc-Vierventiler) wurde in geringer Stückzahl 1997–2000 verkauft; diese Ausführung kostete in Deutschland 95.000 Mark und damit um die Hälfte mehr als der 3,0 Liter Roadster. Im Oktober 1997 erfolgte die Auslieferung des hunderttausendsten BMW Z3.
Bevor der ab Anfang 1998 lieferbare Z3 als M-Coupé auf die Straße kam, gab es eine solche Version bereits als Roadster. Dieses von 1997 bis 2000 gebaute Auto trug offiziell indes nicht die Chiffre Z3, sondern hieß schlicht M Roadster. Mit 321 PS und abgeregelten 250 km/h Spitze war ein besonders reizvolles Fahrzeug entstanden.
Am 5. Juli 2002 lief der letzte Z3 vom Band. Mit knapp 280.000 produzierten Fahrzeugen war der Z3 ein sehr erfolgreiches Modell für BMW. Sein Nachfolger wurde der Z4.

Mit dem ab 1995 gebauten Z3 knüpfte BMW an eine weit zurück liegende Roadster.Tradition an – an die des legendären und heute hoch bewerteten 2,0-Liter Sportwagens 328 von 1936 bis 1940.

BMW M 3,2 Liter Roadster, gebaut von 1997 bis 2002.

Links: Cockpit des BMW Z3 Roadster.

Unten: Der Kofferraum im Roadster ist nicht gerade üppig bemessen, doch im Coupé lässt sich eine Menge Reisegepäck unterbringen.

Links: 3,2-Liter-Sechszylindermotor im BMW M, 1997–2002.

In allen Ausführungen ist das von 1998 bis 2002 gebaute Z3 Coupé zu einem Sammlerstück avanciert. Indirekte Vorläufer der Design-Architektur waren der MGB und der Volvo P 1800 ES.

	BMW Z3 1.8 1995-1999	BMW Z3 1.8-118 PS 1999-2002	BMW Z3 1.9 1995-1999
Motor	Ottomotor (Einspritzer) M43B18, LM-Kopf	Ottomotor (Einspritzer) M43B19, LM-Kopf	
Zylinder		4 (Reihe), längs über der Vorderachse	
Bohrung x Hub	84 x 81 mm	85 x 83,5 mm	
Hubraum	1796 ccm	1895 ccm	1895 ccm
Leistung	116 PS (85 kW) b. 5500/min	118 PS (87 kW) b. 5500/min	140 PS (103 kW) b. 6000/min
Drehmoment	168 Nm b. 3900/min	180 Nm b. 3900/min	180 Nm b. 4300/min
Verdichtung	9,7:1		10,0:1
Gemischbereitung	Elektronische Einspritzung Bosch Motronic DME M 1.7.1	Elektronische Einspritzung BMW/Siemens DME BMS 46	Elektronische Einspritzung Bosch Motronic DME M 5.2
Ventile	2, hängend, 1 obenliegende Nockenwelle (Kette)		4, hängend, 1 obenlieg. Nockenwelle (Kette)
Kurbelwellenlager		5	
Kühlung		Pumpe, 6,5 Liter Wasser	
Schmierung		Druckumlauf, 5 Liter Öl	
Batterie		12 V 70 Ah (im Kofferraum)	
Lichtmaschine	Drehstrom 90 A	Drehstrom 90 A / 1260 W	Drehstrom 80 A
Kraftübertragung		Heckantrieb	
Kupplung		Einscheiben-Trockenkupplung	
Schaltung		Schaltstock in der Wagenmitte	
Schaltgetriebe		5-Gang	
Übersetzungen		I. 4,23 – II. 2,52 – III. 1,66 – IV. 1,22 – V. 1,0 – R: 4,04	
Antriebs-Übersetzung	3,45	3,38	3,45
Automat. Getriebe	–	–	4- Stufen (GM)
Übersetzungen			I. 2,86 – II. – 1,62 – III. 1,0 – IV. 0,72 – R: 2,0
Antriebs-Übersetzung			4,44
Fahrwerk		Selbsttragende Ganzstahlkarosserie	
Vorderradaufhängung		Federbeine, Schraubenfedern, Teleskopstoßdämpfer, Dreieckquerlenker, Stabilisator	
Hinterradaufhängung		Schräglenker, Schraubenfedern, Teleskopstoßdämpfer, Stabilisator	
Lenkung		Zahnstange (15,4:1), Servo	
Betriebsbremse		Zweikreis-Hydraulik, Servo vorn (Ø = 286 mm) und hinten (Ø = 272 mm) Scheiben, ABS	
Fahrdynamikregelung	1996: ASC+T	ASC+T, a.W. DSC	1996: ASC+T
Allgemeine Daten		**Roadster (2-sitzig)**	
Radstand	2445 mm	2446 mm	2445 mm
Spur vorn/hinten	1410/1425 mm	1411/1492 mm	1410/1425 mm
Gesamtmaße	4025 x 1692 x 1288 mm	4050 x 1740 x 1288 mm	4025 x 1692 x 1288 mm
Felgen	6,5 J x 15 (Stahl)	7 J x 16 (Stahl)	7 J x 15 (LM)
Reifen	205/60 HR 15	225/50 VR 16	205/60 VR 15
Wendekreis links/rechts	11,3/11,4 Meter	10,0 Meter	10,4 Meter
Wagengewicht	1150-1220 kg	1200 kg	1175-1240 kg
Zuläss. Gesamtgewicht	1400-1490 kg	1490 kg	1425-1490 kg
Höchstgeschwindigkeit	194 km/h	196 km/h	205, Automatic 196 km/h
Beschleunigung 0-100 km/h	10,5 sec	10,4 sec	9,5, Automatic 10,5 sec
Verbrauch/100 km	7,8 Liter (S)	7,8 L (S)	8,0, Automatic 8,7 L (S)
Kraftstofftank		51 Liter (vor der Hinterachse)	

	BMW Z3 2.0 1999-2002	BMW Z3 2.8 1996-2000	BMW Z3 3.0 2000-2002
Motor	Ottomotor (Einspritzer), M52B20 ab 7/2000: M52B22, LM-Kopf/Block	Ottomotor (Einspritzer) M52B28, LM-Kopf/Block	Ottomotor (Einspritzer) M52B30, LM-Kopf/Block
Zylinder	6 (Reihe), längs über der Vorderachse		
Bohrung x Hub	80 x 66 mm, ab 7/2000: 80 x 72 mm	84 x 84 mm	84 x 89,6 mm
Hubraum	1991 ccm, ab 7/2000: 2171 ccm	2793 ccm	2979 ccm
Leistung	150 PS (110 kW) b. 5900/min 2.2: 170 PS (125 kW) b. 6250/min	192 PS (141 kW) b. 5300/min 1999: 193 PS (142 kW) b. 5500/min	231 PS (170 kW) b. 5900/min
Drehmoment	190 Nm b. 3500/min 2.2: 210 Nm b. 3500/min	275 Nm b. 3950/min 1999: 280 Nm b. 3500/min	300 Nm b. 3500/min
Verdichtung	11,0:1; 2.2: 10,8: 1	10,2:1	10,2:1
Gemischbereitung	Elektronische Benzineinspritzung Siemens DME MS 42.0 2.2: Siemens DME MS 43.0	Elektronische Benzineinspritzung Siemens DME MS 42.0	Elektronische Benzineinspritzung Siemens DME MS 43.0
Ventile	4, V-förmig hängend, 2 obenliegende Nockenwellen, verstellbar (Doppel-Vanos) (Kette)		
Kurbelwellenlager	7		
Kühlung	Pumpe, 10,5 Liter Wasser		
Schmierung	Druckumlauf, 6,5 Liter Öl		
Batterie	12 V 70 Ah (im Kofferraum)		
Lichtmaschine	Drehstrom 90 A / 1260 W		
Kraftübertragung	Heckantrieb		
Kupplung	Einscheiben-Trockenkupplung		
Schaltung	Schaltstock in der Wagenmitte		
Schaltgetriebe	5-Gang		
Übersetzungen	I. 4,23 – II. 2,52 – III. 1,66 – IV. 1,22 – V. 1,0 – R: 4,04	I. 4,21 – II. 2,49 – III. 1,66 – IV. 1,24 – V. 1,0 – R: 3,85	
Antriebs-Übersetzung	3,45	3,15	3,07
Automat. Getriebe	4-Stufen (GM) / 2.2: 5-Stufen (ZF)	4-Stufen (GM)	5- Stufen (GM)
Übersetzungen	I. 2,86 II. 1,62 III. 1,0 IV. 0,72 R: 2,0 / I. 3,42 II. 2,52 III. 1,60 IV. 1,0 V. 0,75 R: 3,03	I. 2,86 – II. 1,62 – III. 1,0 IV. 0,72 – R: 2,0	I. 3,42 – II. 2,22 – III. 1,60 – IV. 1,0 V. 0,75– R: 2,0
Antriebs-Übersetzung	4,44 / 3,45	4,1	3,15
Fahrwerk	Selbsttragende Ganzstahlkarosserie		
Vorderradaufhängung	McPherson-Federbeine, Schraubenfedern, Teleskopstoßdämpfer, Dreieckquerlenker, Drehstab-Stabilisator		
Hinterradaufhängung	Schräglenker, Schraubenfedern, Teleskopstoßdämpfer, Drehstab-Stabilisator		
Lenkung	Zahnstange (15,4:1), Servo		
Betriebsbremse	Zweikreis-Hydraulik, Servo vorn belüft. (Ø = 286 mm) und hinten (Ø = 272 mm) Scheiben, ABS	Zweikreis-Hydraulik, Servo	Zweikreis-Hydraulik, Servo, vorn belüft. (Ø 300 mm) u. hinten (Ø 272 mm) Scheiben, ABS
Fahrdynamikregelung	ASC+T, a.W. DSC		
Allgemeine Daten	**Roadster (2-sitzig)**		
Radstand	2446 mm	2446 mm	2445 mm
Spur vorn/hinten	1413/1494 mm	1413/1494 mm	1413/1494 mm
Gesamtmaße	4050 x 1740 x 1293 mm	4025 x 1740 x 1293 mm 1999: 4050 x 1740 x 1306 mm	4050 x 1740 x 1306 mm
Felgen	7 J x 16 (LM)	7 J x 16 (LM)	7 J x 16 (LM)
Reifen	225/50 VR 16	225/50 ZR 16	225/50 ZR 16
Wendekreisdurchmesser	10,0 Meter	10,0 Meter	10,0 Meter
Wagengewicht	1270 (1310) kg	1285 (1325) kg	1285 (1325) kg
Zuläss. Gesamtgewicht	1540 (1580) kg	1555 (1595) kg	1555 (1595) kg
Höchstgeschwindigkeit	210 (206) km/h, 2.2: 224 (220) km/h	218 (216) km/h; 1999: 225 (223) km/h	240 (236) km/h
Beschleunigung 0-100 km/h	8,9 (9,9) sec, 2.2: 7,9 (8,9) sec	7,1 (7,4) sec; 1999: 6,9 (7,2) sec	6,0 (6,3) sec
Verbrauch/100 km	9,2 (9,9) L(S), 2.2: 9,2 (9,6) L (S)	9,4 (10,4) L (S)	9,5 (10,1) L (S)
Kraftstofftank	51 Liter (vor der Hinterachse)		

ALPINA bot den Z3 ebenfalls an –
mit den üblichen Modifikationen. Das Foto
zeigt einen Rechtslenker.

	BMW Z3 Coupé 2.8 1998-2000	BMW Z3 Coupé 3.0 2000-2002	BMW Z3 M Roadster 1997-2002	BMW Z3 M Coupé 1998-2002
Motor	Ottomotor (Einspritzer)			
	M52B28, LM-Kopf	M50B30, LM-Kopf	S50B32, LM-Kopf	S50B32, LM-Kopf
Zylinderzahl	6 (Reihe), längs über der Vorderachse			
Bohrung x Hub	84 x 84 mm	84 x 89,6 mm	86,4 x 91 mm	86,4 x 91 mm
Hubraum	2793 ccm	2979 ccm	3201 ccm	3201 ccm
Leistung	193 PS (142 kW) bei 5500/min	231 PS (170 kW) bei 5900/min	321 PS (236 kW) bei 7400/min	321 PS (236 kW) bei 7400/min
Drehmoment	280 Nm bei 3500/min	300 Nm bei 3500/min	350 Nm bei 3250/min	350 Nm b. 3250/min
Verdichtung	10,2 : 1	10,2 : 1	11,3 : 1	11,3 : 1
Gemischbereitung	Elektronische Einspritzung			
	Siemens DME MS 42.0	Siemens DME MS 43.0	Siemens DME MS S 50	Siemens DME MS S 50
Ventile pro Zylinder	4, V-förmig hängend, 2 obenliegende Nockenwellen verstellbar (Doppel-Vanos) (Kette)			
Kurbelwellenlager	7			
Kühlung	Pumpe, 10,5 Liter Wasser		Pumpe, 10,8 Liter Wasser, Motor-Ölkühler	
Schmierung, Abgasrein.	Druckumlauf, 6,5 Liter Öl; Dreiwege-Kat, Lambdasonde		Druckumlauf, 5,5 Liter Öl; Dreiwege-Metallkat, 2 Lambdasonden	
Batterie	12 V 70 Ah (im Kofferraum)			
Lichtmaschine	Drehstrom 80 A / 1120 W		Drehstrom 115 A / 1610 W	
Kraftübertragung	Heckantrieb		Heckantrieb, Sperrdifferential	
Kupplung	Einscheiben-Trockenkupplung			
Schaltung	5-Gang, Schaltstock in Wagenmitte			
Übersetzungen	I. 4,21 – II. 2,49 – III. 1,66 IV. 1,24 – V. 1,0 – R: 3,85	I. 4,21 – II. 2,49 – III. 1,66 IV. 1,24 – V. 1,0 – R: 3,85	I. 4,21 – II. 2,49 – III. 1,66 IV. 1,24 – V. 1,0 – R: 3,85	I. 4,21 – II. 2,49 – III. 1,66 IV. 1,24 – V. 1,0 – R: 3,85
Antriebsübersetzung	3,15	3,07	3,15	3,15
Automatik	4-Stufen (GM)	5-Stufe (GM/ZF)	–	–
Übersetzungen (Auto.)	I. 2,86 – II. 2,62 – III. 1,01 IV. 0,72 – R: 2,0	I. 3,42 – II. 2,22 – III. 1,60 IV. 1,0 – V. 0,75 – R: 3,03		
Antriebsübers. (Auto.)	4,1	3,15		
Fahrwerk	Selbsttragende Ganzstahlkarosserie			
Vorderradaufhängung	McPherson-Federbeine (Schraubenfedern, Teleskopstoßdämpfer), Dreieckquerlenker, Drehstab-Stabilisator			
Hinterradaufhängung	Schräglenker, Schraubenfedern, Teleskopstoßdämpfer, Drehstab-Stabilisator			
Lenkung	Zahnstange (15,4 : 1), Servo		Zahnstange (16,3 : 1), Servo	
Fußbremse	Zweikreis-Hydraulik, Servo, vorn (Ø 286 mm) u. hinten (Ø 272 mm) belüft. Scheiben, ABS	Zweikreis-Hydraulik, Servo, vorn (Ø 300 mm) u. hinten (Ø 272 mm) belüft. Scheiben, ABS	Zweikreis-Hydraulik, Servo, vorn (Ø 315 mm) u. hinten (Ø 312 mm) belüft. Scheiben, ABS	Zweikreis-Hydraulik, Servo, vorn (Ø 315 mm) u. hinten (Ø 312 mm) belüft. Scheiben, ABS
Fahrdynamikregelung	ACS+T, a. W. DSC			
Allgemeine Daten	**Coupé (3-türig)**		**Roadster (2-sitzig)**	**Coupé (3-türig)**
Radstand	2446 mm		2459 mm	
Spur vorn/hinten	1413/1494 mm		1422/1492 mm	
Gesamtmaße	4025 x 1740 x 1306 mm		4025 x 1740 x 1266 mm	4025 x 1740 x 1279 mm
Gepäckraum	210 / 410 L		165 L	219/410 L
Reifen	225/50 ZR 16		225/45 ZR 17 / 245/40 ZR 17	
Felgen	7 J x 16 (LM)		7,5 J x 17 / 9 J x 17 (LM)	
Wendekreisdurchm.	10,0 m		10,4 m	
Leermasse (DIN)	1300 (1340) kg	1320 (1360) kg	1350 kg	1390 kg
Zul. Gesamtmasse	1570 (1610) kg	1590 (1630) kg	1620 kg	1660 kg
Höchstgeschwind.	231 (229) km/h	250 (242) km/h	250 km/h (abgeregelt)	250 km/h (abgeregelt)
Beschleunigung 0-100 km/h	6,3 (7,1) sec	6,0 (6,3) sec	5,4 sec	5,4 sec
Euromix-Verbrauch	9,4 (10,4) L/100 lm (S)	9,5 (10,2) L/100 lm (S)	11,1 L/100 km (S)	11,1 L/100 km (S)
Kraftstofftank	51 Liter (vor der Hinterachse)			

BMW Z8 (E52, 1999–2003)

Im Oktober 1997 war in Tokio und im Januar 1998 in Detroit die Vorstudie zu einem neuen BMW Sportwagen gezeigt worden, Z07 genannt und in ihrer Erscheinungsform schon nahe am Serienmodell, das dann im September 1999 seine offizielle Premiere hatte. Der Roadster war zweifellos eine Hommage an Graf Goertz' berühmten BMW 507: An diesen Klassiker erinnerten zumindest die Frontpartie, die dekorativen Elemente der seitlichen Lüftungsschlitze (die aber keine waren, sondern nur so aussahen) und die Instrumentierung im Cockpit. Mit der Einführung des Z8 war die Produktion des E31 (8er-Reihe) zu Ende gegangen.
Innovativ und wirklich nicht Retro-orientiert war die Konstruktion der Alu-Space-Karosserie. Strukturbleche aus Aluminium füllten die Räume zwischen den als Gerüst dienenden Strangpressprofilen aus. Das ergab eine Steifigkeit und eine Verwindungsstabilität, wie sie bei einem offenen Sportwagen bisher kaum erreicht worden war. Mehr als 1000 Stanznieten und 57 m MIG-Schweißnaht hielten die Bauteile zusammen. Die groß dimensionierten Bremsen hatten vorn einen Scheibendurchmesser von 334, hinten von 328 mm.
Die Dingolfinger, das bewiesen sie mit dem Z8 einmal mehr, sind Spezialisten im Umgang mit Aluminium. Die dort angefertigte Karosserie kam zur Vervollständigung nach München; der Betrieb in Landshut lieferte die Stoßfänger und Schweller.
Der in München produzierte Motor des Z8 war ein 5,0-Liter-V8 mit 400 PS. Er bestand aus 1200 Teilen, hatte vier verstellbare Nockenwellen (Doppel-Vanos) und ein Bosch-Motormanagement mit vier elektronisch betätigten Einzeldrosselklappen. Es handelte sich um das Aggregat aus dem M5. Vor seinem Einbau lief jeder Motor 20 Minuten auf dem Prüfstand.

BMW Z8 (E52), 1999.

Sehr elegant und anklingend an das Styling teurer Luxusautomobile der Dreißiger Jahre: BMW Z8 mit kontrastfarbig abgesetzte Flanken.

Cockpit des BMW Z8.

Der 400 PS leistende 5,0-Liter-V8-Motor des BMW Z8, identisch mit dem im M5.

BMW Z8, 2000. Am Bau des Wagens waren 100 Personen beteiligt.

31 Montagestationen durchlief jeder Wagen, an dessen Bau gut 100 Personen beteiligt waren, und absolvierte vor der Auslieferung eine Testfahrt von 30 Kilometern. Kein Z8 wurde also mit Tachostand Null verkauft. Und der Kunde erhielt sein Auto ohne Reserverad, denn die Reifen des Roadsters hatten bei Druckverlust für 300 km Notlaufeigenschaften. Zum Serienumfang des Z8 gehörten ein Hardtop, ein Multifunktionsradio mit Navigation und ein elektronisches Stabilitätssystem.
Ein V10-Motor, das hatten die BMW-Ingenieure unter Projektleiter Christian Dietrich nicht ausgeschlossen, könnte in den nächsten Generation des Z8 den V8 ablösen. Doch daraus wurde nichts; es gab keine zweite Generation. Aber 555 Exemplare in ALPINA-Trimm.
Die Rückbesinnung auf den 507 war BMW zumindest formal durchaus geglückt. In den Leistungswerten war der Z8 dem Vorbild haushoch überlegen. Der Roadster – mit 250 km/h limitierter Spitze nicht schneller, aber mit 4,7 Sekunden Beschleunigung von Null auf 100 km/h noch rasanter als ein M5 – genießt wie sein großer Vorgänger hohen Liebhaberstatus. Der 235.000 D-Mark teure Z8 alias E52 wurde Ende 2003 aus dem Programm genommen, nachdem 5703 Stück gebaut worden waren.

Nur 5703 Exemplare sind vom BMW Z8 hergestellt worden.

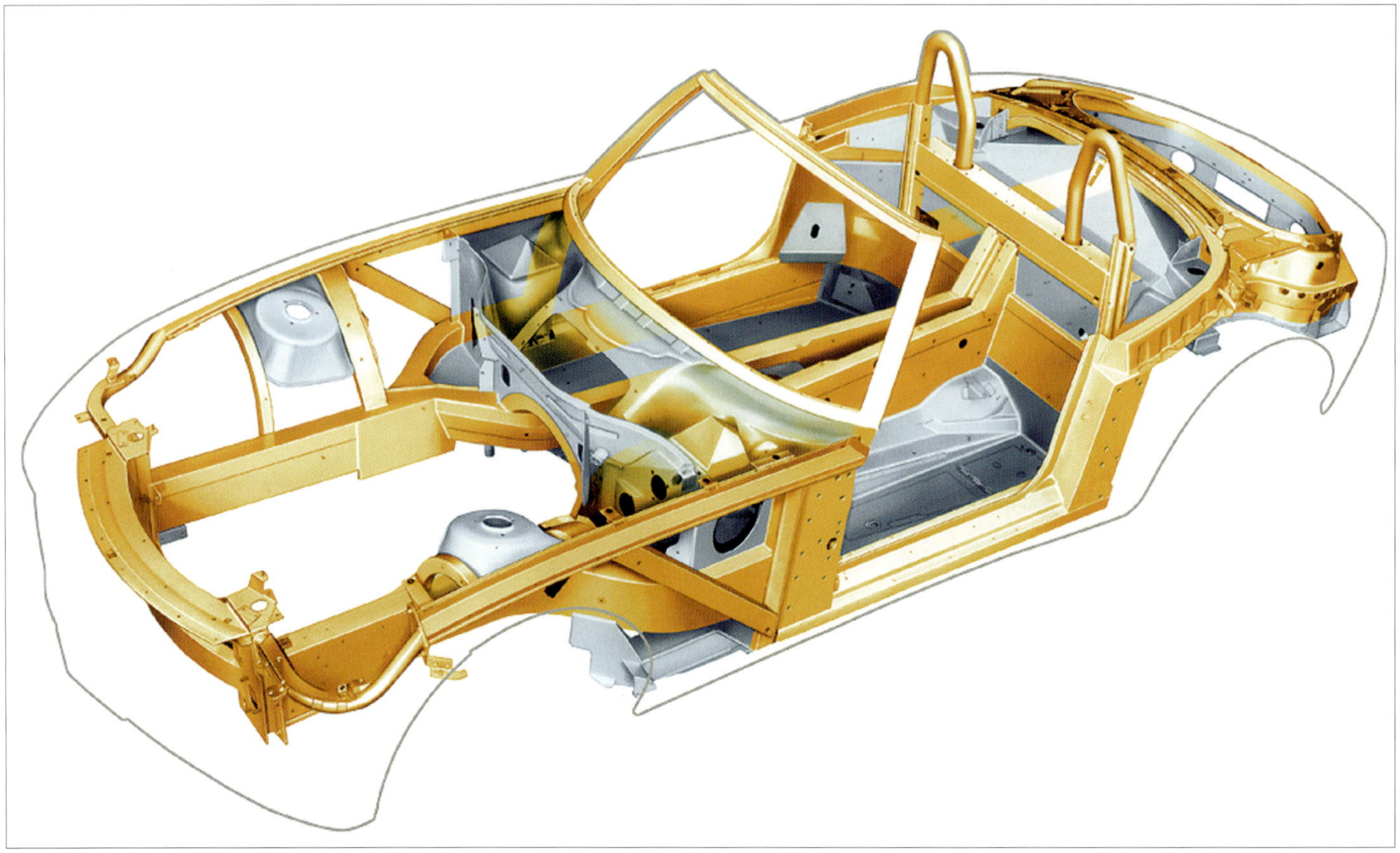

Aluminium-Rahmenstruktur des BMW Z8.

Die Lüftungsschlitze in den Flanken sind Attrappen …

Das Retrostyling des BMW Z8 Roadsters überzeugte durch eine harmonische Linienführung und wirkte keineswegs gekünstelt wie etwa der Versuch von Volkswagen, den VW-Käfer als Parodie wiedererstehen zu lassen. Oben der Alpina V8 Roadster.

Oben: BMW Z8-Studie, 1997 als Modell Z07 entstanden.

Unten: BMW Z8 mit Hardtop, 2000.

BMW X5 (E53, 1999–2006)

Ab November 1999 liefen im BMW-Werk Spartanburg (South Carolina), USA, nicht nur Sportzweisitzer vom Band. Dort wurde auch der X5 gebaut, eine Allrad-Kombilimousine, für die BMW die Vokabel »Sports Activity Vehicle« geprägt hat, kurz SAV und Abwandlung des – nicht nur – in den USA gebräuchlichen SUV: Sports Utility Vehicle. Mit diesem intern als E53 bezeichneten Viertürer mit Heckklappe entsprach BMW schon frühzeitig und erfolgreich einem Trend, dem auch andere große Hersteller folgten.
Mit seinem von der Firma Magna in Österreich entwickelten Allradantrieb und einem Fahrwerk, das im technischen Aufbau dem des 7er BMW entsprach, war der X5 etwa 15 cm kürzer als der 5er Touring. Seine Fahreigenschaften ließen keine Kompromisse erkennen – offroad (wenn man ihn nicht mit einem Land Rover verglich) wie onroad. Als Motorisierung standen zunächst der 3,0-Liter-Sechszylinder (231 PS) und ein 4,4-Liter-V8 (286 PS) zur Verfügung; 2000 folgte der 3,0-Liter-Turbodiesel. Ebenfalls im Jahr 2000 entstand ein X5 mit verlängertem Radstand (E55), der aber ein Versuchsmodell blieb. Die zweite, in vieler Hinsicht optimierte Generation des X5 erschien 2006 in Gestalt des BMW E70.

Produktion des BMW X5 in Spartanburg, South Carolina.

	BMW Z8 Roadster 1999-2003	BMW X5 3.0i SUV 4-türig 1999–2006	BMW X5 4.4i SUV 4-türig 1999–2006
Motor	Ottomotor (Einspritzer) mit Dreiwege-Katalysator und Lambda-Sonde		
Zylinder	V8 (90°)	6 (Reihe)	V8 (90°)
Bohrung x Hub	74 x 89 mm	84 x 89,6 mm	84 x 88 mm
Hubraum	4941 ccm	2979 ccm	4398 ccm
Leistung	400 PS (294 kW) b. 6600/min	231 PS (170 kW) b. 5900/min	286 PS (210 kW) b. 5400/min
Drehmoment	51 mkg b. 3800/min	30,6 mkg b. 3500/min	44,9 mkg b. 3600/min
Verdichtung	11,0:1	10,2:1	10,0:1
Gemischbildung	elektronische Einspritzung	elektronische Einspritzung	elektronische Einspritzung
	Bosch Motronic	Siemens	Bosch Motronic
	DME ESS 52	DME M 43.0	DME M 7-2
Ventile	Hängend, 4 NW, Doppel- Vanos, Kette	Hängend, obenliegende Nockenwellen, Antrieb über Kette	
Kurbelwellenlager	5	7	5
Kühlung	Pumpe, 12,5 Liter Wasser	Pumpe, 10,5 Liter Wasser	Pumpe, 12,0 Liter Wasser
Schmierung	Druckumlauf, 7,5 Liter Öl, Ölkühler	Druckumlauf, 7,8 Liter Öl, Ölkühler	Druckumlauf, 7,7 Liter Öl, Ölkühler
Batterie	12 V 90 Ah (Batterie im Kofferraum)	12 V 70 Ah (Batterie im Kofferraum)	12 V 90 Ah (Batterie im Kofferraum)
Kraftübertragung	Hinterräder	Allradantrieb (permanent)	
		geteilte Kardanwelle	
Schaltung	Schaltstock Wagenmitte	Schaltstock Wagenmitte	5-Stufen-Automatik
Schaltgetriebe	6-Gang Handschaltung	5-Gang Handschaltung	ZF
Übersetzungen	I. 4,227 – II. 2,528 – III. 1,669 – IV.1,226	I. 5,09 – II. 2,280 – III. 1,760 – IV.1,250	
	V. 1,0 – VI. 0,828 – R 3,746	V. 1,0 – R 4,71	
Antriebs-Übersetzung	3,38	3,64	3,64
Automatisches Getriebe			Hydraulischer Wandler
Übersetzungen			I. 3,57 – II. 2,20 – III. 1,60
			IV. 1,0 – V. 0,80 – R 4,1
Antriebs-Übers. Automatik			3,64
Fahrwerk	Spaceframe Alukarosserie	Selbsttragende Ganzstahlkarosserie	
Vorderradaufhängung	McPherson-Federbeine, Schraubenfedern, Drehstab-Stabilisator		
Hinterradaufhängung	Mehrlenker-Hinterachse, Schraubenfedern		
Lenkung	Zahnstange, 20,5:1, Servo	Zahnstange, 21:1, Servo	
Anschlag	3 Lenkraddrehungen		
Betriebsbremse	Zweikreis-Hydraulik, Servo		
	Scheibenbr. vorn (349 mm Ø) und hinten	Scheibenbremsen vorn (332 mm Ø) und hinten	
Allgemeine Daten			
Radstand	2505 mm	2820 mm	2829 mm
Spur vorn/hinten	1553/1568 mm	1575/1576 mm	1576/1576 mm
Gesamtmaße	4400 x 1830 x 1317 mm	4667 x 1872 x 1715 mm	4667 x 1872 x 1707 mm
Felgen	8 J x 18, 9J x 18 LM	7,5 J x 17	7,5 J x 17
Reifen	245/45 WR 18	235/65 HR 17	235/65 HR 17
Wendekreis links/rechts	11,8 m	12,1 m	12,1 m
Wagengewicht	1585 kg	1990 kg	2095 kg
Bodenfreiheit	11 cm	11 cm	11 cm
Gepäckraum	203 Liter	465 / 1550 Liter	465 / 1550 Liter
Zuläss. Gesamtgewicht	1900 kg	2600 kg	2650 kg
Höchstgeschwindigkeit	250 km/h (abgeregelt)	192 km/h	230 km/h
Beschleunigung 0-100 km/h	4,7 sec	8,5 sec	7,5 sec
Verbrauch/100 km	14,5 Liter	12,7 Liter	13,9 Liter
Kraftstofftank	73 Liter	92 Liter	92 Liter

Von *AutoBild* getesteter BMW X5, Baujahr 2000.

»Arbeitsplatz« im BMW X5, 2000

Frontansicht des BMW X5 der zweiten Generation, 2006.

Allen Widrigkeiten zum Trotz: Eisenach gibt Gas

1945–1955

BMW / EMW 321 (1945)
BMW / EMW 327/2, 327/3 (1948–1955)
EMW 340 (1948–1951)

Die Fortsetzung des BMW-Automobilbaus nach dem Zweiten Weltkrieg fand dort statt, wo er einst begonnen und 1941 aufgehört hatte: im Werk Eisenach.

Dort wurde schon bald die Fertigung wieder aufgenommen. Unter provisorischen und entbehrungsreichen Verhältnissen zwar, aber es war immerhin ein Anfang. Da die Russen angekündigt hatten, sie würden die Betriebseinrichtungen demontieren und in die Sowjetunion transportieren, nahmen die verbliebenen 200 Mitarbeiter in eigener Regie eilends die Fertigung wieder auf und erstellten bis zum Jahresende 1945 in Handarbeit und unter Verwendung der letzten Teilebestände 68 Limousinen des Vorkriegs-Baumusters BMW 321 – in der Erwartung, die Besatzungsbehörden würden durch einen solchen Leistungsbeweis von ihrem Vorhaben abrücken. Die Rechnung ging auf. Das Werk durfte weiterproduzieren. Es firmierte zunächst unter der Bezeichnung BMW Eisenach; Anfang 1946 wurde es der sowjetischen Staats-AG (SAG) Awtowelo unterstellt, und Ende 1951 änderte sich aufgrund juristischer Einsprüche von Seiten der BMW AG in München die bislang weiterbenutzte Bezeichnung der Produkte von BMW in EMW = Eisenacher Motoren Werk. Die blauen Segmente im Signet tauschte man gegen rote aus. 1952 gliederte Awtowelo den Eisenacher Betrieb wieder aus und stellte ihn unter die Verantwortung der IFA-Gruppe Eisenach-Thüringen.

Die für sowjetische Offiziere, aber auch für den dringend notwendigen Export hergestellten BMW Automobile aus der »Ostzone« waren also lange vor dem ersten West-BMW auf der Straße. Klar, dass man dies in München mit großem Missbehagen zur Kenntnis nahm und die Rechte am Original-Markenzeichen durchzufechten gedachte. So setzte BMW durch, dass die in Thüringen produzierten Fahrzeug eine andere Bezeichnung erhalten mussten.

BMW 321, 1945, weitgehend der Vorkriegsausführung entsprechend.

Links: BMW/EMW 327/2 von 1952.
Darunter die Coupéausführung 327/3.

Oben: EMW 340 Limousine
auf Versuchsfahrt.

1952: Aus BMW wird EMW

Und dann erschien auch noch eines der Schmuckstücke der Dreißiger Jahre in einer Neuauflage: der BMW 327. Der attraktive Zweitürer feierte zunächst unter der alten Bezeichnung BMW 327 seine Wiederkehr, allerdings nicht mit dem Spezialkopf des 328 und mit nur 55 PS Motorleistung. Den fast ausschließlich ins Ausland gelieferten Wagen baute man erst als Cabriolet (327/2) und ab 1954 auch als Coupé (327/3), wobei es ein paar Unterschiede zum Original gab. So öffneten bei beiden Modellen die Türen nach hinten, die Motorhaube nicht mehr hälftig nach rechts und links, sondern wie einst beim 328 in einem Stück nach oben, wobei die Seitenteile aber stehen blieben. Die Radzierkappen hatten einen größeren Durchmesser, es gab andere Winker, andere Stoßstangen und andere Instrumente. Beim Coupé war auch das Rückfenster mehr als doppelt so groß im Vergleich zu dem des BMW 327. Und ab 1952 wurde das Cabriolet dann auch als EMW 327 ausgeliefert. Das »B« bei den im Motorblock eingegossenen Buchstaben BMW wurde durch Nachbehandlung per Handfeile bei jedem Wagen in ein »E« verwandelt. Die Karosserien entstanden bei der ehemaligen Firma Gläser (jetzt »Volkseigener Betrieb«) in Dresden. Der von 1949 bis 1955 hergestellte Ost-327 wurde insgesamt 505 Mal angefertigt.

Ein weiteres Vorkriegs-BMW-Baumuster, das in Eisenach seine Wiederauferstehung erlebte, war der vom Typ 326 abgeleitete 340. Auf dem Brüsseler Automobilsalon 1949 konnte die Awtowelo AG ihm einen internationalen Auftritt verschaffen. Die Kühlerfront war im Unterschied zu der des 321 und des 327 jedoch stark modifiziert worden; in die pontonförmig abgerundeten Kotflügel waren die Scheinwerfer integriert, und der Kühlergrill bestand aus zehn waagerecht angeordneten Stäben, deren Breite sich nach oben verringerte und dort mit dem Markenemblem den Abschluss bildete. Ab 1952 wurde der 340 auch als Lieferwagen und Ambulanzfahrzeug karossiert. Alle Ausführungen hatten den 1971-ccm-Sechszylinder mit zwei Vergasern und 55 PS, Lenkradschaltung, eine hintere Starrachse sowie vorn Einzelradaufhängung an Querlenkern und Querfedern. Gesamtstückzahl: 21.254.

EMW 340 Limousine mit finnischer Nummer. Der Kombiwagen, links, wurde meist als Ambulanz gebaut.

Unten: EMW 343 Limousine als Prototyp mit »amerikanischem« Styling, 1951.

Erwähnenswert in diesem Zusammenhang sind der EMW 340/1, 1949 als Prototyp entstanden, und der 341. Der parallel zum Ost-327 konstruierte 340/1 sollte als Nachfolger des 327/28 verstanden werden. Das Chassis entsprach dem des BMW 326 bzw. seiner Nachfolger-Limousine EMW 340, wies hinten jedoch Drehstabfederung wie beim BMW 335 auf und hatte wie der 328 einen 80-PS-Motor mit drei Vergasern, eine ohv-Maschine vom 340. Der Zweisitzer konnte unter seinem rundlichen Heck sogar einen ansehnlichen Kofferraum aufweisen. Der EMW 340/1 wurde in nur zwei Exemplaren gebaut.

DAMW · AWE Rennsportwagen (1948–1952)

Auch in der DDR dachte man schon bald an eine Wiederaufnahme motorsportlicher Aktivitäten, so sehr die wirtschaftlichen und politischen Umstände jener Zeit besonders im Osten Deutschlands starke Einschränkungen mit sich brachten. Dennoch entstand eine erste Keimzelle für Überlegungen, wieder in den Rennsport einzusteigen, seitens einiger privater Schrauber in einer Reparaturwerkstatt der Sowjetischen Militär-Administration (SMAD) in der Nähe Berlins.

In einer der dortigen Arbeitshallen wurde 1948 das Rennkollektiv Johannisthal gegründet. Das in privater Initiative entstehende Rennwagenprojekt wurde offiziell als Forschungsauftrag einer nur auf dem Papier bestehenden Behörde DAMW (Deutsches Amt für Material- und Warenprüfung) deklariert, sonst hätten die Regierungsbehörden die Arbeit sofort blockiert. In Johannisthal baute der Kfz-Meister Arthur Rosenhammer mit 25 Mitarbeitern mehrere Wettbewerbswagen sowohl für die damals international gültige 1,5- als auch für die 2,0-Liter-Klasse und für die Formel 2. Viele Bauteile mussten aus den Westzonen »organisiert« werden, was sehr schwierig war.

Der DAMW genannte Rennwagen basierte weitgehend auf dem Vorkriegs-BMW 328. Bemerkenswert war der Umbau der Motoren auf Trockensumpfschmierung. Angeblich leistete der 2-Liter-Sechszylindermotor bis zu 115 PS, im Formelwagen 130 PS. Die 1,5-Liter-Motoren wiesen durch eine modifizierte Kurbelwelle einen auf 73 mm reduzierten Hub auf.

Die in Eisenach bereits 1949 entwickelten und teils auch gebauten Fahrzeuge waren unter verschiedenen Zielsetzungen entstanden. Eines der Konzepte betraf einen Renn- und Rekordwagen in Stromlinienform, lief unter der Bezeichnung S-1 und war im Aufbau ein Intertyp, der wahlweise als Monoposto-Rennwagen oder als Sportwagen (im Straßentrimm mit Kotflügeln und Scheinwerfern) gemeldet werden konnte. Er hatte dem Sportwagen-Reglement entsprechend zwei Türen und zwei Sitze. Fuhr man ihn der Ausführung als Rennwagen, nahm den Platz des zweiten Sitzes ein zusätzlicher Kraftstofftank ein.

Der S-1 wies einen Rohrrahmen auf, dessen Gewicht man durch Ausbohrungen verringert hatte. Die Karosserie war nach dem Entwurf des von der Auto Union gekommenen Aerodynamikers Dipl.-Ing. Georg Hufnagel entstanden; der Motor befand sich weiter hinten als im 328 und erlaubte den Einbau eines größeren Wasserkühlers. Aufhängung, Federung und Sechszylindermotor stammten vom 328. Die Motorhaube des S-1 ließ sich zur Gänze nach vorn öffnen.

Wie im Westen, so gab es auch in der DDR private Ansätze – wenn auch in sehr viel geringerem Maße – zu Eigenbauten auf BMW-Basis. Ein solches Fahrzeug war beispielsweise der 1949–1950 von Georg Werkmeister gebaute Einsitzer auf der technischen der Grundlage eines 1,5-Liter. Sehr schnelle Formel-2-Fahrzeuge brachten Paul Greifzu (Avus-Rennen 1951), Kurt Straubel und Rudolf Krause an den Start, Diese und andere vergleichbare Autos sah man 1950 bis 1953 bei verschiedenen Veranstaltungen, die in Ostdeutschland mindestens ebenso viele Zuschauer anlocken wie in der Bundesrepublik.

Im AWE S-1 befand sich der Motor weiter hinten als im BMW 328 und erlaubte dadurch den Einbau eines größeren Wasserkühlers. Aufhängung und Federung sowie der Sechszylindermotor stammten original vom 328. Die Motorhaube des S-1 ließ sich zur Gänze nach vorn aufschwenken.

Ernst Loof gehörte zu denen, die so schnell nicht aufgaben …

Die Hoffnung stirbt zuletzt: Veritas Automobile

1948–1952

Die Idee für das Veritas-Projekt wurde bereits 1941 in Frankreich geboren. Während des Krieges waren dort der Flugmotoren-Spezialist Lorenz Dietrich, der ehemalige BMW-Rennsport-Chef Ernst Loof, der Radrenn-Weltmeister Werner Miethe und Georg »Schorsch« Meier, mehrfacher Motorrad-Europameister, stationiert, und die gemeinsam geschmiedeten Pläne sollten realisiert werden, sobald der Krieg vorüber war.
Dietrich wurde in der frühen Nachkriegszeit der Aufbau eines Reparaturbetriebes für US-Militärlastwagen im ehemaligen BMW-Werk Allach übertragen, Meier arbeitete dort im Werksschutz. Die vier Männer fanden wieder zusammen.
Angesichts der Tatsache, dass es in München infolge der Zerstörungen und Demontagen so bald keine Automobilproduktion geben würde, dennoch von ihrer Mission überzeugt, einen Nachfolger des BMW 328 auf die Räder zu stellen, verlegten sie ihren Standort in die französischen Zone, nach Hausen bei Sigmaringen, wo sie eine Arbeitsgemeinschaft gründeten, aus der im März 1948 die Veritas GmbH hervorging. Zu den Franzosen hatte Dietrich gute Kontakte, und er brachte es zuwege, von ihnen eine Lizenz für den Bau von Rennwagen zu erhalten.
Der Veritas sollte ein renntauglicher Straßensportwagen werden, in dieser Beziehung glich das Konzept dem des BMW 328. Das erste Exemplar entstand im März 1947 und wies Ähnlichkeit mit den 1940 bei Touring, Mailand, entstandenen Berlin-Rom-Roadstern auf. Die Zeiten waren schwer; es gab kaum Material, es existierten weder Zulieferer, noch gab es genügend Betriebsmittel.
Die Firma Veritas siedelte bald in größere Räume nach Meßkirch in Baden um und begann dort mit dem Bau von Fahrzeugen im Kundenauftrag, wobei man möglichst viele Teile anzuliefern hatte, etwa den Motor, 328-Fahrwerkteile wie die vordere Einzelradaufhängung mit der oberen Querblattfeder, ferner Reifen und die Batterie. Der Gitterrohrrahmen des Veritas bestand aus dünnem Stahlrohr, die Haut des Aufbaus aus Aluminium.
1949 begann man auch mit der Herstellung von Tourensportwagen, und Anfang 1950 übernahm die Veritas GmbH von der Firma Heinkel einen Betrieb in Muggensturm, um dort eine Serienfertigung aufzuziehen. Hier entstand ein neuer Leichtmetallmotor; auch das Fahrgestell wurde neu konstruiert. Die Karosserien baute die Firma Spohn in Ravensburg.
Infolge finanzieller Schwierigkeiten brach die Firma im November 1950 zusammen. Insgesamt hat die Veritas GmbH 78 Renn- und Sportwagen hergestellt, den anschließend von Lorenz Dietrich in Zusammenarbeit mit Panhard bis 1952 in Baden-Baden gebauten klenen 750-ccm-Dyna-Veritas nicht mitgezählt.

Veritas Nürburgring 2 Liter (1951–1952)

Ernst Loof etablierte am Nürburgring ein neues Unternehmen zum Bau von Sportwagen, Sie entstanden weitgehend mit Heinkel-Technik Die 2,0-Liter-Sechszylindermotoren hatten 100 bis 120 PS, teils sogar 150 PS. Angefertigt wurden schätzungsweise 20 bis 30 Wagen, Doch bereits 1953 musste auch die Veritas Nürburgring GmbH liquidiert werden, Die Reste der Firma wurden von BMW übernommen, bei der auch Loof noch einmal eine Anstellung fand. Er verstarb 1956.

Preise	
Saturn 100 PS Coupé 2/2 Sitze	DM 17.250,-
Scorpion 100 PS Cabriolet 2/2 Sitze	DM 18.350,-
Comet 100 PS Sportwagen 2 Sitze	DM 19.850,-
Comet S 150 PS Rennsportwagen 2 Sitze	DM 25.500,-

Veritas 2 Liter Renn-Sportwagen und Sport-Coupé, 1949.

Veritas Nürburgring 2 Liter Cabriolet, 1951–1952.

Veritas 2 Liter »Scorpion« Cabriolet, 1950.

Oben: Karl Kling auf Veritas Meteor, 1950.

Links: Veritas RS, 1948.

Rechts: Veritas Nürburgring Cabriolet, 1950.

Unten: BMW- und Veritas-Wagen beim Rennen auf der Halle-Saale-Schleife, 1950.

	Veritas 80 PS 2 Liter 1949	Veritas 100 PS 2 Liter 1950	Veritas 100 PS 2 Liter 1951–1952	Dyna-Veritas 1950–1952
Motor	BMW	Heinkel	Heinkel	Panhard
Zylinderzahl	6 (Reihe)	6 (Reihe) Leichtmetallblock	6 (Reihe) Leichtmetallblock	2 (Boxer) Leichtmetall-Zylinder
Bohrung x Hub	66 x 96 mm	75 x 75 mm	75 x 75 mm	79,5 x 75 mm
Hubraum	1971 ccm	1988 ccm	1988 ccm	744 ccm
Leistung	80 PS bei 5000/min	100 PS bei 5000/min	100 PS bei 5000/min	32 PS bei 5000/min
Drehmoment		14,5 mkg bei 3000/min	14,5 mkg bei 3000/min	5,5 mkg bei 3200/min
Verdichtung	1:8,0	1:7,7	1:7,2	1:7,5
Vergaser	3 Fallstromvergaser Solex 38 JF	3 Fallstromvergaser Solex 35 APJ	3 Fallstromvergaser Solex 32 PBI	1 Fallstromvergaser Solex 32 PBI
Ventile	Schräg. hängend, Stoßstangen und Kipphebel, seitl. Nockenwelle Antrieb durch Duplex-Kette	V-förm. hängend, Stößel und Kipphebel, obenliegende Nockenwelle, Antrieb d. 2 Ketten	V-förm. hängend, Stößel und Kipphebel, obenliegende Nockenwelle, Antrieb d. 2 Ketten	Hängend , Stoßstangen und Kipphebel, zentrale Nockenwelle, Antrieb d. Stirnräder
Kurbelwellenlager	4	7	7	2
Kühlung	Pumpe, Wasser	Pumpe, 14 Liter Wasser	Pumpe, 14 Liter Wasser	Ventilator (Luft)
Batterie	6 V	12 V	12 V 63 Ah (im Motorraum)	12 V 40 Ah (im Motorraum)
Lichtmaschine	130 W	130 W	150 W	185 W
Kraftübertragung	Antrieb auf Hinterräder	Antrieb auf Hinterräder	Antrieb auf Hinterräder	Frontantrieb, Motor v. Vorderachse
Kupplung	Einscheibentrockenkupplung	Einscheibentrockenkupplung	Einscheibentrockenkupplung	Einscheibentrockenkupplung
Schaltung	Schalthebel Wagenmitte	Lenkradschaltung	Schalthebel Wagenmitte oder Lenkradschaltung	Schalthebel in der Mitte unter Armaturentafel
Getriebe	4-Gang	5-Gang	5-Gang	4-Gang
Synchronisierung	I–IV	II–IV	II–V	III–IV
Übersetzungen		I. 2,75 II. 1,93 III. 1,51 IV. 1,18 V. 1,00	I. 2,75 II. 1,93 III. 1,51 IV. 1,18 V. 1,00	I. 2,75 II. 1,66 III. 1,00 IV. 0,68
Antriebs-Übersetzung		4,35	4,35	6,93
Fahrwerk	Doppelrohr-Rahmen, Leichtbau-Karosserie m. Gitter-Rohrgerippe	Doppelrohr-Rahmen, Leichtbau-Karosserie m. Gitter-Rohrgerippe	Doppelrohr-Rahmen, Ganzstahlkarosserie	Kastenrahmen, Ganzstahlkarosserie
Vorderradaufhängung	1 Querfeder oben, Querlenker unten	Doppel-Querlenker, Längs-Federstäbe	De Dion-Doppelgelenkachse, Längs-Federstäbe	2 Querfedern
Hinterradaufhängung	Starrachse, Halbfedern	De Dion-Doppelgelenkachse, Längs-Federstäbe	De Dion-Doppelgelenkachse, Längs-Federstäbe	Halbstarre Rohrachse, V-Strebe, Quer-Federstäbe
Lenkung	Zahnstange	Zahnstange	Zahnstange	Zahnstange (11:1), 2,25 Lenkradd.
Fußbremse	Hydraulisch, Alu-Trommel 280 mm Ø	Zweikreis-Hydraulik, Alu-Trommel 280 mm Ø	Zweikreis-Hydraulik Alu-Trommel 280 mm Ø, Bremsfläche 1080 cm^2	Hydraulisch, Trommel-Ø 225 mm Bremsfläche 558 cm^2
Allgemeine Daten				
Radstand	2500 mm	2600 mm	Drei- bzw. Viersitzer 2500 bzw. 2900 mm	2180 mm
Spur	1180/1220 mm	1280/1300 mm	1280/1300 mm	1220/1220mm
Gesamtmaße	4200 x 1515 x 1380 mm		4350 x 1700 x 1460 mm bzw. 4900 x 1700 x 1460 mm	3900 x 1450 x 1380 mm
Reifen	5,50 oder 6,00-16	5,50-16	5,50 bzw. 6,00-16	4,50-16
Wendekreis			12 bzw. 12,5 Meter	10,0/9,5 Meter
Wagengewicht	980 kg		1050 bzw. 1250 kg	720 kg
Zuläss. Gesamtgewicht				1100 kg
Höchstgeschwindigkeit	165 km/h	165 km/h	165 bzw. 150 km/h	116 km/h
Beschleunig. 0–100 km/h				41 sec
Verbrauch/100 km	13 Liter	13 Liter	13 bzw. 14 Liter	7,5 Liter Super
Kraftstofftank	80 Liter (im Heck)	80 Liter (im Heck)	80 bzw. 65 Liter (im Heck)	44 Liter (im Heck)

Veritas 2,0 Liter Comet von 1948.

Veritas 2,0 Liter Coupé im Besitz der Gattin des *SPIEGEL*-Herausgebers Rudolf Augstein, 1950.

Ernst Loof – der Mann, der niemals aufgab und doch dem Schicksal unterlag. Der ehemalige BMW-Rennchef verstarb 1956 im Alter von nur 48 Jahren an einem Gehirntumor.

Kunsthandwerk aus dem Allgäu: BMW ALPINA 1962–2000

Zu Beginn der 1960er-Jahre begann Burkard Bovensiepen damit, im Betrieb seines Vaters für Büromaschinen in Buchloe einen Motoraufrüstsatz mit Weber-Doppelvergasern für den BMW 1500 (»Neue Klasse«) zu entwickeln. Jenes Tuning-Unternehmen im Allgäu, das sich unter dem Namen ALPINA einer weltweiten Reputation erfreut, versteht sich seit vielen Jahren als Automobilhersteller, oder genauer: als Manufaktur.

Die auf hohem technischen Niveau vorgenommene Veredelung serienmäßiger BMW-Wagen zu »automobilen Meisterwerken« erfolgte zunehmend in einem Umfang, der es durchaus rechtfertigte, dass Bovensiepen sich eines Tages als Automobilhersteller bezeichnete. Seine Manufaktur hat industrielle Qualität. Und beim VdA ist die Firma ALPINA auch als Automobilhersteller akkreditiert. 500 Fahrzeuge verlassen im Jahresschnitt den mustergültig aufgebauten Betrieb, der für seine Prototypen über

BMW ALPINA B7 (E12), wie er von 1978 bis 1982 angeboten wurde.

Links: BMW 2002, 1968, in ALPINA-Wettbewerbsausführung.

In den 1960er- und 1970er-Jahren wurde der BMW-Tourenwagensport mit Fahrzeugen der Baureihe 02 maßgeblich von ALPINA betreut.

umfangreiche Test- und Versuchseinrichtungen verfügt sowie Labor- und Fertigungsanlagen betreibt.
Bei ALPINA legte man stets Wert darauf, nicht mit Tunern im herkömmlichen Sinn in einen Topf geworfen zu werden. Tuning bedeutet im Grunde »Feinabstimmung«, und die angesehene Fachzeitschrift *Automobil Revue*, Bern, definierte den Begriff als »Verbesserung der Leistung, und zwar aufs ganze Fahrzeug bezogen und nicht nur etwa durch die Verwendung eines Chips.« Optimierte Leistung, Sicherheit und Qualität sind die Parameter, nicht Breitreifen oder Dekorelemente. So sieht es auch der ATVSL (Automobil-Tuning- und Design-Verband Schweiz). Bovensiepen sah seine Arbeit nicht auf einzelne Komponenten begrenzt, sondern strebte von Anfang an nach ganzheitlichen Lösungen.
Die von Bovensiepen ab 1962 angebotene Weber-Doppelvergaseranlage für den 1500er und 1800er, bald auch die dazugehörigen Zylinderköpfe, Kolben, Nockenwellen sowie Komponenten zur Fahrwerks-Optimierung fanden nicht nur die uneingeschränkte Absegnung durch die verantwortlichen BMW-Ingenieure – sie beauftragten ihn sogar mit umfangreichen Entwicklungsaufträgen. Und für den Vertrieb seiner Produkte durfte er die BMW Kundendienst-Organisation in Anspruch nehmen. Bovensiepens Präzisionsarbeit hatte partnerschaftliche Anerkennung auf höchster Vorstandsebene gefunden.

Burkard Bovensiepen.

BMW ALPINA 3.0 CSL. 1977 zog sich ALPINA für über ein Jahrzehnt aus dem Motorsport zu-

Bald kam auch das Optimieren der 1600er und der 2000er Modelle hinzu. Unter BMW-Kunden im In- und Ausland sprach es sich schnell herum, dass ALPINA eine »heiße Adresse« darstellte: Die Aufträge nahmen zu. Für den normalen Straßengebrauch bot sich der BMW Zweiliter mit 145 PS an, 200 km/h schnell und mit einer Beschleunigung von Null auf 100 in nur 10 Sekunden – das waren Werte, die sich mit denen eines Porsche 911 vergleichen ließen.
Aus bescheidenen, aber überzeugenden Anfängen ging die Gründung der ALPINA KG hervor, vollzogen im Januar 1965. Und damit avancierte das Unternehmen auch zur quasi-Rennabteilung der Bayerischen Motoren Werke. Bei den Spezial-Tourenwagen hatte ein 1600er in ALPINA-Trimm beste Chancen.
Der Ruhm wuchs mit jedem Rennsieg. Dabei blieben die Preise für das Intensivtuning von Straßenwagen stets moderat: 1974 lieferte man an Privatfahrer einen rennfertig aufgebauten 2002 tii mit einem komplett neu aufgebauten Motor, der je nach Anspruch 150 bis 180 PS leistete, für weniger als 20.000 D-Mark. Vor allem erhielt man bei ALPINA Fahrzeuge mit Straßenzulassung, die den jüngsten Abgasvorschriften entsprachen. Je nach Einsatz bekam das Auto ein Renn- oder ein Rallyefahrwerk. Auch Fünfganggetriebe, Gürtelreifen und Schalensitze gehörten zum Lieferumfang.
1970 übertrug BMW der Firma ALPINA offiziell die Wahrnehmung ihrer motorsportlichen Aktivitäten; der Vertrag kam unter BMW-Chef Eberhard von Kuenheim zustande. Erst mit Gründung der BMW Motorsport GmbH übernahm man 1972 in München wieder die Regie. Wobei die Münchner noch lange von den Erfahrungen der Firma ALPINA profitierten, dort (und auch bei Schnitzer) ihre Sechszylinder-Rennmotoren bauen ließen und diverse Entwicklungsprojekte platzierten.
Ob 3er, 5er, 6er, 7er oder 8er-Reihe: Jeder von ALPINA gebaute BMW war stets ein Einzelstück mit individueller Geschichte, zumal auch die Motoren keineswegs »von der Stange« waren. Zwar kamen die Blöcke und andere Komponenten von BMW, aber jedes Aggregat erfuhr seine Individualisierung und Feinabstimmung, und unter Verwendung selbst entwickelter und angefertigter Bauteile auch eine Leistungssteigerung.
Der Motor des ALPINA B10 zum Beispiel, basierend auf dem E39 (5er-Generation ab 1995) war ein auf 4,6 Liter aufgebohrter 3982-ccm-V8 aus dem 540i, 61 PS mehr leistend und gut für 279 km/h. Solche Fahrzeuge verfügten über Fünfgangautomatik mit Switchtronik am Lenkrad. Als V8-S war der Wagen auch mit 4,8 Liter und 375 statt 347 zu bekommen. Mit neuer Kurbelwelle, modifiziertem Ventiltrieb und geänderter Ansauganlage ein Wunder an Feinarbeit, »ein kraftstrotzendes Energiebündel,« wie Johannes Riegsinger in *auto, motor und sport* schrieb, wobei er aber auch mit kritischen Anmerkungen nicht hinter dem Berg hielt: Das Fahrwerk des B 10 V8-S empfand er zu unkomfortabel, zu straff. Womit wir wieder beim Thema Sportwagen wären. Und der Ultrasportwagen in feinster ALPINA-Verzauberung (nicht nur in ei-

Nürburgring-Rennen 1968. Hart ringen die BMW-Teams Koepchen, Schnitzer und ALPINA um die besten Positionen.

BMW ALPINA C3 von 1982 (E21, 170 PS).

ner individualisierten Optik) war ohne Zweifel der in Buchloe modifizierte BMW Z8. Denn dort bekam der Zweisitzer, der ab Werk nur mit manuellem Sechsganggetriebe geliefert wurde, eine ZF-Fünfstufenautomatik, die mit einem manuellen Schaltmodus kombiniert war. Damit hatte der aus dem M5 stammende Motor eine Ergänzung gefunden, die genau auf jene Kunden zugeschnitten war, für die ein rassiger Sportwagen zugleich komfortabel sein darf. Dafür kamen 19 PS weniger an der Hinterachse an. Aber bei dem massigen Drehmoment von 520 Nm konnte von einem Leistungsverlust eigentlich kaum die Rede sein.

Nicht jeder BMW ALPINA wird von A bis Z in Buchloe gebaut. Die Komplettierung verschiedener Modelle wurde ins BMW-Werk Dingolfing verlegt, wo in ALPINA-Konfiguration als individuelle Einzelstücke so wie jeder BMW vom Band weg (allein 32 verschiedene Lenkräder beim 7er!) seine ganz spezielle Note erhielt. Vom optimierten 5,7-Liter-V12 (8er Coupé) bis zum Z3 und Z8 gab es in den letzten Jahrzehnten kein BMW-Spitzenmodell, dessen Bovensiepens Künstler, Techniker und Designer sich nicht mit Begeisterung und Liebe zum kleinsten Detail angenommen hätten. Und mit großartigen Resultaten, quod erat demonstrandum.

Nicht zuletzt durch ein besonderes Felgendesign wird jeder BMW ALPINA zum Unikat.

Links: ALPINA B3 (BW E36) von 1993. Auch im Interieur die klassischen Farben der Manufaktur.

Unten: ALPINA B7 S Turbo auf Basis der BMW-Baureihe E 12, Limousine 4 Türen, 1981–1982 .

Links: ALPINA B6 3.5 Coupé auf Basis der Baureihe BMW E30, Limousine 2 Türen, 1984–1990.

ALPINA B12 Limousine 5.0 Liter V12 (BMW 750i, 349 PS, Baureihe E32) von 1994.

Auch das ALPINA B12 5.0 Coupé auf Basis des BMW 8er hatte den auf 349 PS erstarkten V12-Motor unter der Haube und wurde 97 Mal gebaut.

BMW ALPINA B12 5,7 Liter Coupé mit elektronischem Kupplungsmanagement-System, 1992.

ALPINA Roadster Limited Edition auf Basis des BMW Z1 (E30), 1990–1991. Nur 66 Stück wurden von diesem Roadster in Bovensiepens Werk in Buchloe aufgelegt und individualisiert, weshalb der Wagen einen besonderen Liebhaberstatus genießt.

Ende der 1960er Jahre begann Alpina, sich im Rennsport zu engagieren. Mit dem Leichtbau-Coupé BMW 3.0 CSL fuhren die Buchloer große Erfolge ein.

Volant im BMW ALPNA B3 (E46) auf Basis des 3,3 Liter 328i von 1999. Das geschmackvolle Ambiente des Serienwagens lässt nur wenig Raum für eine Individualisierung à la Bovensiepen, die sich auf Details beschränkt.

BMW ALPINA Modelle

Modell	BMW Typ	Leistung	Drehmoment	Bauzeit
A1/3	E21 320	122 PS / 5800	170 Nm / 4000	1975-1977
A2/3	E21 320	152 PS / 6900	173 Nm / 5500	1975-1977
A4/3	E21 320i	162 PS / 6700	180 Nm / 5500	1976-1977
A4S/3	E21 320i	170 PS / 6700	180 Nm / 5500	1976-1977
C1 2,3	E21 323	170 PS / 6000	210 Nm / 4500	1980-1983
B6 2,8	E21 323i	200 PS / 6200	248 Nm / 4500	1978-1981
B6 2,8	E21 323i	218 PS / 6000	265 Nm / 5000	1981-1983
C1 2,3 / 1	E21 323i	170 PS / 6000	225 Nm / 5000	1983-1985
C1 2,5	E30 325i	190 PS / 5800	235 Nm / 5000	1983-1985
C2 2,5	E30 325i	185 PS / 5800	246 Nm / 4800	1986-1986
C2 2,7	E30 325i	209 PS / 5800	267 Nm / 4500	1986-1987
C2 2,7	E30 325i	203 PS / 6000	265 Nm / 4800	1987-1987
B3 2,7	E30 325i	204 PS / 6000	265 Nm / 4800	1987-1992
B6 2,8 / 1	E30 323i/325i	209 PS / 6100	270 Nm / 5000	1984-1986
B6 3,5	E30 323i/325i	261 PS / 6000	346 Nm / 4000	1985-1987
B6 3,5	E30 325i	254 PS / 5900	320 Nm / 4000	1986-1987
B6 3,5	E30 325i	254 PS / 5900	320 Nm / 4000	1987-1990
B6 3,5 S	E30 M3	254 PS / 5900	320 Nm / 4000	1987-1990
B6 2,8	E36 325i	241 PS / 5900	293 Nm / 4700	1992-1993
B3 3,0	E36 325i	250 PS / 5700	320 Nm / 4400	1993-1996
B3 3,2	E36 328i	265 PS / 5800	330 Nm / 4400	1996-1999
B8 4,6	E36 328i	333 PS / 5700	470 Nm / 3900	1995-1998
B3 3,3	E46 328i	280 PS / 6200	335 Nm / 4500	1999-2002
B7 Turbo	E12 528i	300 PS / 6000	462 Nm / 3000	1978-1982
B7 S Turbo	E12 528i	330 PS / 5800	500 Nm / 3000	1981-1982
B9 3,5	E28 528i	245 PS / 5700	320 Nm / 4000	1981-1983
B9 3,5 / 1	E28 528i	245 PS / 5700	320 Nm / 4000	1983-1985
B7 Turbo / E28	528i/535i	300 PS / 5800	501 Nm / 3000	1984-1987
B10 3,5	E28 535i	261 PS / 5800	346 Nm / 4000	1985-1987
B7 Turbo / 1	E28 535i	320 PS / 5700	520 Nm / 2400	1986-1987
B10 3,5 / 1	E34 535i	254 PS / 6000	325 Nm / 4000	1988-1992
B10 Bi-Turbo	E34 535i	360 PS / 6000	520 Nm / 4000	1989-1994
B10 3,0 ALLRAD	E34 525ix	231 PS / 5800	312 Nm / 4200	1993-1996
B10 4,0	E34 540i	315 PS / 5800	410 Nm / 4600	1993-1996
B10 4,6	E34 540i	340 PS / 5700	480 Nm / 3900	1994-1996
B10 3,2	E39 528i	260 PS / 5900	330 Nm / 4300	1997-1998
B10 3,3	E39 528i	280 PS / 6200	335 Nm / 4500	1999-2003
B10 V8	E39 540i	340 PS / 5700	470 Nm / 3900	1997-1998
B10 V8	E39 540i	347 PS / 5700	480 Nm / 3700	1998-2002
B7 Turbo Coupé	E24 630 CSi	300 PS / 6000	462 Nm / 2500	1978-1982
B7 S Turbo Coupé	E24 635 CSi	330 PS / 5800	500 Nm / 3000	1982-1982
B9 3,5 Coupé	E24 635 CSi	245 PS / 5700	320 Nm / 4000	1982-1982
B9 3,5 Coupé/1	E24 635 CSi	245 PS / 5700	320 Nm / 4000	1982-1985
B7 Turbo Coupé/1	E24 635 CSi	330 PS / 5700	512 Nm / 2400	1984-1987
B10 3,5 Coupé	E24 635 CSi	261 PS / 6000	346 Nm / 4000	1985-1987
B7 Turbo Coupé/1	E24 635 CSi	320 PS / 5700	520 Nm / 2400	1986-1988
B11 3,5	E32 735i	250 PS / 5700	330 Nm / 4000	1987-1987
B11 3,5	E32 735i	239 PS / 5700	310 Nm / 4500	1987-1987
B11 3,5	E32 735i	254 PS / 6000	325 Nm / 4000	1987-1993
B11 4,0	E32 740i	315 PS / 5800	410 Nm / 4600	1993-1994
B12 5,0	E32 750i	349 PS / 5300	470 Nm / 4000	1988-1994
B12 5,7 E-KAT	E38 750i	387 PS / 5200	560 Nm / 4100	1995-1998
B12 6,0 E-KAT	E38 750i	430 PS / 5400	600 Nm / 4200	1999-2001
B12 5,0 Coupé	E31 850i/850 Ci	349 PS / 5300	470 Nm / 4000	1990-1994
B12 5,7 Coupé	E31 850 CSi	416 PS / 5400	570 Nm / 4000	1992-1996
Roadster	Z1	200 PS / 6000	261 Nm / 4900	1990-1991

Traditionsstandort Nürburgring: Martini-BMW

1962–1965

Willi Martini, Jahrgang 1925, kam aus dem Flugzeugbau bei Heinkel in Stuttgart und machte sich 1961 in Räumen, die er von der Nürburgring GmbH gemietet hatte, als Spezialist für BMW-Tuning selbständig. 1962 bis 1965 baute er – zunächst auf der Basis des BMW 700 – eine Anzahl Sportwagen, die er teils selbst in Wettbewerben fuhr, teils im Kundenauftrag präparierte und unter dem Label Martini-BMW laufen ließ.
Martinis Betrieb befand sich direkt vor dem Sporthotel am Nürburgring in der ehemaligen Werkhalle der Auto Union, wo zeitweilig Ernst Loof mit seiner Veritas Nürburgring GmbH domiziliert hatte. Martini, aktiver Segelflieger, war einer der Mitarbeiter Loofs gewesen und hatte dort seiner zweiten Leidenschaft nachgehen können, und die betraf schnelle Sport- und Rennwagen.
Martini übernahm nicht nur die ehemaligen Veritas-Betriebsräume, um hier eine BMW-Vertretung einzurichten, sondern zog einen einträglichen Abschleppdienst für Unfallfahrzeuge auf – da gab es gerade am Nürburgring an jedem Wochenende genug zu tun.
Als der BMW 700 erschien, entdeckte Martini in dem kleinen Heckmotorwagen das ideale, auf seine Ambitionen genau zugeschnittene Sportgerät und frisierte einige Exemplare bis 60 PS zu Rallyezwecken sowie für Berg- und Rundstreckenwettbewerbe. Er bearbeitete die Zylinderköpfe für größere Ventilquerschnitte, verpasste ihnen geschmiedete Mahle-Rennkolben aus Leichtmetall und erhöhte die Verdichtung auf 10:1. Breite rote Streifen kennzeichneten seine Autos.
Im Winter 1962–1963 entstanden bei Martini auf der Plattform des BMW 700 drei Stromliniencoupés mit

Die beim 1963er 1000-km-Rennen auf dem Nürburgring gestarten Martini-Mannschaften Hülbusch/Bialas und Hahne/Schreiber mit ihren Stromform-Coupés, Basis BMW 700. Es war die Feuertaufe für diese GT-Prototypen, die klaglos durchhielten und in der Gesamtwertung auf den Plätzen 25 und 29 landeten. Doch in der 850-ccm-Prototypenklasse sicherten sich Hülbusch/Bialas auf dem Wagen Nr. 78 den Klassensieg.

Martini-BMWs fielen durch ihren roten Streifen auf (Hockenheim 1963).

Martini-BMW 1600 CS, von 85 auf 110 PS getunt, Dezember 1966.

einer Karosserie aus Kunststoff. Ohne Türen und Motorhaube wog der Rohaufbau kaum 20 kg. Die Autos waren nur 106 cm hoch. Ihr Debüt gaben diese GT-Coupés beim ADAC-1000-Kilometer-Rennen 1963.

In einem Test, den die Zeitschrift *auto, motor und sport* Anfang 1964 veröffentlichte, wurde Martinis BMW-Spezial als ein Liebhaberstück ersten Ranges bezeichnet, »dessen Fahrleistungen und Straßenlage halten, was die Form verspricht«. Betont wurde, dass es für dieses extravagante Coupé keine Ersatzteilschwierigkeiten gebe. Als ebenso positiv wurde herausgestellt, wie gut die Zusammenarbeit mit dem Werk in München sei.

Der aus glasfaserverstärktem Polyester bestehende Aufbau war mit einem filigranen Rohrgerüst verklebt, als Überrollbügel ausgelegt. Der Prototyp hatte noch 630 kg auf die Waage gebracht; nachfolgende Exemplare wogen in Straßenausführung nicht mehr als 540 kg, im Renntrimm sogar nur 470 kg.

Käufer eines Straßen-Martini 700 hatten die Wahl zwischen dem Serienmotor mit 40 PS oder getunten Aggregaten bis 52 PS, auch bot Martini verschiedene Getriebeabstufungen an.

Beim erwähnten 1963er 1000-Kilometer-Rennen auf dem Nürburgring waren in der Prototypenklasse bis 850 ccm die drei Coupés mit Hülbusch/Bialas, Schreiber/Hahne und Schneider/Fischhaber gestartet. In dem Fahrzeug des letztgenannten Teams befand sich ein 75 PS starker ohc-Königswellen-Motor, den Martini aus München bekommen hatte. Gegen Konkurrenz von Seiten schneller Ginetta-DKW und René Bonnet siegten Hülbusch/Bialas, gefolgt von Schreiber/Hahne. Beim Alpen-Bergpreis am Rossfeld fuhr Alex von Falkenhausen den Martini mit Königswellenmotor auf den 2. Platz bei den Sportwagen. Und beim 12-Stunden-Rennen auf dem Nürburgring 1963 belegte das Team Engel/Louis in der Prototypenklasse bis 1300 ccm auf einem Coupé mit Martini-Motor hinter einem von Hans Hermann gefahrenen Abarth ebenfalls einen zweiten Platz.

Beim Schauinsland-Bergrennen belegte Günther Bechem mit dem Werksmotor-Martini einen dritten Platz hinter Lucien Bianchi auf Abarth und Heinz Eppelein auf einem Serien-BMW 700. Zahlreiche weitere Renn- und Rallyeeinsätze folgten. Am Ende der Saison 1963 wurde Willi Martini der ONS-Pokal in der GT-Klasse zuerkannt. 1964 wurde Peter Hahn auf einem Martini Deutscher Sportwagenmeister. Die Reihe der Erfolge setzte sich endlos fort. Selbst 1967 gab es für Martini-Autos noch acht Gesamtsiege, 1968 nicht weniger als 28 Klassensiege, 1969 wieder neun Gesamtsiege, 1970 34 Klassensiege, 1971 vier Gesamtsiege, 1972 noch einmal 30 Klassensiege.

Aus Martinis Stromlinien-Prototyp war im Winter 1963/64 eine etwas kürzere Version mit geänderter Frontpartie entstanden, gedacht für den Rallyeeinsatz. Eine abermals geänderte Version fuhren Hülbusch/Hahne beim ADAC-1000-Kilometer-Rennen 1964.

Willi Martini baute nicht nur Wettbewerbsfahrzeuge, sondern modifizierte auch Serienwagen wie den BMW 1800 und das Coupé 2000 CS, gab ihnen Doppelscheinwerfer nach US-Manier und stattete sie mit Breitreifen aus. Von diesem speziellen 2000 CS Coupé gab es drei Stück. 1965 baute Martini einen 1800 Touring zum Feuerlöschwagen für die Rennstrecke um, wovon die ONS sehr beeindruckt war. Auch die Münchner Feuerwehr bestellte bei Martini zwei solcher Fahrzeuge. Weitere Projekte betrafen Coupés mit Cooper- und Glas-Motoren sowie ein Formel-2-Fahrzeug – und die Anfertigung von Verkleidungen für BMW-Motorradgespanne, so auch für die R69 des Weltmeisterteams Fath/Wohlgemuth.

Deutsche Design-Ikone, von einem Italiener in der Schweiz produziert

Italo-Hommage an das Original: Sbarro 328

1974–1985

Franco Sbarro gründete 1971 in der Garage seines Wohnhauses in Grandson am Neuenburger See (Schweiz) einen kleinen Betrieb, um für betuchte Kunden Sportwagen zu modifizieren und ausgefallene Spezialfahrzeuge zu bauen. Der Italo-Schweizer war zuvor als Rennmechaniker bei der Scuderia Filipinetti gewesen und hatte für Bizzarrini Gran-Turismo-Coupés individualisiert. Sbarro verfügte über Talente, mit denen weitaus mehr anzufangen war, als Rennwagen zu warten; vielmehr wollte er selbst Autos bauen.

Aus bescheidenen Anfängen entwickelte sich im Lauf dreier Jahrzehnte eine Manufaktur, die eine große Zahl ungewöhnlicher Kreationen herausbrachte und auf jedem Genfer Salon für neuen Gesprächsstoff sorgte. Sogar eine Designer-Fachschule gründete das unermüdliche und vielseitig begabte Universalgenie Sbarro.

Anfang 1972 machte er die Bekanntschaft mit dem westfälischen Textilfabrikanten und Oldtimer-Enthusiasten Uwe Hucke. Gemeinsam erarbeiteten sie den Plan, einen Rennsportwagen nach historischem Muster auf die Räder zu stellen, aber mit hochpotenter Motorisierung nach dem jüngsten Stand der Technik. So wurde der Sbarro-328 geboren, Es entstand ein Prototyp, den Sbarro auf dem Genfer Salon 1974 zeigte, originalgetreu dem historischen Vorbild BMW 328 nachempfunden und mit einem 2002tii-Motor versehen.

Damit avancierte SBARRO zu einer eigenen Marke, und der in Grandson gebaute Sportwagen, der wie ein BMW 328 aussah, begann ein Eigenleben zu führen. Doch in München betrachtete man Sbarros Aktivitäten mit Skepsis. Er musste sich seine Motoren- und Fahrwerksteile im Ersatzteilservice der Schweiz besorgen – zu Endverbraucher-Konditionen. Der Basispreis des anfänglich auf 22.000 D-Mark kalkulierten Sbarro 328 ging dadurch beträchtlich in die Höhe. Was die meisten seiner Kunden nicht zu stören schien.

Bald bot Sbarro auch andere Motorisierungen an, vom 1600 bis hin zum 300 PS starken Sechszylinder des BMW 635. Nach Japan, USA und in die Golfstaaten gingen die meisten seiner Roadster, von denen einige auch als 2+2 entstanden. Damit entfernten sie sich zwar immer mehr vom Original, doch darauf kam es nun nicht mehr an. Ein Superlativauto war auch eine dank GS-Tuning auf 290 Turbo-PS getrimmte Variante.

Vier- und Sechszylindermotoren, modernste Elektronik, Fahrwerktechnik à la carte und adäquate Bereifungen – alles gab es bei Sbarro nach Wunsch. Ebenso variantenreich bot Sbarro (in Deutschland durch die Unicorn GmbH in Oberlohrgrund, Bayern, vertreten) Ende der 1980er-Jahre den zweisitzigen Typ Brescia an, einen 220-km/h-Roadster italienischer Machart mit BMW-325-Motor und nicht weniger reizvoll als der Sbarro-328.

1979 baute Sbarro im Auftrag eines Kunden einen Geländewagen nach Paris-Dakar-Konfiguration. Der Wagen hatte einen 3,0-Liter-BMW-Motor, von der Freilassinger Firma Schnitzer getunt.

Sbarro 328 – im Unterschied zum Original mit Speichenrädern,

So hätte der BMW 328 der Fünfziger Jahre aussehen und dem Jaguar XK 120 die Schau stehlen können

Avantgarde im Retrodesign: Wiesmann Roadster 1988–2000

Unter maßgeblicher Verwendung von BMW-Technik baut die Firma Wiesmann Auto-Sport GmbH & Co in Dülmen bei Münster seit Mitte 1993 ein Roadster-Modell. Seinen Hauptumsatz erzielte der seit 1988 existierende Hersteller meist mit Cabriozubehör, eigenentwickelten Hardtops und mit Tuningteilen für verschiedene Automarken. Er konzentrierte sich dabei auf BMW (3er-E30, Z1 und Z3), Mercedes (E-Klasse, CLK), Audi, Alfa (Spider), Fiat (Barchetta) und Jaguar (XK8).

Bereits auf der Motorshow Essen im November 1988 präsentierten die Brüder Friedhelm und Martin Wiesmann den ungewöhnlich geformten Roadster mit extrem flacher Frontscheibe, der eine Reihe von Designakzente klassischer Fahrzeuge wie des BMW 328 und des Jaguar XK aufgriff. BMW hatte das Projekt indirekt unterstützt. Die ersten fünf Vorab-Fahrzeuge waren noch mit dem 2,5-Liter-Sechszylinder des 3er BMW der Baureihe E30 bestückt, dazu kamen weitere sieben Stück mit dem 3,5 Liter-Sechszylinder aus dem BMW 7er der Baureihe E32. 75.000 (MF 25) bzw. 89.000 D-Mark (MF 35) sollten die Autos laut einer Vorabmeldung des Jahres 1990 kosten; in einer Preisliste vom März 1993 waren sie mit 99.500 und 109.800 D-Mark angegeben. Aber erst im Juli 1994 wurden die ersten acht von Hand gefertigten Serien-Exemplare des leichtgewichtigen Roadsters ausgeliefert. Die über einen aluminiumbeplankten Gitterrohrrahmen gespannte Karosserie bestand aus Kunststoff (GFK), das Stoffverdeck ließ sich nur manuell bedienen. Der hochgezogene Seitenschweller diente sowohl der Versteifung der Karosse als auch dem Seitenaufprallschutz. Das Interieur einschließlich der mittig angeordneten Anzeigeinstrumente wurde je nach Kundenwunsch individuell angefertigt. Unter der langen vorderen Haube des Einstiegsmodells, hinter der Vorderachse, saß nun der 2,5 Liter – und ab 1995 der 2,8 Liter des 3er BMW der Baureihe E36. Im

Wiesmann Roadster MF3 in Serienausführung, gebaut von 1993 bis 2011 mit 2990- bzw. 3201-ccm-Sechszylindermotor von BMW.

Wiesmann-Roadster MF3, 2006.

Prototyp des Wiesmann Roadster MF3, 1991.

Wiesmann Roadster MF3, letzte Serie 2010. Gegenüber dem Prototyp hat sich sich kaum etwas geändert.

Spitzenmodell hockte dagegen der M3-Sechszylinder, zunächst mit 286 PS, ab Anfang 1996 mit 321 PS. Grundsätzlich verwendet wurde ein Doppelauspuff. Auch die Fahrwerkstechnik stammte von BMW, musste aber angepasst werden – mit Spezialteilen von Bilstein und Eibach. Nur für den MF3 war das 25 %ige Sperrdifferenzial serienmäßig, für den leistungsschwächeren Typ mussten anfangs 1250 D-Mark, dann 1450 D-Mark Aufpreis gezahlt werden. Im August 1995 standen der MF 28 mit 124.900 und der MF-3 mit 149.500 D-Mark in der Liste. Erst die hubraumstärkere Version des MF-3 erhielt schließlich das Sechsgang-Schaltgetriebe sowie optional eine kurz übersetzte Hinterachse, der 2,8 Liter behielt das bisherige, manuelle Getrag-Getriebe mit fünf Gangstufen.

Geplant war, maximal 50 Exemplare pro Jahr fertigzustellen. Tatsächlich wurden bis zum Jahr 2000 insgesamt 140 Roadster seit Aufnahme der Fertigung ausgeliefert – die meisten davon blieben in Deutschland und verfügten über den M3-Motor. Die Kunden mussten sich auf Wartezeiten bis dreieinhalb Jahre einstellen.

Prototyp des Wiesmann Roadster MF3, 1991.

	Wiesmann MF 35 1993-1994	Wiesmann MF 3-3.0 1995-1996	Wiesmann MF 3-3.2 1996-2000
Baureihe	E36/E32	E36 M3	E36 M3
Motor		Ottomotor (Einspritzer), LM-Kopf	
Zylinderzahl		6 (Reihe), längs über Vorderachse	
Bohrung x Hub	92 x 86 mm	86 x 85,8 mm	86,4 x 91 mm
Hubraum	3430 ccm	2990 ccm	3201 ccm
Leistung	211 PS (155 kW) bei 5700/min	286 PS (210 kW) bei 7000/min	321 PS (236 kW) bei 7400/min
Drehmoment	30,5 mkg bei 4000/min	32,6 mkg bei 3600/min	35,7 mkg bei 3250/min
Verdichtung	9,0 : 1	10,8: 1	11,3 : 1
Gemischbereitung		Elektron. Benzineinspritzung Bosch Motronic DME	
Ventile pro Zylinder	2, V-förmig hängend 1 obenliegende Nockenwelle (Kette)	4, V-förmig hängend 2 obenliegende Nockenwellen verstellbar (Doppel-Vanos) (Kette)	
Kurbelwellenlager		7	
Kühlung	Pumpe / 12,0 Liter Wasser	Pumpe / 10,7 Liter Wasser Motor-Ölkühler	Pumpe / 10,8 Liter Wasser Motor-Ölkühler
Schmierung	Druckumlauf / 5,75 Liter Öl	Druckumlauf / 7,0 Liter Öl	
Batterie/Lichtmaschine	12 V 84 Ah (im Kofferraum) – Drehstrom 90 A	12 V 45 Ah (im Kofferraum) – Drehstrom 90 A	
Kraftübertragung	Heckantrieb	Heckantrieb, Sperrdifferential	
Kupplung		Einscheiben-Trockenkupplung	
Schaltung	5-Gang, Schaltstock in Wagenmitte		6-Gang (a.W. sequentiell) Schaltstock in Wagenmitte
Übersetzungen	I. 3,83 – II. 2,20 – III. 1,40 IV. 1,0 – V. 0,81	I. 4,20 – II. 2,49 – III. 1,66 IV. 1,24 – V. 1,0 – R: 3,89	I. 4,23 – II. 2,51 – III. 1,67 IV. 1,23 – V. 1,0 – VI. 0,83 – R: 3,75
Antriebsübersetzung	3,45	3,15	3,23
Fahrwerk		Alu-Gitterrohrrahmen mit Kunststoffaufbau	
Vorderradaufhängung		McPherson-Federbeine (Schraubenfedern, Teleskopstoßdämpfer) Dreieckquerlenker, Domstrebe Drehstab-Stabilisator	
Hinterradaufhängung	Zentrallenker, Schraubenfedern Domstrebe Drehstab-Stabilisator	Zentrallenker, Schraubenfedern Domstrebe Drehstab-Stabilisator	Zentrallenker, Schraubenfedern Domstrebe Drehstab-Stabilisator
Lenkung		Zahnstange, Servo	
Fußbremse		Zweikreis-Hydraulik, Servo vorn (Ø = 315 mm) und hinten (Ø = 275 mm) belüft. Scheiben, ABS	
Allgemeine Daten	Roadster, 2-türig	Roadster, 2-türig	Roadster, 2-türig
Radstand	2260 mm	2260 mm	2260 mm
Spur vorn/hinten	1450/1520 mm	1450/1520 mm	1450/1520 mm
Gesamtmaße	3860 x 1750 x 1160 mm	3860 x 1750 x 1160 mm	3860 x 1750 x 1160 mm
Gepäckraum	230 L	230 L	230 L
Reifen (vorn/hinten)	215/50 ZR 17	215/50 ZR 17	215/50 ZR 17, (a.W. 265/30 ZR 19)
Felgen (vorn/hinten)	8 J x 17 (LM)	8 J x 17 (LM)	8 J x 17 (LM) (a.W. 10 J x 19)
Wendekreisdurchmesser	9,8 m	9,8 m	9,8 m
Leermasse (DIN)	1100 kg	1050 kg	1080 kg
Zul. Gesamtmasse	1400 kg	1400 kg	1400 kg
Höchstgeschwindigkeit	230 km/h	255 km/h	260 km/h
Beschleunigung 0-100 km/h	7,0 sec	5,0 sec	4,9 sec
Euromix-Verbrauch	14,0 L /100 km (S)	10,5 L/100 km (S)	11 L/100 km (S)
Kraftstofftank	60 Liter (über Hinterachse)	60 Liter (über Hinterachse)	60 Liter (über Hinterachse)

Supersportscar McLaren-BMW: Leistungsbeweis 1992–1997

Bruce McLaren (1937–1970), erfolgreicher neuseeländischer Grand-Prix-Fahrer auf Cooper und Vizeweltmeister von 1960, gründete 1963 seinen eigenen Rennstall. Ein Jahr später erschienen die ersten Formel-I-Fahrzeuge, die seinen Namen trugen und mit denen Denis Hulme 1968 zum ersten Mal und ein Jahr später McLaren selbst den dritten Rang in der Fahrerwertung errangen. 1968 kam McLaren in der Konstrukteursmeisterschaft auf den zweiten Platz – die »Pole Position« in dieser Kategorie erlebte der Gründer nicht mehr. Sie wurde dem Team McLaren 1974 zuerkannt, als er nicht mehr am Leben war. Bruce McLaren war am 7. Juni 1970 bei einer Testfahrt in Goodwood tödlich verunglückt.

Der in der Branche als cleverer Geschäftsmann und hervorragender Team-Manager bekannte Ron Dennis übernahm 1979 die McLaren International Ltd., aus der später die McLaren Cars hervorging, gegründet 1990 in Woking, Surrey/England. Hier entstand das Konzept zu einem Supersportwagen, wie er erstmals am 28. Mai 1992 der Öffentlichkeit präsentiert wurde – in Monte-Carlo, dem bevorzugten Tummelplatz der Reichen und Schönen und Schnellen.

Die Bezeichnung F1 war eine bewusst gewählte Andeutung auf die Technik des Zweisitzers, die sich am Formel-Eins-Fahrzeugbau orientierte. Chassis und Karosserie bestanden aus Kohlefaser, das Fahrwerk mit Doppelquerlenkern vorn und hinten mit innenliegenden Feder-Dämpfer-Einheiten verkörperte ebenfalls Grand-Prix-Technologie. Der Motor für den in einer Auflage von 106 Stück gebauten McLaren F1 war bei BMW in Gestalt des intern als S70/2 bezeichneten 6.0 Liter V12 mit vier obenliegenden Nockenwellen entstanden. Nach allen Regeln der Kunst hatte man den 609 PS starken Vierventiler so leicht wie möglich gehalten, zum Beispiel durch die Verwendung einer Kurbelwelle aus Titan.

Das mit 390 km/h schnellste Mittelmotorcoupé der Welt war mit Straßenzulassung erhältlich, und mit einem solchen Fahrzeug kam BMW-Chef Bernd Pischetsrieder in die Schlagzeilen, als er das Pech hatte, auf der Autobahn eine Leitplanke zu touchieren. Das Beherrschen des rasantesten Straßenwagens, der je mit einem BMW-Motor auf Seriengrundlage auf die Räder gestellt wurde, verlangte das fahrerische Können eines Grand-Prix-Profis. Und eine dicke Brieftasche: Das Auto kostete immerhin anderthalb Millionen D-Mark.

McLaren-BMW 6.0 Liter V12, 1992–93.

Der BMW-motorisierte McLaren Nr. 59 an den Boxen von Le Mans, 1995. Die Fahrer Lehto, Dalmas und Sekiya qualifizierten sich für den Gesamtsieg.

Fit für die 24 Stunden von Le Mans

BMW und McLaren hatten anfangs betont, der F1 sei ein Supersportwagen für die Straße. Dennoch wurde der Hochleistungswagen – was bei seiner Konfiguration nahe genug lag – auch für den Renneinsatz getestet, In München bestand vor allem Interesse, die enormen Leistungsreserven des V12-Motors auszuloten. So wurde bereits Anfang 1995 der Motor in der weiterentwickelten Version S70/3 erprobt, anfangs noch ohne Luftfilter, was ihm einen ohrenbetäubenden Sound gab; ein Luftsammler mit eingebautem Filterelement kam erst gegen Ende 1995 zum Einsatz, gleichzeitig erhielt der Motor eine flachere Ölwanne (Trockensumpfschmierung), wodurch sich seine Bauhöhe noch weiter verringerte. Im November 1996 stellte McLaren das Coupé dann in einer Leichtversion GTR vor, mit nur 950 statt 1140 kg Leergewicht und mit dem S70/3-Motor für den Einsatz in der Prototypen-Gruppe 7 gedacht.
Aber bereits im Juni 1995 absolvierte der McLaren-BMW seinen großen und viel beachteten Rennauftritt. Für das 24-Stunden-Rennen in Le Mans 1995 waren bei McLaren in England drei besonders präparierte Exemplare entstanden. Die von BMW gelieferten Motoren hatten »nur« 700 PS Leistung – mehr wären möglich gewesen, doch die Prioritäten lagen verständlicherweise bei den Sicherheitsfaktoren. 24 Stunden Höchstleistung im Dauereinsatz bedeuteten für ein Auto, das für einen solchen Zweck ursprünglich gar nicht konzipiert war, eine gewaltige Härteprüfung.
Eine der drei Le-Mans-Crews bildeten Joe Bellm/Sandro Sala/Mark Blundell, eine zweite Andy Wallace/John Bell/Derek Bell, während der Wagen Nummer drei von einem japanischen Team gemeldet wurde, an dessen Lenkrad sich Yannick Dalmas, JJ Lehto und Manori Sekiya ablösten. Bei schlechtem Wetter fand auf dem Sarthe-Kurs eine »Regenschlacht« statt, in der die mit dezenten Heckflügeln versehenen, extrem keilförmig karossierten Coupés gegen starke Konkurrenz von Seiten Courage-Porsche zu Felde zogen.
Es war ein grandioser Wiedereinstieg für BMW. Die Dalmas-Crew qualifizierte sich für den Gesamtsieg, die Wallace-Mannschaft kam auf den dritten, die Bellm-Mannschaft auf den vierten Platz. Wenn 1939 die BMW-Fahrer Prinz Schaumburg-Lippe/Fritz Wencher noch mit einem Klassensieg (und dem fünften Platz in der Gesamtwertung) bereits guten Grund zu einer ausgelassenen Feier gehabt hatten, um wie viel mehr wogen ein Gesamtsieg und drei Platzierungen unter den ersten vier beim berühmtesten Langstreckenrennen der Welt! Für Dalmas war es der dritte Le-Mans-Sieg, für den 45jährigen Japaner Sekiya der erste LM-Auftritt überhaupt. Sein Rennstall hatte sich das Auto von McLaren eigentlich nur geliehen – nach dem Rennen verhandelte man über einen Ankauf. Zwei Millionen Dollar standen zur Debatte.
Der BMW V12-Motor hatte eine gelungene Demonstration seines Durchhaltevermögens geliefert. Er basierte schließlich auf dem Serienaggregat, wie es im BMW 750i und 850i seinen Dienst tat.

Technologietransfer: BMW-Power in Fremdfabrikaten

Im Frühjahr 1957 entstanden bei BMW zwölf eigens für die französische Sportwagenfirma Automobiles Talbot, 1919 in Suresnes gegründet, V8-Motoren. Sie entsprachen den Achtzylindern im BMW 502, hatten aber 2,5 statt 2,6 Liter Hubraum, damit das Talbot Lago Coupé »America« in eine günstigere Steuerklasse kam.

BMW und Talbot

Antonio Lago hatte BMW mit der Lieferung von 120 solcher Motoren beauftragt, und die Münchner waren froh, dass es jemanden gab, der ihre verlustbringende Achtzylinder-Produktion zumindest ansatzweise mittragen half. Da sich für den Typ America aber ebenso wenig Abnehmer fanden wie für die großen 4,5-Liter-Modelle dieser Marke, mit denen Talbot einst viele Rennen gewonnen hatte, stornierte der am Ende seiner finanziellen Möglichkeiten angelangte Italo-Franzose nach dem ersten Dutzend den Auftrag. Nur ein knappes Jahr nach Aufnahme der Beziehung mit BMW meldete Lago Konkurs an.

BMW und Glas

Zwei nicht in BMW-Regie entstandene Fahrzeuge betont sportlicher Charakteristik stellten in den späten Sechziger Jahren für einen kurzen Zeitraum eine im automobilhistorischen Rückblick interessante Ergänzung des BMW Verkaufsprogramms dar – der 1600 GT und der 3000 V8 aus dem Dingolfinger Glas-Erbe.

Betriebswirtschaftlich gesehen, waren beide Modelle kein Erfolg. Schon als Modelle im Glas-Programm hatten sie ihren Produktionsaufwand nicht eingespielt und keine Gewinne abgeworfen.

Die vonseiten BMW vorgenommenen, verhältnismäßig geringfügigen Modifikationen rissen keine großen Löcher in die Kasse. Zumindest für eine Übergangszeit, bis von den Bändern im Werk 2, wie man die Glas-Produktionsstätte in Dingolfing bei BMW nach der Übernahme nannte, die ersten BMW-Automobile rollen würden, erfüllten die beiden Glas-Exoten im BMW-Programm ihre Aufgabe noch gut.

Die 4000 Mitarbeiter der Firma Glas gaben sich falschen Hoffnungen hin, was den Erhalt der Marke aus Niederbayern betraf. Der BMW-Vorstandsvorsitzende Gerhard Wilcke hatte ihnen zwar zugesagt, dass alle Fahrzeugkonstruktionen beibehalten und weiterhin produziert würden, musste sein Wort aber zurücknehmen, als deutlich wurde, in welch desolatem Zustand sich das Werk befand. Produktionsvorstand Wilhelm Gieschen plädierte im Frühjahr 1967 für die sofortige Einstellung der Glas-Produktion, doch das wiederum hätte allen Beteiligten eher geschadet als genützt.

Links: Talbot-Lago America 2,5 Liter, 1957.

Rechts: Glas-BMW 3000 V8, 1965, und GT 1600, 1967.

Bis Ende 1967 lang produzierte man daher in BMW-Regie noch diverse Modelle der Glas-Produktpalette unverändert weiter, vor allem das kleine Goggomobil war nach wie vor ein gut verkäuflicher Dauerbrenner und warf, separat betrachtet, auch Gewinne ab.
Im Portfolio der durch BMW übernommenen Hans Glas GmbH befand sich auch ein Sportcoupé, das des BMW-Markenzeichens unter bestimmten Umständen durchaus würdig war, mit dem man es nachträglich auch schmückte. Die etwas ungewöhnliche Entstehungsgeschichte des formschönen 2+2 aus Niederbayern stellt einen Teil der Story dar, die den Niedergang des Hauses Glas kennzeichnete: Einen solchen Wagen zu entwickeln und zu bauen, hätte man sich in Dingolfing finanziell nicht erlauben dürfen.
Für das Design des auf der Basis des Glas 1004 entstandenen 1300 GT-Coupés hatte man den italienischen Künstler Pietro Frua verpflichten können. Er hatte bereits die ab 1963 produzierte Limousine vom Typ 1700 entworfen – ein Modell, das Frua ursprünglich für Borgward gezeichnet und das durch den Konkurs des Bremer Konzerns keine Realisierung mehr gefunden hatte. Die Karosserie des GT-Coupés wurde in Moncalieri bei Turin fabriziert, die Endmontage fand in Dingolfing statt. In geringer Stückzahl gab es auch ein Cabriolet.
Aus dem Glas Coupé wurde ein Auto mit BMW-Kühlergrill (ebenfalls bei Frua entworfen) und statt des in Landshut gebauten Glas-Motors mit 1682 ccm und 100 PS erhielt es einen Vierzylinder von BMW mit zwei Vergasern und 105 PS; die Endgeschwindigkeit betrug etwa die gleiche wie beim Glas-Coupé 1700. BMW bestückte das Auto mit Rückleuchten der Nullzwei-Baureihe, einem anderen Tank mit geändertem Einfüllstutzen und einem geänderten Armaturenbrett. Es gab andere Getriebeabstufungen und eine 3,64:1-Hinterachse in BMW-Schräglenker-Bauart statt der Original-Starrachse, doch die 14-Zoll-Räder (Reifen 155 HR 14) behielt man bei.
»Die Lichthupe ist links an der Lenksäule« hieß es in der Werbung für das GT Coupé, als es ab September 1967 keine Glas-Abzeichen mehr trug.
Das Spitzenmodell der Marke Glas war der 2600, ebenfalls mit einer von Frua konzipierten Karosserie und einem dohc-V8-Motor. Das Luxuscoupé kostete 19.400 D-Mark und konkurrierte mit dem 3200 CS Bertone von BMW; sein Motor war durch das Aneinanderfügen zweier Blöcke vom 1300 GT entstanden. Die Bodengruppe war die des Glas 1700 mit einer De-Dion-Achse und einer sich automatisch nivellierenden Aufhängung (System Boge) hinten. Die Karosserie des qualitativ bestens ausgeführten und mit viel Chrom und Luxus versehenen »Glaserati«, wie das Coupé im Volksmund hieß, wurde bei Frua in Italien auch gebaut.
Der Wagen kam jedoch zu spät auf den Markt, um der Hans Glas GmbH einen Einstieg in die begehrte Oberklasse zu verschaffen, und als BMW 1966 das Zepter übernahm, halfen auch ein noch stärkerer 3,0-Liter-Motor für 200 km/h Spitze und die BMW-Plaketten nicht mehr, das feine Auto an den (reichen) Mann zu bringen. Nur 300 Wagen mit dem 2,6-Liter-V8 sind entstanden, weitere 71 in den Jahren 1965–1967 als BMW-Glas mit 3,0-Liter-Motor.

BMW und Daihatsu

BMW, Bertone und Daihatsu – wie passt das zusammen? So fragte im Mai 1990 *AutoBild* und lieferte auch gleich die Antwort. »Wo Freeclimber draufsteht, steckt BMW drin, Daihatsu drunter, Bertone dahinter...«
Aus einem Gelände-Raubein einen eleganten Society-Offroader zu machen, war in den 1980er-Jahren zu einer beliebten Übung geworden. Selbst der Jeep war seit langem kein »Truck« mehr, sondern ein vornehm-fröhliches Lustauto, und so gedachten auch die Marketingleute bei Daihatsu, aus dem Rocky etwas Feineres entstehen zu

BMW Turbodiesel im Opel Omega, 1993–98.

Rechts: Mit BMW-Motor versehener Daihatsu Freeclimber, 1989.

lassen. Man versicherte sich der Mitarbeit Bertones und schuf Ende 1989 den Freeclimber, einen bulligen 4x4 mit relativ kurzem Radstand, eindrucksvoller Reifendimension (215/75 R 15) – und einem Motor von BMW.
Der Sechszylinder-Diesel mit Abgasturbolader war der, den man auch im BMW 524td finden konnte. Er hatte 115 PS und ein Drehmoment von 220 Nm bei 2000 U/min. Das 55.000 D-Mark teure Auto bezeichnete der Journalist Michael Specht allerdings als einen »Blender« – wohl halbherziger Lösungen im Interieur wegen. Am Motor kann es nicht gelegen haben, denn der war ein sparsames, laufruhiges Aggregat, das in einem BMW stets beste Kritiken erfuhr.

BMW und Opel

Wenig bekannt ist, dass Opel das Privileg genoss, zu den langjährigen Kunden des BMW Motorenbaus zu zählen. Es war der 1994er Omega, den der Opel-Kunde erstmals mit einem Diesel bekommen konnte und wie er im zeitgenössischen BMW 525 td/tds Dienst tat.
Das Herz der Rüsselsheimer Erfolgs-Limousine (auch Kombi) kam aus der BMW-Motorenproduktion Steyr. Es war ein Turboaggregat mit Ladeluftkühlung, 130 PS Leistung und digital gesteuerter Einspritzung (X-Motor).
Noch im Opel-Katalog des Modelljahrgangs 2002 war der 2497-ccm-BMW-Turbomotor zu finden, jetzt in der aktuellen Euro-3-Abgasnorm (Y-Motor) spezifiziert. Ein Motor, den Opel-Kunden und Händler mit nur besten Noten bewerteten.
BMW und Opel hatten das Geschäft bereits anderthalb Jahre zuvor beschlossen. Damals hatte Opel das Volumen seiner eignen Selbstzünder auf maximal 2,2 Liter Hubraum ausgelegt, befand sich aber in Verlegenheit, für das Spitzenmodell Omega, das letzte im Opel-Programm mit Heckantrieb, keinen leistungsstarken Diesel anbieten zu können.
Opel stellt seit 2000 keine Dieselmotoren mehr in Deutschland her, und die Fertigung des seit 1986 angebotenen Omega lief im Frühjahr 2003 aus; damit endete auch die Belieferung mit Motoren aus Steyr. Der für 2004 geplante neue Vectra sollte – wie alle Autos dieser Opel-Modelreihe – wieder ein Wagen mit Frontantrieb sein und mit einem Dieselaggregat von seinem Konzernpartner Isuzu versehen werden.

BMW und Land Rover / Range Rover

Ab 1995 schlug auch im Range Rover ein BMW-Herz. Erst in nur einem Modell, ab 2002 in jedem dieser Reihe. Schon kurz nach der Liaison BMW-Rover Group im Januar 1994 war die Entscheidung gefallen, dass die längst fällig gewordenen neuen Motoren für den Edel-4x4 aus Großbritannien naheliegenderweise aus der BMW-Palette kommen sollten.
Nicht der 4,6-Liter V8 sollte zunächst ersetzt werden, sondern der vierzylindrige 2,4-Liter Turbodiesel, den Rover bisher aus Italien von VM bezogen hatte. So bekam der »Range« Serie II Anfang 1995 den kräftigen 2,5-Liter-Sechszylinder von BMW, das gleiche, hier mit 136 PS spezifizierte Aggregat, das die Motorenfabrik in Steyr an Opel für den Omega lieferte.
Als sich die Wege der BMW AG und Rover und damit auch der Land Rover Ltd. im Jahre 2000 wieder trennten, blieb BMW weiterhin Motorenlieferant – und baute diese Position noch aus. Die britische Offroad-Traditionsmarke war jetzt im Ford-Konzern angesiedelt, und für die aus Steyr gelieferten BMW-Sechszylinder gab es offenbar keinen Ersatz im eigenen Konzern. Denn weder der 122 PS starke Turbodiesel-Fünfzylinder des Defender bzw. Discovery noch der 2,5-Liter-Pumpe/Düse-Diesel kamen zum Einbau.
Dafür lieferte BMW ab 2002 auch den 2,0-Liter-Common-Rail-Turbodiesel, einen 122 PS leistenden dohc-Vier-

BMW-motorisierter Land Rover (links) und Range Rover (Mitte).

Rechts: Morgan Plus Eight, 2000.

zylinder für den Land-Rover Freelander. Und der Range Rover des Modelljahrgangs 2002 erhielt schließlich sogar einen 4,4-Liter-V8 von BMW sowie wahlweise den 3,0-Liter-Diesel mit Common-Rail-Technik. Auch an der Entstehung der neuen, im Frühjahr 2002 eingeführten Range-Rover-Generation, jetzt mit selbsttragender Karosserie, hatte BMW erheblichen Anteil. Und dass es nicht nur BMW-Motoren waren, die Ford weiterhin in den Luxus-Offroader aus Solihull installierte, sondern auch die gesamte Antriebstechnik aus dem X5, macht die markenübergreifende, globale Verknüpfung der großen Automobilhersteller deutlich.

BMW und Morgan

Auf dem Genfer Salon 2000 überraschte der britische Traditionshersteller Morgan mit einem neuen Modell, dem Aero 8. Nicht mehr ganz so konservativ wie eh und je gab sich der Sportwagen fast modern. Und unter der Motorhaube konnte der Zweisitzer zeitgemäßer kaum sein, denn dort entdeckte der Ausstellungsbesucher einen 4,4-Liter-V8-Motor made by BMW. Es war der gleiche Vierventiler, wie er im BMW 540i seinen Dienst versah. Für Kenner der britischen Automobilgeschichte war Morgans Wahl nicht eigentlich überraschend. Denn Engländer scheinen seit jeher eine Vorliebe für BMW-Motoren zu haben: Schon der Frazer Nash 328 der 1930er-Jahre und der ab 1947 gebaute Bristol waren schließlich mit Sechszylindern von BMW motorisiert gewesen.

BMW und Rolls-Royce

Ende Juli 2001 gab die Rolls-Royce & Bentley Motor Cars Limited in Crewe bekannt, dass eine bedeutende Epoche der Marke Rolls-Royce zu Ende gehe. Man kündigte die »Last of a line« Serie des Silver Seraph an. Mit nur fünf Jahren Bauzeit gehört dieses Rolls-Royce-Modell zu den kurzlebigsten der Marke seit dem legendären Silver Ghost, den es immerhin von 1907 bis 1925 gab.
Nur 170 Exemplare dieses Modells sollten bis zum Produktionsende in Crewe noch gebaut werden. Der bisher erste und einzige Rolls-Royce mit einem BMW-Motor, dessen Nachfolger für 2003 – jetzt in Goodwood produziert – sich allerdings bereits in der Startposition befand, stellte eine Besonderheit dar. Er war das Übergangsmodell vom britischen Teil der Rolls-Royce-Geschichte in den deutschen.
Auf dem Automobilsalon in Genf 1998 war der 5,39 Meter lange, 2,3 Tonnen schwere Silver Seraph der Öffentlichkeit präsentiert worden, in einiger Distanz zum BMW-Stand. Nach dreijähriger Entwicklungsarbeit war dieser neue Rolls-Royce entstanden, der wieder einmal – wie zu erwarten – die höchste automobile Luxuskategorie besetzte, jetzt jedoch zu einem Drittel BMW-Know-how verkörperte. Neue Brems- und Traktionssysteme, ein neues Getriebe, vor allem aber der V12-Motor zählten dazu. Mit Rücksicht auf einen anglophilen Kundenstamm wurde in der Öffentlichkeitsarbeit von der Rolle, die BMW bei der Entstehung dieses Autos gespielt hatte, nicht viel Aufhebens gemacht.
Schon im Dezember 1994 waren zwischen München und Crewe die Parameter für das Projekt Silver Seraph definiert worden. Dass der als »antiquiert« betrachtete V8-Motor, damals eine fast vierzig Jahre alte Konstruktion (1959 im Silver Cloud II präsentiert), abgelöst werden sollte, war eine Entscheidung, die in England noch lange vor dem Verkauf der Firma getroffen wurde. Doch die seitens BMW eingegangene Verpflichtung, Rolls-Royce/Bentley in den Genuss eines intensiven Technologietransfers gelangen zu lassen, trug später zu einer Wertsteigerung des Kaufobjekts bei.
Der seidenweich arbeitende V12-Motor aus dem BMW-Baukasten war bereits ein vom 750i bzw. 850 CSi her bekannter Klassiker. Der dohc-Zweiventiler leistete wie in den seit 1992 gebauten BMW Automobilen 326 PS bei 5000/min und hatte ein Drehmoment von 490 Nm bei 3900/min (im Übrigen war es ein Novum, dass für einen Rolls-Royce L eistungsangaben veröffentlicht wurden).
Der neue, ab Januar 2003 in Goodwood gefertigte Rolls-Royce Phantom hatte keinen BMW-Motor mehr. Zwar wurden die Grundlagen des Zwölfzylinders von BMW-Ingenieuren geschaffen, auch erfolgten seine Konstruktion und Serienvorbereitung in Deutschland, doch stellte dieses Aggregat letzten Endes eine Exklusiventwicklung dar.

Rolls-Royce Silver Seraph mit BMW V12-Motor, vorgestellt 1998 auf dem Genfer Automobilsalon.

Aus Freude am noch schnelleren Fahren …

Show Cars und Designstudien berühmter Karossiers wiesen häufig BMW-Motoren auf, vor allem, wenn sie in Italien entstanden. So stellte auch die renommierte, von Giorgetto Giugiaro gegründete Carrozzeria ItalDesign 1990 einen als »Zukunftsstudie« bezeichneten Wagen vor, der den Namen Nazcar M12 trug, ein Hochleistungs-GT mit dem V12-Motor des BMW 850i.

Nazcar C2, Spicup und Guarà

Auf der Automobilausstellung in Tokio 1991 sorgte Giugiaro erneut für Aufsehen, als er die Nazcar-Version C2 vorstellte, der an einen Le-Mans-Wagen der Gruppe C erinnerte. Der von ALPINA präparierte V12-Motor dieses Autos leistete 350 PS, gut für 300 km/h. Hatte der M12 Flügeltürer noch 1110 kg gewogen, so betrug das Gewicht des C2 nur mehr knapp 1000 kg. 1994 folgte eine Spiderversion. Als »the most exciting driving sensation« bezeichnete ein englischer Motorjournalist eine Ausfahrt mit dem Nazcar Spider, der leider ein unverkäufliches Einzelexemplar blieb …

Mit einem leistungsstarken BMW V8 bestückte auch Alejandro de Tomaso einen aufregenden Sportwagen, dessen erste Version der in Turin lebende Argentinier 1992 präsentierte. Die Wahl eines BMW-Motors war insoweit ungewöhnlich, als de Tomaso schließlich eng mit dem Hause Ford liiert war. Die als Barchetta Stradale bezeichnete Konstruktion mit Zentralrohrrahmen, Getrag-Sechsganggetriebe und 4,0-Liter-Motor ging Anfang 1994 in Serie und kostete rund 200.000 D-Mark. Als De Tomaso Guarà V8 4.0 stand der angeblich 270 km/h schnelle Roadster ohne Windschutzscheibe (mit Integralhelm zu fahren) 1994 auch im Katalog der *Automobil Revue*; Coupés sind ebenfalls entstanden. Bis 1998 wurde der Guarà 34 mal aufgelegt.

Von Arrows bis Williams

BMW Motoren trugen im Rennsport zur erfolgreichen Karriere zahlreicher Wettbewerber bei. Zu ihnen gehörten Veritas und AFM in den 1950er- sowie Willi Martini in den 1960er-Jahren, gefolgt von Chevron, Elva, Lotus, Lola und Osella. In der Formel 1 waren es Arrows, ATS, Benet-

Oben: De Tomaso 4.0 Guará, 1994.

Rechts: Bertone Spicup 1968 mit 2,8-Liter-BMW-Motor.

Schnitzer-BMW 2002, 1969.

Hartge-BMW 525 (E12), 1980.

ton, Brabham, March, McLaren, TOJ und Williams, die BMW-motorisiert dazu beitrugen, das illustre Grand-Prix-Karussell in Schwung zu halten.

BMW-Partner Schnitzer

Josef »Sepp« Schnitzer hatte seine Karriere als Rennfahrer begonnen, sein Bruder Herbert war Techniker. Bei Schnitzer in Freilassing stellte wie bei Alpina der 1962 eingeführte BMW-Vierzylinder die Basis dar, auf der alle späteren Erfolge aufbauten und mit welchem sich der Name Schnitzer mit der BMW-Rennsportgeschichte eng verbinden sollte. Jeder von Schnitzer präparierte BMW war ein Auto höchster Potenz.
Im Lauf der Zeit kamen in einem Schnitzer-BMW immer weniger Original-Motorenteile zum Einbau – der in Freilassing gebaute Vierventiler stellte schließlich weitgehend eine Eigenkonstruktion dar und stand zum Werksmotor der BMW Motorsport GmbH in scharfer Konkurrenz. Gleichwohl unterstütze BMW die Spezialisten in Freilassung nach Kräften. Und als BMW sich 1974 wegen der Ölkrise veranlaßt sah, die Rennsportaktivitäten vorübergehend einzuschränken, sorgten Teams wie die von ALPINA und Schnitzer für Kontinuität.
Mit einem bei Schnitzer gebauten Vierventilmotor wurde der Franzose Jacques Laffitte 1975 Europameister in der Formel 2. Das Aggregat hatte ursprünglich ein Sechszylinder werden sollen, doch hätten die Entwicklungskosten hierfür die Ressourcen Schnitzers weit überstiegen. Mit Sechszylindern beschäftigte man sich bei Schnitzer erst später, als des Coupé E9 erschien.

Aus dem BMW E9 Coupé entstanden durch und bei Schnitzer Fahrzeuge wie der 633 CSi und M635 CSi für den Renneinsatz. So errang der Italiener Roberto Ravaglia 1986 auf einem von Schnitzer präparierten 635 CSi seinen ersten Europameistertitel.
Schnitzers Techniker-Team stellte seine Erfahrung auch künftig in BMW-Dienste. Schnitzer-Autos haben fünf Mal das 24-Stunden-Rennen von Spa Francorchamps gewonnen, zweimal die 24 Stunden auf dem Nürburgring. Auch bei den Le-Mans-Einsätzen von BMW in den Jahren 1995, 1998 und 1999 war eine Schnitzer-Crew im Technik-Team mit von der Partie.
Es gibt einen weiteren BMW-Tuner mit Namen Schnitzer. 1987 beschlossen Willi Kohl, einer der größten BMW Händler in der Bundesrepublik, und Herbert Schnitzer dieses technische Know-how nicht nur für Renneinsätze zu nutzen. Aus diesem Grund wurde AC Schnitzer gegründet, wobei das AC für Aachen steht. Dort begann man, ein umfangreiches Spezialteileprogramm für alle BMW Modelle anzubieten. Leistungsoptimierte Motoren ergänzen sich mit dezentem Karosserietuning und Fahrwerkslösungen, die nach härtesten Tests auf Straße und Rennstrecke eine perfekte Symbiose zwischen sportlichem Handling und hervorragendem Fahrkomfort boten.

BMW-Partner Hartge

Die 1985 im Beckingen gegründete Tuningfirma Herbert Hartge KG nahm sich der Fahrzeuge aller BMW-Baureihen an. Vom 2002 und 635 CSi bis zum M3 und X5 modifizierte man in Beckingen nach allen zur Verfügung techni-

Links: Chevron-BMW, 1967.

Rechts: Elva-BMW GT 160, 1964.

schen Möglichkeiten, wobei auch das optische Erscheinungsbild bei einem Hartge-BMW nicht zu kurz kam. Großes Aufsehen erregte ein 1997 von Hartge vorgestellter Z3 Roadster mit implantiertem V8-Motor. Der ursprünglich auf 4.0 Liter ausgelegte Motor (540i. 740i) mit variablen Nockenwellen (Vanos) hatte Hartge auf 4772 ccm erweitert und die Leistung auf 350 PS angehoben. Gut 100 Komplettfahrzeuge mit leistungsgesteigerten Motoren – im Extremfall bis zu 6,0 Liter – und optimierten Fahrwerken baute Hartge jährlich seit 1999, weitere 150 bis 200 Fahrzeuge erfuhren im Kundenauftrag nachträglich vorgenommene Optimierungen. In der überwiegenden Zahl der Fälle waren es V8-Motoren mit Leistungen zwischen 350 und 400 PS, mit denen Hartge die Limousinen, Cabrios, Coupés und Kombis ausstattete.

BMW und Chevron

Bevor der Brite Derek Bennett in Salford, Lancashire, 1964 seinen ersten Rennwagen unter der Markenbezeichnung Chevron präsentierte, hatte er Specials mit Ford-Motoren gebaut. Ab Frühjahr 1967 kam im Chevron B6 ein 2,0-Liter-Motor von BMW 2002 zum Einsatz, umgerüstet auf Trockensumpfschmierung. Sein erstes Rennen absolvierte der B6 auf dem Nürburgring, wo Digby Martland beim ADAC-1000-km-Rennen Neunter in der Gesamtwertung und Vierter in der 2,0-Liter-Klasse wurde.
Mit Chevron-Autos beteiligten sich Derek Bennett und Brian Redman an diversen Clubrennen. Im Mai 1968 wurde der Chevron-BMW von der FIA für die Gruppe 4 (GT) homologiert, später auch in der Gruppe 6. Die Fahrzeuge waren sehr erfolgreich. Der Vierzylinder leistete anfangs 180 PS, wurde aber ständig weiterentwickelt, bis er bei 230 PS angelangt war. Gern hätte Bennett einen Vierventil-Zylinderkopf auf den BMW-Block gesetzt, was aber seine finanziellen Möglichkeiten überstieg.
Mit einem Chevron Coupé gewann Brian Redman 1969 das 500-km-Rennen auf dem Nürburgring. BMW erwarb ebenfalls einen Chevron und analysierte das Auto gründlich, in diesem Fahrzeug wurden diverse Formel-2-Motoren getestet, meist durch Ralf Stommelen. Mit einem zweiten Chevron, Modell B19, holte sich Dieter Quester 1970 auf dem Salzburgring die Europa-Sportwagenmeisterschaft in der Zweiliter-Klasse.

BMW und Elva

Der Elva war eine Entwicklung der Engländer Frank Nichols und Frank Webb. »Elle va« – sie läuft: Nichols behauptete, seine französischen Sprachkenntnisse hätten ihn darauf gebracht, für sein Coupé die Bezeichnung Elva zu wählen. Und dass seine Autos »liefen« – daran bestand kein Zweifel. Doch der Elva-BMW GT 160 war kein Renn-, sondern ein Straßensportwagen mit einer niedrigen, attraktiven Karosserie von der Carrozzeria Fratelli Fissore in Savigliano. In den nach vorn flach zulaufenden Kotflügeln saßen Schlafaugen-Scheinwerfer. Erst zwei Jahres später erschien der185 PS starke Elva-BMW dann im Rennsporteinsatz, diesen aus dem GT 160 entwickelten Elva-BMW Mark 8 gab es von 1964 bis 1966.

BMW und Lotus

Der erste Lotus-BMW war mit Unterstützung Alex von Falkenhausens entstanden, der daran interessiert war, die Leistung des von ihm konstruierten BMW-1800-Motors

Links: Lotus-BMW B23, 1965.

Rechts: Osella-BMW PA20, 1992.

im Sporteinsatz zu testen. Im Gitterrohrahmen eines Lotus B23, eigentlich vorgesehen für einen 140 PS starken Ford-Cosworth-1,5-Liter, installierte er einen serienmäßigen 1800er-Vierzylinder, als Auftrageber fungierte der Sportfahrer Toni Fischhaber aus Bad Tölz.
Fischhaber erwarb bald ein zweites Lotus-Chassis, es erhielt einen auf 180 PS Leistung erhöhten Vierzylinder (es war der aus dem 1800 TI/SA), dazu ein breiteres Fahrwerk. Die Motorumbauten erfolgten in Bad Tölz unter Fischhabers Regie. Schließlich kaufte er noch einen dritten Wagen, auch dieses Auto bekam den 180-PS-Motor, dazu Magnesiumfelgen (vorn 7.00-13, hinten 9.00-13). Die vom Reglement vorgeschriebenen Radabdeckungen ließen den Wagen sehr breit erscheinen.

BMW und Lola

Der Engländer Eric Broadley baute Rennsportwagen der unterschiedlichsten Art, so auch Fahrzeuge für die Sportwagenmeisterschaft in den großen Hubraumklassen, die er vorzugsweise mit Chevrolet-Motoren versah. Aber es gab auch einige mit BMW-Motor, so den 1962 entstandenen Lola T900, und 1983 baute man ein Exemplar mit dem berühmten 1,4-Liter-Turbo-Vierzylinder als Einzelstück für den Rennfahrer Karl-Heinz Becker.
Als die großen Lola GT mit V8-Motor längst Weltruhm erlangt hatten, experimentierte man bei Lola in Bromley, Kent, auch mit der Konstruktion eines Formel-2-Wagens. Eine besonders erfolgreiche Zusammenarbeit zwischen BMW und Lola gab es in der Formel 2.
»Whatever Lola wants, Lola gets« hieß es in einem Schlager der Fünfziger Jahre, und diese kesse Lola war es angeblich, die den Engländer Eric Broadley auf die Idee gebracht hatte, seinen ersten, 1956 gebauten Rennwagen mit Ford-Motor nach ihr zu benennen. Lola – das klang heiter und verwegen zugleich.

BMW und Osella

Als Abarth 1971 von Fiat übernommen wurde, erwarb Enzo Osella gemeinsam mit seinem Partner Antonio Tomani einen Teil der Betriebsanlagen und startete sein eigenes Unternehmen zum Bau von Rennsportwagen. Osellas Konstruktionen zeichneten sich durch überdurchschnittliche Stabilität, sehr gute Aerodynamik und geringes Gewicht aus. 1981 baute er erstmals einen BMW-Motor in zwei seiner Fahrzeuge ein, mit diesem Osella PA8 gewannen Giorgio Francia und Lella Lombardi 1981 das 1000-Kilometer-Rennen von Monza.
Ein weiterer BMW-motorisierter Osella war der 1992 gebaute PA20, mit dem Pasquale Irlando 1995 die Italienische Bergmeisterschaft gewann; seine Bilanz umfaßte neun Siege in neun Rennen. 1996 und 1997 wiederholte Irlando diese Leistung. Mit Osella-BMW-Prototypen, noch immer Baumuster PA20, waren seither immer mehr Fahrer erfolgreich, 2002 zählten zu ihnen Franz Tschafer, Renzo Napione, Otokar Kramsky, Fausto Bormolini sowie Uwe Lang, jener Schweinfurter, dessen Lieblingsbeschäftigung es war, mit seinem Osella-BMW bei jedem seiner Einsätze am Berg eine neue Bestzeit aufzustellen.

BMW und Tico Martini

BMW-Privatfahrern in Frankreich und in der Schweiz ist der Rennwagenbauer Tico Martini ein Begriff. Der von der Kanalinsel Jersey stammende Ingenieur (mit dem

BMW-Tuner Willi Martini, der einst am Nürburgring aktiv war, nicht verwandt) übernahm 1963 die Technische Leitung der Jim Russell Racing School an der Grand-Prix-Strecke Magny-Cours und begann dort mit dem Aufbau eines Formel-3-Teams. Anschließend betätigte er sich als Rennwagenkonstrukteur und schuf eine Anzahl von Formel-3- und anschließend Formel-2-Fahrzeugen, die er vorzugsweise mit Schnitzer-BMW-Motoren bestückte. In einem Martini-Rennwagen errangen Jacques Laffite und René Arnoux ihre ersten Meistertitel. Ab 1997 installierte er in seine an den Osella-BMW erinnernden Autos, offene Rennsport-Zweisitzer mit Heckflügel, vorrangig 360 bis 380 PS starke 3,0-Liter-BMW-Sechszylinder, die in Berg- und Rundstreckenrennen Furore machten. Die Schweizer Heinz Steiner und ab 2000 sein Sohn Marcel errangen mit ihrem Martini-BMW CN drei Meisterschaften und zwei Vizemeisterschaften. Auch in Deutschland traten die Steiners gelegentlich mit von Tico Martini gebauten und BMW-motorisierten Formel-2-Wagen in Erscheinung.

Wer große Flugzeuge um die Welt fliegen lässt, kann auch Ackerschlepper und Geländetransporter motorisieren

Mit BMW-Motor versehene Nutzfahrzeuge

KARWA

Im April des Kriegsjahres 1918 beauftrage Franz Josef Popp, Generaldirektor der Bayerischen Motoren Werke, im April 1918 den von Daimler abgeworbenen Ingenieur Max Friz, einen schweren Einbaumotor für zivile Zwecke zu konstruieren. Ein erster Einsatz erfolgte im KARWA Motorpflug des Freiherrn Karl von Wangenheim.
In der Serie ab 1919 leistete der so genannte Bayern-Motor M 1 (interne Bezeichnung M 4 A 1) bei 8143 ccm Hubraum 45 PS bei 800 U/min, war kurzzeitig auf 60 PS bei 1100 Touren zu bringen, wog 540 kg und war von Benzin- auf Petroleumbetrieb umzustellen. Konstruktive Merkmale wie eine obenliegende Nockenwelle, Doppel-Magnetzündung sowie das Aluminium-Kurbelgehäuse belegten die Verwandtschaft zum BMW-Flugzeugmotor vom Typ IIIa.
Der KARWA Motorpflug war ein Ungetüm von drei Tonnen Gewicht, das mit dem Bayern-Motor auf eine Höchstgeschwindigkeit von 10 km/h kam. Eine Lizenzfertigung des Traktors erfolgte bei der Hannoverschen Waggon Fabrik AG (Hawa), BMW lieferte den Motor.

GOOSSENS

Auch im Goossens Lastwagen tat der große Bayern-Motor seine Arbeit. Die Firma J. P. van Goossens, Lochner & Co. war in Brand bei Aachen eine von Jean van Goossens 1862 gegründete Waggonbaufabrik, die 1913 mit der

Karwa-Motorpflug System B. M. W.

Links: Karwa Motorpflug mit BMW-Motor, 1919.

Rechts: 1921 erschienenes Inserat.

Goossens 2,5-Tonner, 1924.

BMW 325 Geländewagen, 1940.

Herstellung von Lastwagen begonnen hatte. Zum Einbau kamen Motoren fremder Hersteller, und ab Ende 1919 gehörte das Unternehmen zu jenen, die von den Bayerischen Motoren Werken den 8,1-Liter-Vierzylinder für ihre Kipper und Pritschenwagen bezogen. Die Fahrzeuge hatten Kettenendantrieb und ein Viergang-ZF- oder Soden-Getriebe.

1928 wurde die Firma J. P. Goossens, Lochner & Co. von den Linke-Hoffmann-Werken in Breslau übernommen und der Betrieb in Brand aufgelöst. Auch die Firma M.A.N. bezog anfangs den Vierzylinder von BMW zum Einbau in ihre Lastwagen, einige Werften motorisierten Boote mit ihm.

BMW F76 und F79 Dreiradfahrzeuge

BMW selbst kennt man eigentlich nicht als Nutzfahrzeughersteller, hat aber 1933–1935 doch eine Serie von 600 »Vorderladern« vom Typ F76 und F79 herausgebracht. Die auf Motorradkonstruktionen basierenden Dreiräder hatten einen 198- bzw. 398-ccm-Einzylindermotor. Sie dienten als Boten- und Lieferantenfahrzeuge.

BMW Lastendreirad F76, 1933–1935.

Farmobil, 1965.

BMW 325 Kübelwagen

Wenig bekannt ist, dass bei BMW ab 1939 auch Wehrmachts-Kübelwagen gebaut wurden. Zwar wurde der BMW nicht ausschließlich zu militärischen Zwecken verwendet, doch lässt seine Bauart als allradgetriebener Geländewagen – er wies sogar Vierradlenkung auf – keinen Zweifel daran aufkommen, dass er im Auftrag des Heereswaffenamtes entwickelt worden war. Stoewer und Hanomag erhielten die Order, das gleiche Modell zu produzieren, jedoch unter Verwendung eigener Motoren. Der in Eisenach gebaute 325 hatte den bewährten 1971-ccm-Sechszylinder als Antriebsaggregat. Im Unterschied zu den normalen Personenwagen hatte der Motor Trockensumpfschmierung, und das Getriebe wies einen zusätzlichen Gelände-Kriechgang auf. Ein Markenemblem war an dem Kübelwagen allerdings nicht zu entdecken. Nach 1940 wurden keine weiteren Exemplare hergestellt, bis dahin hatte die Produktion 3225 Stück betragen.

FARMOBIL

Das BMW Händlernetz vertrieb unter der weiß-blauen Marke 1965–1966 das Farmobil aus Gottmadingen. 1955 war unter Leitung von Dr.-Ing. Wilfried Fahr der Prototyp eines robusten Allwetter-Geländefahrzeugs mit Pritschenwagenaufbau namens Farmobil entstanden, versehen mit einem luftgekühlten, anfangs 19,5 PS leistenden Zweizylinder-Boxermotor von BMW. Daraus entwickelte sich ein Plattformwagen, von dem in Gottmadingen etwa 100 Exemplare hergestellt wurden. Chrysler in USA baute das Farmobil in Lizenz, dort entstanden etwa 4000 Stück. Der Blechpresskörper war als Monocoque ausgebildet und erlaubte die Verwendung verschiedener Aufbauformen wie auch das Fahren ohne Türen. Nach verschiedenen Umstrukturierungen erhielt das Fahrzeug Steckscheiben, tiefe Mulden für die Scheinwerfer und eine Zweifarben-Lackierung. Der Allzwecktransporter in selbsttragender Bauweise für die Forst- und Landwirtschaft. Das Fahrzeug wies ab 1966 einen BMW-Boxermotor von 697 ccm (32 PS) auf, konnte 620 kg laden und kostete 6400 D-Mark. Der wenig später in Dingolfing entstandene Prototyp – anfänglich eine Glas-Entwicklung – eines Allrad-Militärkübels mit 3,0-Liter-M.A.N.-Dieselmotor ging indessen nicht in Serie.
Das Farmobil gab es von 1962 bis 1967 auch in einer griechischen Lizenzversion, gebaut von der Firma Farco S.A. in Thessaloniki.

KRAKA

Durch den Einstieg bei der Zweirad Union AG war die Nutzfahrzeugfirma FAUN 1962 in den Besitz der Konstruktion eines eigenartigen, fast bis zur Serienreife entwickelten Gefährts gelangt, Kraka (für Kraftkarren) genannt. Er war von der Waggon- und Maschinenbaufabrik Donauwörth entwickelt und an die Zweirad Union AG weitergegeben worden. 1963 nahm FAUN die Produktion des Kraka auf, doch nicht vor 1971 wurden erste Erprobungsmodelle an die Bundeswehr geliefert. Der Rahmen war verstärkt und eine zusätzliche Blattfederlage an der Vorderachse montiert worden. Zum Einsatz kam statt eines anfänglich verwendeten 400-ccm-Glas-Zweitakters der aus dem BMW 700 stammende Zweizylinder-Viertakt-Boxermotor mit 697 ccm Hubraum, von 34 auf 26 PS gedrosselt. Der von Anfang an als so genannter Rüstsatzträger konzipierte Kraka war 2,78 m lang, 1,51 m breit und 1,19 m hoch; er zeichnete sich durch Lufttransportfähigkeit (Abwurf am Fallschirm und Transport als Hubschrauber-Außenlast waren möglich) und hohe Robustheit aus. Seine Ladefläche von 1,00 x 1,40 m war zur Aufnahme verschiedener Einbausätze vorbereitet. Nach einigen Änderungen wurden 1974-1975 insgesamt etwa 860 Stück des als offiziell Lkw 0,75 t gl Kraka Typ 640 bezeichneten Wagens an die 1. Luftlande-Division der Bundeswehr geliefert, wo sie rund zwanzig Jahre lang im Einsatz standen. Die letzten Fahrzeuge wurden im Laufe der 1990er-Jahre ausgemustert und durch den Waffenträger Wiesel ersetzt.

MOTOPORTER

Es war eine Fahrzeugfabrik in Zürich, die von 1960 bis 1964 einen Gepäckkarren baute, dessen Motor ebenfalls von BMW kam. Der Motoporter war eine Art Bahnsteigwagen mit Plattformrahmen, ausgelegt für 600 kg und motorisiert mit dem 300-ccm-Einzylinder der Isetta. Das Fahrzeug war ähnlich konzipiert wie das Farmobil aus Gottmadingen.

Motoporter-Prospekt, 1964.

Alexander Calder bemalte 1975 einen BMW 3.0 CSL und legte damit den Grundstein zu einer Sammlung von Unikaten

BMW ART CARS: Mobile Kunstobjekte

Mit dem Einfall, der Karosserie ihres Automobils eine extravagante Bemalung zu spendieren, überraschten von ihrer Mitwelt als exzentrisch bezeichnete Pariser Kunstliebhaber die Szene schon in den 1920er Jahren. Doch ihre im Stil des trendigen Art Deco verfremdeten Bugatti und Darmont befand man als nicht würdig, eines Tages ins Museum gestellt zu werden …

Es war abermals ein Franzose, der 1975 die Idee hatte, ein besonderes Auto durch einen prominenten Künstler individualisieren zu lassen: Es war der Auktionator und Amateur-Rennfahrer Hervé Poulain.

Auf Poulains Initiative bemalte der amerikanische »Mobile«-Erfinder Alexander Calder im Sommer 1975 ein BMW 3.0 CSL Le-Mans-Rennsportcoupé und legte damit den Grundstein zu einer ständig erweiterten Kunstsammlung, denn das gelungene Experiment wurde fortgesetzt: Ein Jahr nach Calder überzog der New Yorker Frank Stella einen BMW mit dem für ihn typischen Rastermuster – so irritierend wie faszinierend.

Es folgte eine Reihe namhafter Pop-Art-Künstler wie Roy Lichtenstein, Andy Warhol und Robert Rauschenberg. Bis auf Rauschenbergs Art Car nahmen die von diesen Künstlern gestalteten Fahrzeuge am 24-Stunden-Rennen von Le Mans teil und waren auch recht erfolgreich. Zu Beginn der Achtziger Jahre wurde der Charakter der Art Car-Sammlung vielseitiger: Künstler anderer Nationalitäten und anderer Stilrichtungen kamen hinzu, so der Österreicher Ernst Fuchs, die Australier Ken Done und Michael Jagamara Nelson, der Japaner Matazo Kayama und der Spanier César Manrique.

Auch das Spektrum der ausgewählten Modelle wurde breiter. Nicht mehr nur Rennsportfahrzeuge wurden bemalt, sondern Fahrzeuge aus der Serienproduktion. Zum Beispiel ein BMW Z1, den A.R. Penck im Frühjahr 1991 als erster Deutscher unter den Art Car-Künstlern bemalte. Das zwölfte Kunstauto, zugleich das erste von einer Frau gestaltete, entstand ein halbes Jahr später in Südafrika; Esther Mahlangu aus dem Transvaal gab einem BMW 525i eine neue Erscheinung. Der Italiener Sandro Chia folgte 1992 mit der Bemalung eines Prototyps eines BMW Renntourenwagens der 3er Reihe. 1995 kam als vierzehnter Künstler der Engländer David Hockney hinzu, der einen BMW 850 CSi gestaltete.

1999 kehrte die Art Car Idee zurück an den Ursprung ihrer Entstehung, nach Le Mans. Die amerikanische Konzeptkünstlerin Jenny Holzer hat einen BMW V12 Le Mans Rennsportwagen mit ihrer Wortkunst »beschrieben« und damit das 15. Fahrzeug der BMW Art Car Collection geschaffen. 2010 entstand Art Car Nr. 16 durch Jeff Koons. Er dynamisierte einen BMW M3 GT.

Die Art Cars reisen um die Welt; auf ihrer großen Tournee haben sie unter anderem in großen Museen Station gemacht. Einige Beispiele: Louvre und Centre Pompidou in Paris, Whitney Museum of American Art in New York, Fine Arts Museum in Dallas, Palazzo Grassi in Venedig, Powerhouse Museum in Sydney, Empresshouse in Singapur, Museum of Fine Arts in Taipei, Cultural Centre in Hongkong, Royal Academy in London, Museum Ludwig in Köln, Guggenheim Museum in New York, Haus der Kunst in München sowie Eremitage in St. Petersburg.

Alexander Calder, BMW 3.0 CSL, 1975.

Frank Stella, BMW 3.0 CSL, 1976.

Roy Lichtenstein, BMW 320 i, Rennwagen 1977.

Links: Ralf Winkler alias A. R. Penck, BMW Z1, 1991.

Unten links:
Andy Warhol, BMW M1, 1979.

Unten rechts:
Michael Jagamara Nelson, BMW M3, 1989.

Portraits im Spotlight

Helmut Werner Bönsch
Von 1958 bis 1973 war Helmut Werner Bönsch als Direktor für Produktplanung, Qualitätskontrolle und ab 1967 im Ressort Marketing bei BMW tätig. 1958-77 war er Präsident der Technischen Kommission der FIM, gründete 1962 den internationalen Verband der BMW Clubs und war nach seiner Pensionierung Honorarprofessor für Motorradtechnik an der Technischen Universität München. Der als kritischer Tester, erfolgreicher Journalist und Autor bedeutender Fachbücher gleichermaßen profilierte Promotor des Boxermotors war einer der engagiertesten Durchsetzer der »Nischenpolitik« des BMW-Direktors Paul G. Hahnemann.

Paul Bracq
Der Karosseriegestalter Paul Bracq absolvierte in Paris eine Ausbildung als Bildhauer und ging mit 24 Jahren zu Karl Wilfert bei Daimler-Benz. Bis 1967 kennzeichnet seine Handschrift die gesamte Mercedes-Modellpalette, signifikant am Beispiel der »Pagode«-Reihe. Später war er an der Gestaltung des französischen Hochgeschwindigkeitszuges TGV beteiligt, arbeitete für Brissonneau & Lotz und wechselte 1970 zu BMW, wo er die Linie der 3er, 5er und 7er-Reihen kreierte. Anders als bei DB war Bracq bei BMW auch für das Interieur verantwortlich. 1974 wurde er bei Peugeot Designdirektor.

Kurt Deby
Deby leitete ab Januar 1937 das Motorrad-Auftragsbüro bei BMW in München und blieb im Motorradressort bis 1942. Bis Kriegsende war er Leiter der Konzernorganisation. Deby musste 1945 im Auftrage der US-Besatzungsbehörden die Demontagearbeiten des Werkes beaufsichtigen, konnte aber auch die Einstellung dieser Maßnahmen durchsetzen. Er leistete bedeutende Arbeit beim Wiederaufbau des Münchner BMW-Werkes. Noch vor Ende 1945 erwirkten er und Kurt Donath die Genehmigung zur Reparatur von Motorrädern und Herstellung von Haushaltsgegenständen und Fahrradrahmen. Die Arbeiten wurden unter der Leitung von Alfred Böning aufgenommen. Als Prokurist ab Dezember 1947 war er für die Arbeitsvorbereitungen zuständig, die zu einer neuen Pkw-Produktion führten, ab 1954 in Nachfolge von Peter Szymanowski. 1966 ernannte man Deby zum Direktor für das Ressort Werksplanung und Werkstechnik; er ging 1972 in den Ruhestand.

Kurt Donath
Der Flugmotoren-Ingenieur Kurt Donath brachte gemeinsam mit Kurt Deby die Nachkriegsproduktion bei BMW in München wieder in Gang, indem er bei den Besatzungsbehörden eine Lizenz zur Herstellung von Küchengeräten und anderen Gegenständen bekommen hatte; auch die Wiederaufnahme der Motorradproduktion (R24, vorgestellt in Genf 1948) konnte er erwirken. 1948 kam Donath in den Vorstand der BMW AG, zuständig für das Ressort Produktion, und wurde erst im März 1957 von Dr. Richter-Brohm abgelöst. Unter seiner Leitung wurde Ende 1951 die Produktion der Limousinen-Baureihe 501/502 aufgenommen, 1955 die der Isetta. Nach seinem Ausscheiden blieb Donath für BMW als Technischer Berater tätig.

Alexander von Falkenhausen
Der »weiß-blaue« Baron, wie er genannt wurde, war als Rennfahrer wie Konstrukteur gleichermaßen erfolgreich. 1934–45 arbeitete der Diplomingenieur (bei BMW in der Fahrgestellkonstruktion, gehörte zum Team, das die berühmte R75 entwickelte und bestritt auf BMW-Motorrädern und Sportwagen zahlreiche Wettbewerbe. Nach dem Kriege baute er eine eigene Firma auf, die unter der Bezeichnung AFM (Alex von Falkenhausen München) Rennwagen herstellte und einsetzte, bevor er 1954 zu BMW zurückkehrte, dort die Rennabteilung betreute und als Konstrukteur von 1958 bis 1975 für die gesamte Motorenentwicklung verantwortlich war.

Er absolvierte 1966 auch Weltrekorde. Seine Lehrherren in der frühen BMW-Zeit waren Rudolf Schleicher und Fritz Fiedler. Die von ihm entwickelten Hochleistungsmotoren für die »Neue Klasse« (1500, 1800, 2000, 2,5 und 3,0 Liter, 2002 turbo) fuhren für BMW Weltruhm ein.

Fritz Fiedler

Nach seinem Technikstudium war Fritz Fiedler zunächst für die Firma AGA in Berlin tätig, bevor er 1923 zu Stoewer nach Stettin ging und 1930 zu Horch nach Zwickau. Hier war er maßgeblich an der Entstehung der V12-Modelle 600 und 670 sowie der Reihen- und V-Achtzylinder beteiligt Als die Auto Union gegründet wurde, verließ er das Unternehmen und nahm eine Stelle bei BMW als Automobilkonstrukteur im Werk Eisenach an. In seiner Regie entstanden alle BMW-Serienmodelle bis zum Ausbruch des Krieges, wobei Fiedler vor allem die Aufhängungssysteme schuf.

Nach 1945 arbeitete Fiedler auf Einladung von H. J. Aldington bei AFN (Frazer Nash) und Bristol, wo die BMW-Konstruktionen die Basis für neue Baureihen darstellten. 1950 kehrte er nach Deutschland zurück, war ein Jahr lang für Opel in Rüsselsheim tätig und wurde danach als Technischer Direktor wieder von BMW engagiert. Unter seiner Verantwortung entstanden die von Alfred Böning konzipierten BMW-Modelle 501 und 502, ferner der 503 und der 507 sowie die Kleinwagen, und auch für die »Neue Reihe« bis hin zum Null-Zwei schuf er die konstruktiven Grundlagen.

Max Friz

Nach seiner Lehre beim Dampfmaschinenhersteller Kuhn in Cannstatt besuchte Max Friz von 1902 bis 1904 die Königliche Baugewerkschule in Esslingen. Anschließend ging er als Konstrukteur zur Daimler-Motoren-Gesellschaft, wo er am Bau der Grand-Prix-Wagen von 1908 und 1912 beteiligt war. Auch den Entwurf von Flugmotoren gehörte zu seinen Aufgaben.

Im Januar 1917 wechselte Max Friz zum Flugmotorenhersteller Rapp, und bei dessen Fusion mit dem Konkurrenten Otto zu einer Firma namens BMW wurde er übernommen. An der Konstruktion weiterer Flugmotoren hatte er maßgeblichen Anteil. Im August 1918 erhielt Friz Prokura.

Max Friz war es auch, der 1923 das erste BMW-Motorrad konstruierte. Am 25. April 1925 wurde er zum Technischen Direktor und gleichzeitig zum Chefkonstrukteur der BMW AG ernannt, eine Position, die er bis zum 13. September 1937 innehatte. Anschließend übernahm Friz die Leitung der Flugmotorenfabrik Eisenach GmbH, einer BMW-Tochterfirma. 1945 ging er in den Ruhestand.

Wilhelm Gieschen

Nach einer Lehre bei Hansa-Lloyd studierte Wilhelm Gieschen Maschinenbau am Bremer Technikum und ging als Ingenieur zu den Focke-Wulf-Flugzeugfabriken. Während des Krieges leitete er das Focke-Wulf-Werk in Cottbus. 1949 bekam Gieschen einen Posten bei Carl F. W. Borgwards Goliath-Werken, wurde dann Betriebsingenieur bei Lloyd und Ende 1954 Betriebsleiter bei Borgward. 1961 gehörte er zu den Abwicklern des Borgward-Untergangs, dann wechselte er zur BMW AG in den Vorstand (Ressort Produktion) und behielt diese Position bis zu seiner Pensionierung 1971.

Hanns Grewenig

Grewenig erhielt nach seinem Technikstudium einen Posten als Schiffsingenieur bei der Kaiserlichen Marine und gehörte während des Ersten Weltkrieges zu den ersten U-Boot-Fahrern. 1919 war er für Ford tätig, 1928 wechselte er als Betriebsleiter zu Opel in Rüsselsheim. 1941-45 gehörte er auch dem Vorstand des Maschinen- und Lastwagenherstellers VOMAG an. Von 1948 bis 1957 war Dipl.-Ing Hanns Grewenig Kaufmännisches Vorstandmitglied der BMW AG; er engagierte sich für eine Wiederaufnahme des Motorsports und arrangierte die Übernahme der Baulizenz für die Isetta.

Paul Gustav Hahnemann

Als »Nischen-Paule« ging er in die Unternehmensgeschichte der Bayerischen Motoren Werke ein. Hahnemann verhalf der Marke BMW nicht nur zu ihren bis dato größten Erfolgen – er gehört zu jenen, denen es zu verdanken ist, dass sie heute überhaupt noch existiert. Hahnemann besaß einen messerscharfen, analytischen Verstand, der intuitives Handeln ausschloss, gepaart mit Überzeugungskraft und dem Mut, unbequeme Wahrheiten auszusprechen. Er verfügte über die Fähigkeit, mit undiplomatischer Rücksichtslosigkeit seine Vorstellungen von Falsch und Richtig durchzusetzen. Damit kontrastierte er indessen zu Eberhard v. Kuenheim, BMW-Vorstandschef im 14. Stock des neuen Vierzylinder-Hochhauses am Münchner Petuelring. Ein Bau, der durch Hahnemanns Initiative entstanden war. Wie auch die Akquisition des

Werkes Dingolfing durch Hahnemann zustande kam. 1957 war Hahnemann Verkaufsdirektor der Auto Union in Düsseldorf geworden und richtete dort das Ressort Marketing ein. Nach dem Umzug der Hauptverwaltung nach Ingolstadt 1961 wechselte er zu BMW. Durch eine völlige Reorganisation der Vertriebsstruktur hatte Direktor Hahnemann maßgeblichen Anteil am Welterfolg der »Neuen Klasse«. Doch aufgrund divergierender Ansichten im Vorstand über v. Kuenheims Konzern- und Führungspolitik verabschiedete sich der erfolgreiche, aber nicht kompromissbereite Manager Ende 1971 von BMW und machte sich selbständig.

Wilhelm Hofmeister
Von 1955 bis 1970 war Wilhelm Hofmeister Design-Chef bei BMW als Nachfolger von Peter Szymanowski, dessen Assistent er vorher gewesen war. Unter seiner Leitung nahmen alle Serienmodelle jener Zeit ihre Gestalt an, auch die der »Neuen Klasse« und deren Nachfolger. Hofmeisters Handschrift wurde u.a. durch einen kleinen Aufwärtswinkel der unteren Rückfensterkante (C-Säule) gekennzeichnet, den auch Paul Bracq bei den von ihm gestalteten Modellen übernahm. Der »Hofmeister-Knick« blieb ein signifikantes Stylingelement bei fast allen späteren BMW Automobilen.

Eberhard v. Kuenheim
Der einem Betriebswirtschaftler und Maschinenbau-Ingenieur v. Kuenheim wurde 1968 Generalbevollmächtigter der Quandt-Gruppe und 1970 zum Vorstandsvorsitzenden von BMW berufen, Er behielt diese Position 23 Jahre lang; weitere sechs Jahre fungierte er als Aufsichtsratsvorsitzender, ehe er seinen Platz für Volker Doppelfeld frei machte. Unter v. Kuenheim stieg BMW zu einem Unternehmen von Weltrang auf; für seine erfolgreiche Geschäftspolitik wurde er 1978 zum Manager des Jahres gewählt. Der Umsatz der BMW AG stieg währen der Amtszeit v. Kuenheims um das 17-fache.

Claus Luthe
Nach seiner Ausbildung zum Karosseriebaumeister arbeitete der Designer Claus Luthe bei Fiat in Heilbronn und bei NSU in Neckarsulm (Wankel Spyder, Ro80). 1987 trat er bei BMW die Nachfolge von Paul Bracq an. Unter seiner Leitung entstanden die dritte 5er Generation E34 und dritte 3er Generation E36, der BMW 7er E32 und das 8er Coupé E31.

Bernhard Osswald
Der 1937 in Berlin zum Diplomingenieur (Maschinen- und Flugzeugbau) ausgebildete Bernhard Osswald war Assistent bei Wunibald Kamm in Stuttgart, arbeitete an Dieselmotor-Projekten und kam 1951 zu Ford nach Köln als Ingenieur für Fahrwerks- und Getriebeentwicklung. 1964 wechselte er zu BMW, wo er maßgeblichen Anteil an der Entwicklung der 02-Baureihe, des 2002 turbo und des M1 hatte und einen Sitz im Vorstand für das Ressort Entwicklung und Konstruktion erhielt. 1976 ging Osswald in den Ruhestand, sein Nachfolger wurde Dr. Karlheinz Radermacher.

Franz Josef Popp
Der in Brünn im Fach Maschinenbau und Elektromechanik diplomierte Reserveoffizier der österreichisch-ungarischen Marine am Mittelmeerstützpunkt Pola wurde 1915 zu Austro-Daimler in Wiener-Neustadt beordert, um ein Rüstungsprojekt zu begleiten, und von hier aus schickte man ihn nach München, wo er bei der Flugmotorenfabrik Karl Rapp die Produktion von Motoren in Austro-Daimler-Lizenz beaufsichtigten sollte. Popp spielte eine entscheidende Rolle bei der Verschmelzung der Firmen Rapp und Gustav Otto zur BMW AG, die am 20. Juli 1917 vollzogen wurde. Man bestellte Popp zum Geschäftsführer. Nach Kriegsende blieb er beim Flugmotorenhersteller BMW, der sich ein neues Geschäftsfeld suchen musste. Unter seiner Leitung entstanden große Vierzylindermotoren für Boote und Lastwagen, ab 1923 Motorräder. Popp dachte auch an die Herstellung von kleinen Automobilen, ein Plan, der sich erst realisieren ließ, nachdem er im Sommer 1926 einen Platz im Aufsichtsrat in der neu gegründeten Daimler-Benz AG erhalten hatte. Denn hier kam er in Kontakt mit dem Großaktionär Jacob Schapiro, dem nicht nur die Majorität der Firma Wartburg in Eisenach (Dixi-Werke) gehörte, sondern auch eine Lizenz auf den kleinen Austin Seven besaß. Popp bewog Schapiro zum Verkauf der Dixi-Werke an BMW einschließlich der Baurechte am Austin Seven, der in Eisenach ab Ende 1927 bereits als Dixi 3/15 PS gebaut wurde. Popp erreichte bei Herbert Austin, dass dieser ab 1932 auf die Erfüllung des Lizenzvertrages verzichtete, nachdem der Dixi 3/15 PS alias BMW zu einer völlig neuen Konstruktion mutiert war. Popp wurde beim Einmarsch der Amerikaner 1945 verhaftet und vorübergehend unter Arrest gehalten. Mehrmals versuchte er, wieder an die Spitze des Unternehmens zu kommen, was ihm aber verwehrt blieb.

Karlheinz Radermacher
Nach einem Maschinenbaustudium an der TH Karlsruhe leitete Karlheinz Radermacher zunächst ein Forschungsinstitut, ehe er 1962 promovierte und als Leiter eines Entwicklungsressorts zu Siemens ging. Nach Tätigkeiten bei der Rheinstahl-Hanomag AG und SKF war Dr. Radermacher von 1973 bis 1976 stellvertr. Vorstandsmitglied der BMW AG und ab 1976 ordentliches Vorstandsmitglied für das Ressort Forschung und Entwicklung. 1983 wechselte er zu ZF nach Friedrichshafen

Heinrich Richter-Brohm
Heinrich Richter-Brohm hatte in Göttingen, Marburg, Lausanne und Berlin Volkswirtschaft und Jura studiert sowie ein Praktikum in den USA gemacht, bevor er zum Dr. rer.oec. und zum Dr. jur promovierte und 1934 Justitiar der Mannesmann-Werke AG in Remscheid wurde. Noch im gleichen Jahr trat er beim Preußischen Innenministerium als Abteilungsleiter der Bau- und Finanzdirektion ein. 1939 schickte man ihn nach Prag, wo er Oberdirektor und Vorstandsmitglied der Böhmisch-Mährischen Maschinenfabrik AG. wurde. 1947 berief man ihn als Generaldirektor in die Vereinigten Österreichischen Eisen- und Stahlwerke (VÖEST), und drei Jahre später wechselte er als Vorsitzender des Vorstandes zur Maschinenfabrik Pintsch Bamag AG.
Am 1. März 1957 übernahm Dr. Dr. Richter-Brohm bei BMW in München den Vorstandsvorsitz und führte umgehend eine Reihe von Neuerungen ein. Er entwickelte ein Zukunftsprogramm, das einen Ausbau der Reihe 700 und die Entwicklung neuer Mittelklassewagen vorsah, Ende 1961 bekannt geworden als »Neue Klasse«. Damit schuf Richter-Brohm die Grundlagen für die überfällige Sanierung von BMW, die nach der Hauptversammlung von 1959 aber anders verlief als gedacht – ohne die vom Hauptaktionär Deutsche Bank gewünschte Fusion mit Daimler-Benz. Bereits im Februar 1960 verließ er daher das Unternehmen.

Paul Rosche
Rosche kam 1957 zu BMW als Entwicklungsingenieur und arbeitete hauptsächlich an der Optimierung von Hochleistungsmotoren. Von ihm konstruiete Formel-1-Rennmotoren leisteten bis zu 1500 PS. Rosche (sein Spritzname im Werk: »Nocken-Paul«) entwickelte auch den Motor für den BMW M3 sowie den V12 für den Supersportwagen McLaren-BMW.

Rudolf Schleicher
Er wurde für seine Motorradkonstruktionen berühmt, die BMW Mitte der 1930er Jahre auf den Markt brachte, und hatte auch maßgeblichen Einfluss auf die Konstruktion des legendären BMW 328. Nach seinem Maschinenbaustudium war Ingenieur Schleicher 1922 zu BMW gegangen und blieb der Marke bis auf ein Intermezzo bei Horch (Ressort Chassiskonstruktion) sein Leben lang treu. Er fuhr unzählige Rennen und war ein begabter Konstrukteur, der vor allem auf den Baustoff Leichtmetall setzte. Dass er keiner NS-Organisation angehörte, führte für ihn zu Schwierigkeiten. Nach dem Kriege gründete er in München einen Betrieb zur Produktion von Motorteilen.

Johannes Semler
Der Jurist Dr. Johannes Semler, nach dem Kriege in Bayern lebend, wurde 1947 Direkter der damaligen Bi-Zonen-Verwaltung (sein Nachfolger war Ludwig Ehrhardt) und schloss sich der CSU an. 1957 wurde er mit der Sanierung der Henschel-Werke in Kassel beauftragt, und 1960 wählte man ihn in den Aufsichtsrat von BMW. Als Sanierer beorderte man Dr. Semler 1961 auch zu Borgward nach Bremen, doch da er keine Möglichkeiten zur Rettung des insolventen Unternehmens sah, empfahl er eine Liquidierung, zumal das Land Bremen sich nicht für Borgward engagierte. Dr. Semlers Vermittlerrolle interpretierte man später als im Sinne der von ihm vertretenen Firma BMW missbraucht, die vom Verschwinden der Marke Borgward profitierte.

Gerhard Wilcke
Der Jurist Dr. Gerhard Wilcke war 1940 bis 1943 Direktor bei den Schering-Werken in Berlin. Ab 1962 vertrat er die Interessen des Großaktionärs Quandt bei BMW im Aufsichtsrat und war auch Leiter des Sanierungsausschusses. 1965 bis 1969 war er Vorstandsvorsitzender der BMW AG. Unter seiner Leitung konzentrierte sich BMW auf die Produktion von Automobilen und Motorrädern, trennte sich von der Flugmotorenfertigung und brachte das Unternehmen durch hohe Produktions- und Absatzsteigerungen in die schwarzen Zahlen. Wilcke und sein Vorstandskollege Paul G. Hahnemann vollzogen 1967 mit Unterstützung der Bayrischen Landesregierung die Übernahme der Standorte Dingolfing (Glas) und Landshut. Aus gesundheitlichen Gründen legte Dr. Wilcke gegen Jahresende 1969 sein Amt nieder; sein Nachfolger wurde Eberhard v. Kuenheim.

Intern verwendete Modellbezeichnungen 1968–2000

BMW Baumustercodes

Eine E-Nummer (E = Entwicklungsprojekt) hatte als erster BMW die Limousine 2500 vom Modelljahrgang 1968 bekommen. Dies war der E3, und die gleiche Chiffre bekamen auch die stärker motorisierten Varianten 3.0 und 3.0 S/Si. Die bauartgleichen Coupés hießen E9, der erste BMW 5er war der E12, der erste 6er der E24. Die Modelle der 02-Serie liefen noch unter der Baumusternummern 114 und 118 (ohne E), doch die Kombicoupés in der so genannten Touring-Ausführung hießen bereits E6, der legendäre BMW 2002 Turbo von 1973 war der E20. Damit rangiert der erste Turbo Serien BMW numerisch also vor dem ersten 3er, was erkennen lässt, dass seine Entstehung im Frühjahr 1973 und die des Konzeptes zum 3er zeitlich dicht beisammen lagen.

E3	2,5 Liter und 3,0 Liter Limousine 1968–1977
E6	Baureihe 02 touring 1971–1974
E9	Baureihe Coupé Sechszylinder 1968–1977
E10C	2002 Cabriolet 1971–1975
E12	5er Limousine 1972–1976
E12/2	5er Limousine 1976–1981
E12/4	5er Limousine Rechtslenker 1972–1976
E12/5	5er Limousine 2,0 Liter 1977–1982
E12 /6	5er Limousine 2,5 Liter 1972–1981
E12 /8	5er Limousine Fertigung Südafrika 1973–1981
E20	2002 turbo 1973–1975
E21	ab 11/1970 entwickelter 3er, gebaut 1975–1977
E21/1	3er nach der Modellpflege 9/77–79
E21/2	3er nach der Modellpflege 9/79–1983
E21/3	Projekt 316-320i als Kombiwagen 1975–1976
E21/LA	7/173 Entwicklung des 315, gebaut 1977–1983
E21/5	7/73 Entwicklung 3er mit M60-Motor 1977–1982
E21/Cb	3er Cabriolet Baur 1976–1983
E21/R1	3er Bausatz für Junior Team Rennwagen
E23	7er Limousine 1977–1979
E23/1	7er Limousine 1997–1982
E23/2	7er Limousine 1982–1986
E23S	7er Limousine mit M-Motor S38 1988
E24	6er Coupé 1976–1982
E24/1	6er Coupé 1982–1987
E24/2	6er Coupé 1988–1989
E24/S	6er Coupé mit M-Motor S38 1984–1984
E24/2S	6er Coupé mit Vierventilmotor 1988–1989
E26	M1 1978–1981
E28	5er Limousine 1981–1987
E30	7/76 Entwicklung E21-Nachfolger 1982–1990
E30/2	3er Zweitürer 1982–1990
E30/2C	3er Vollcabriolet 1985 1993
E30/2S	M3 Cabriolet Kleinserie 1988–1991
E30/2C	3er Baur-Cabriolet Zweitürer TC2 1982–1991
E30/4	9/79 begonnene Entw. 3er Viertürer 1983–1990
E30/4C	3er Baur-Cabriolet TC2 Viertürer (Prototyp)
E30/5	3er Touring 1987–1994
E30/16	3er 325iX Allrad 1985–1990
E30Z	Z1 Vorserie (80 Stück) 1988–1989
E30/88	E30 Modellpflege Modelljahre 1987–1990
E31	8er Coupé 1989–1999
E31S	8er Coupé CSi 1992–1996
E32	7er Limousine 1986–1994
E32/1	7er Limousine Langversion 1987–1994
E34	5er Limousine 1988–1995
E34/5	5er Touring Kombi 1990–1997
E34/16	5er Allrad-Limousine 1991–1996
E34/5-16	5er Allrad-Touring Fünftürer 1991–1996
E34-S	M5 Limousine 1988–1995

E34/5-S M5 Touring Kombi 1992–1995
E367/8 begonnene Entw. E30-Nachfolger 1990–1998
E36/2 3er Coupé 1992–1999
E36/2S M3 Coupé 1992–1999
E36/2C 3er Cabriolet 1993–1999
E36/2CS M3 Cabriolet 1996
E36/3 3er Touring 1995–1999
E36/4 3er Limousine 1991–1998
E36/4S M3 Limousine 1997
E36/5 3er compact 1994–1998
E36/5S M3 compact (Prototyp) 1994
E36/6 3er compact Fünftürer (Prototyp) 1991–1992
E36/7 Z3 Roadster 1996–2002
E36/7S M3 Roadster 1997–1998
E36/8 Z3 Coupé 1998–2002
E36/8S M3 Coupé 1998–1999
E36/4C 3er Bauer Topcabriolet TC4 1996

E38 7er Limousine 1994–2001
E38/2 7er Limousine Langversion 1994–2001
E38/3 7er Limousine Protection 1994–2001

E39 5er Limousine 1995–2003
E39S M5 Limousine 1998–2003
E39/2 5er Touring Kombi 1997–2004
E39/2S M5 Touring Kombi 1997–2004

E46 ab 1998 Nachfolger des E36
E46/2 3er Coupé 1999–2005
E46/2S M3 Coupé Sechszylinder 2000–2005
E46/2C 3er Cabriolet 2000–2005
E46/2CS M3 Cabriolet 2001–2005
E46/3 3er touring 1999–2005
E46/4 3er Limousine 1998–2005
E46/5 3er compact Dreitürer 2001–2008
E46/5S Z3 Coupé Entwurf 2002

E48 Prototyp m. Frontantrieb (kleines Mod.) f. Rover
E49 Prototyp m. Frontantrieb (großes Mod.) f. Rover

E52 Z8 Roadster 1999–2003

E53 X5 Limousine 1999–2006
E56 X5 Limousine Langversion (Prototyp) 2000

Unternehmensgeschichte im Spiegel neun ereignisreicher Jahrzehnte

Chronologie 1916–2000

1916 Gründung der Bayerische Flugzeug-Werke AG (BFW)
1917 Beginn der Flugmotorenfertigung unter Franz Joseph Popp. Gründung der Firma BMW
1918 Ende des 1. Weltkrieges. Abbruch der militärischen Flugmotorenproduktion
1919 Franz Zeno Diemer erreicht mit einem BMW Flugmotor die Rekordhöhe von 9760 m
1920 Martin Stolle und Max Friz entwerfen einen Motorradmotor
1921 Baubeginn eines Motorrad-Kleinmotors in Boxerbauweise (M2B15) für Victoria, Nürnberg
1922 Eingliederung der BFW in BMW. Produktion des Lastwagen- und Bootsmotors 45/60 PS
1923 Aufnahme der Fertigung des ersten BMW Motorrades R 32 mit Kardanantrieb
1924 SHW in Böblingen baut einen Frontantriebs-Versuchswagen mit BMW Motor
1925 Bei BMW entsteht ein Versuchs-Chassis mit V8-Motor und Vorderradantrieb
1926 Internationale Flugrekorde durch Maschinen mit BMW Motoren
1927 Dixi in Eisenach beginnt mit dem Lizenzbau des Austin Seven
1928 Übernahme der Fahrzeugfabrik Eisenach und der Dixi-Produktion
1929 Aus dem Dixi 3/15 PS, Lizenz Austin Seven, wird der BMW 3/15 PS
1930 In der Weltwirtschaftskrise praktizieren BMW und Daimler-Benz eine Vertriebsgemeinschaft
1931 Ein BMW 3/15 PS erringt den Klassensieg bei der Rallye Monte-Carlo
1932 Der BMW 3/20 PS wird Nachfolger des 3/15 PS
1933 Vorstellung des BMW 303 mit Rohrrahmen. Bau des Flugmotorenwerkes München-Allach
1934 Einführung der Modelle 309 und 315 mit Sechszylindermotor
1935 Einführung der Sechszylinder-Sportwagenmodelle 315/1 und 319/1
1936 Vorstellung des BMW 326. Der 2,0-Liter-Sportwagen BMW 328 beginnt seinen Siegeszug
1937 Vorstellung des BMW 320 mit Tiefbett-Kastenrahmen
1938 Albert Fane gewinnt ohne Ablösung auf BMW die Mille Miglia
1939 Vorstellung des großen BMW 335. Beginn des Zweiten Weltkrieges
1940 BMW gewinnt erneut die Mille Miglia durch Walter Bäumer und Fritz Huschke v. Hanstein
1941 Aufnahme der Produktion der Gespann-Militärmaschine R 75
1942 Während der Kriegsjahre produziert BMW vorrangig Flugzeugtriebwerke
1945 Werk Eisenach in der Ostzone wird zu einer russischen Aktiengesellschaft
1946 Beschlagnahme und Demonatge sämtlicher Werksanlagen durch die Alliierten
1947 Reparationsleistungen an 45 Staaten
1948 Das erste Nachkriegs-Motorrad entsteht in München: BMW R 24. Gründung der Marke Veritas
1949 Bau des ersten Nachkriegs-Zweizylindermotorrads: BMW R 51/2
1950 Präsentation des Awtowelo-EMW 340 (Sportwagen Prototyp) auf dem Nürburgring. Veritas insolvent
1951 BMW stellt auf der IAA in Frankfurt/M. die Sechszylinder-Limousine 501 vor
1952 Beginn der Automobil-Serienproduktion in München mit dem BMW 501
1953 Die 1948 gegründete Marke Veritas (Sportwagen teils mit BMW Motoren) gibt zum zweiten Mal auf
1954 Debüt des Achtzylinders BMW 502

1955 BMW Isetta, 503 und 507 werden vorgestellt
1956 Im Oktober wird die Isetta mit neuer (Export-)Karosserie gezeigt
1957 Vorstellung des BMW 600
1958 Hans Stuck fährt mit einem 507 neuen Freiburger Bergrekord
1959 Serienbeginn des BMW 700 Coupés
1960 Nach dem 700 Coupé folgt die Fertigung der Limousine
1961 Vorstellung des BMW 1500 Neue Klasse auf der IAA
1962 Fertigungsbeginn des BMW Neue Klasse und des 3200 CS Bertone
1963 Der BMW 1800 folgt dem BMW 1500
1964 Debüt des BMW 700 LS
1965 Konstruktionsbeginn BMW 02, Typ 114. Präsentation des BMW 2000 Coupés
1966 Übernahme der Hans Glas GmbH in Dingolfing. Premiere des BMW 02
1967 Erscheinen des BMW GT 1600 auf der Basis des Glas 1300/1700 Coupés
1968 BMW wird erstmals Marken-Europameister
1969 BMW wird durch Dieter Quester zum zweiten Mal Marken-Europameister
1970 Das Modell 02-Touring (Kombicoupé) entsteht. Eberhard von Kuenheim übernimmt Vorstandsvorsitz
1971 Eröffnung des BMW Mess- und Versuchsgeländes in Ismaning
1972 Vorstellung des 520 und des Turbo-Coupés (Bracq). Gründung der BMW Motorsport GmbH
1973 Weltweite Energiekrise. BMW reagiert mit dem 1502
1974 Vorstellung des BMW 518 (E12)
1975 Einführung der 3er Reihe (E21)
1976 Einführung der 6er Reihe (E24)
1977 Einführung der 7er Reihe (E23)
1978 Debüt des Rennsportcoupés M1 (Procar)
1979 3 Millionen BMW Pkw seit 1952
1980 Inbetriebnahme BMW Dieselmotorenwerk in Steyr/Österreich
1981 1 Million BMW 3er in sechs Jahren
1982 Startvorbereitung für den BMW 5er (E28) mit Dieselmotor
1983 Erster Weltmeistertitel für einen Turbo: BMW-Brabham Formel 1
1984 Grundsteinlegung für ein neues BMW Werk in Regensburg
1985 Werk Regensburg wird gebaut. Auch der 3er (E30) ist jetzt mit Dieselmotor erhältlich
1986 Roberto Ravaglia wird auf BMW 635CSI Tourenwagen-Europameister
1987 Präsentation des ersten deutschen V12 seit 1939: BMW 750i (E32)
1988 Roberto Ravaglia wird zum dritten Mal Tourenwagen-Europameister
1989 Premiere des BMW 850i als Nachfolger des 6er
1990 BMW und Rolls-Royce vereinbaren Joint Venture im Flugmotorenbau
1991 Ab September Ausstattung aller BMW Serienfahrzeuge mit ABS
1992 Vorstellung des BMW 3er Coupés. Neues Werk in Eisenach
1993 Eberhard v. Kuenheim wird Aufsichtratsvorsitzender, Bernd Pischetsrieder Vorstandschef
1994 Vorstellung des BMW 3er compact. Übernahme der Rover Group
1995 Bau eines Werkes in Spartanburg, USA. Ein McLaren-BMW gewinnt die 24 h von Le Mans
1996 Einführung eines neuen Sportwagens: BMW Z3
1997 BMW garantiert Rücknahme gebrauchter Autos zur Recycling-Verwertung. Prototyp Z07
1998 BMW erwirbt Rolls-Royce Markenrechte. In der Formel Eins Partnerschaft mit Williams vereinbart
1999 Einführung der neuen 3er Generation E46 und des X5. BMW gewinnt die 24 Stunden von Le Mans
2000 Serienanlauf des BMW Z8. Prof. Joachim Milberg übernimmt Vorstandsvorsitz

BMW-Freunde brauchen einen großen Bücherschrank, am besten mit ein paar Regalmetern in Reserve

Literatur

Automobil Revue Katalognummern, Bern 1972–2000.

Hermann Braess: BMW 3er, das Original, BMW Mobile Tradition. München 1998.

CN – Clubnachrichten des BMW Veteranen Club Deutschland eV 1994–2003.

Lars Döhmann und Norbert Schäfer: BMW Technik. Verlag Geramond, München 2011.

Matthias Doht: Gustav Ehrhardt, Verlag Nestler, Eisenach 2016.

Matthias Doht: BMW/EMW 340; Verlag Ideen-Teufel, Eisenach 2020.

Industriegeschichte der Stadt Dingolfing, herausgegeben von der Stadt Dingolfing 2001.

Hans-Heinrich v. Fersen: Sportwagen in Deutschland, Motorbuch Verlag, Stuttgart 1968.

Klaus Hansen: Meine Erfahrungen mit dem BMW 700, Verlag Delius Klasing, Bielefeld 1961.

Denis Jenkinson: The Le Mans Replica Frazer Nash, Leatherhead 1968.

Ralf J. F. Kieselbach: BMW Sondertypen, Motorbuch Verlag, Stuttgart 1959.

Peter Kirchberg und Paul Gränz: Ahnen unserer Autos, Transpress Verlag, Berlin 1975.

Peter Kirchberg: Dixi, Horch, Trabant & Co, Schrader Verlag, Suderburg 1998.

Eberhard Kittler / Werner Oswald: Alle BMW Automobile seit 1928, Motorbuch Verlag, Stuttgart 2000.

Eberhard Kittler: BMW – Der Traum vom Fahren, Motorbuch Verlag, Stuttgart 2009.

Stefan Knittel: Formel-Rennsport 1966–2000, BMW Mobile Tradition, München 2000.

Karlheinz Lange: BMW Motoren (zwei Bände), BMW Mobile Tradition, München 1999.

Horst Mönnich: Der Turm, Econ Verlag, Düsseldorf 1986.

Ehomas G. Müller: Die große Alpina Chronik. Edition Blau-Weiß, 1995.

Thomas G. Müller: BMW 02 – Die Neue Klasse. Motorbuch Verlag, Stuttgart 1996.

Jan P. Norbye: BMW, Bavaria's Driving Machines, Publications International, Skokie, Illinois, USA, 1984.

Charles Oxley: Bristol, the illustrated History, The Crowood Press, Swindon 1990.

Hanns Peter Rosellen: Die Veritas Story, Motorbuch Verlag Stuttgart 1983.

Hans-Jürgen Schneider und Halwart Schrader: Legende BMW 02, Schneider Text, Giel-Courteilles 2009.

Hans-Jürgen und Valentin Schneider, Halwart Schrader BMW Sportwagen, Schneider Text, Giel-Courteilles 2003.

Halwart Schrader: BMW Automobile, Bleicher Verlag, Gerlingen 1978/1994; Motorbuch Verlag, Stuttgart 2003.

Halwart Schrader: BMW Sportwagen – Werbung aus sechs Jahrzehnten, Motorbuch Verlag, Stuttgart 1996.

Halwart Schrader: Deutsche Autos 1885–1920. Motorbuch Verlag, Stuttgart 2002/2020.

Halwart Schrader: BMW Typenkompass, Motorbuch Verlag Stuttgart 2010.

Halwart Schrader: BMW – Passion - Power - Perfektion, Motorbuch Verlag, Stuttgart 2011.

Halwart Schrader und Christian Sagehorn: BMW Automobile, Schrader-Motor-Guide, Schrader Verlag, Suderburg 1993.

Stefan Schrahe und Hans F. Andexer: Das Große BMW Coupé-Buch, Heel Verlag, Schindeleggi 1990.

Reinald Schumann: Motorsport in Deutschland, Stuttgart 1992.

L. J. K. Setright: Bristol Cars and Engines, The Croydon Press Ltd., Croydon 1974.

Rainer Simons: BMW 328 – vom Roadster zum Mythos, BMW Mobile Tradition, München 1996 / Motorbuch Verlag, Stuttgart 2018.

Rainer Simons und Walter Zeichner: Die Entwicklungsgeschichte der BMW Automobile 1918–1932, BMW Mobile Tradition, München 2004.

Wolfgang Thierack: Willi Martini, Schneider Text, Giel-Courteilles 2004.

David Thirlby: Frazer Nash, G.T. Foulis & Co-Publishers, London 1977.

Walter Zeichner: BMW 328, Verlag Geramond, München 2013.

An Autoren, Verleger, Sammler, Historiker, Fotografen – und zahlreiche Mitarbeiter/innen im Hause BMW:

Danke!

In den Arbeiten der Autoren Hans-Heinrich v. Fersen, Werner Oswald und Eberhard Kittler, die ich zu diesem Buch zusammenfügen und komplettieren durfte, bin ich zahlreichen, mir bestens vertrauten Fahrzeugen zurückliegender BMW Modelljahrgänge noch einmal begegnet. Erinnerungen wurden wach, denn von 1961 bis 1999 war ich mit vielen interessanten Aufgaben und Projekten für und mit BMW befasst und hatte die Ehre (und oft auch das Vergnügen), großartige Menschen kennenzulernen, von Paul Gustav Hahnemann bis Helmut Werner Bönsch und Schorsch Meier, von Hans Erdmann Schönbeck bis Jochen Neerpasch und Alex von Falkenhausen, von Dr. Hermann Braess und Christian Eich bis Dr. Karlheinz Lange, von Paul Bracq und Claus Luthe bis Boyke Boyer und Chris Bangle, von Hans Fleischmann und Theo Hoepner bis Fred Jacobs, Uwe Mahla und Dirk Henning Strassl, um nur einige zu nennen. Nicht nur ihnen schulde ich Dank, sondern auch den Historikern Dr. Michael Dünnebier sowie insbesondere Rainer Simons, ferner Hagen Nyncke und Matthias Doht, dem Verleger Hans-Jürgen Schneider (BMW 02, Martini, Wiesmann), den Kollegen Alexander Storz, Wolfgang Thierack, Erik Eckermann und Walter Zeichner. An vielen Stellen dieses Buches hat ihr Spezialwissen sowie wertvolles Material aus ihren Archiven jenes der Autoren Hans-Heinrich v. Fersen, Werner Oswald und Eberhard Kittler ergänzt. Und ganz besonders möchte ich auf die Meisterleistungen von Herbert W. Hesselmann, Robert Kröschl und Rainer Schlegelmilch verweisen, deren Fotos zur Illustrierung dieses Buches erheblich beitragen.

H.S.

Bildnachweis

ADAC Archiv 29uli
ALPINA 210, 231ob, 232, 235-228
Archiv Schlenger 15
Archiv Halwart Schrader 8li, 8re, 9oli, 9ore, 10, 11, 12, 61re, 71oli, 73ure, 262oli, 262ure
Archiv Rainer Simons 48, 49oli, 49uli, 51, 63uli, 64, 65, 66ure, 68, 69, 70, 71ore, 223, 226, 227, 229ure, 258
Archiv Wolfgang Thierack 239, 240
AutoBild 214ob, 214uli
Automobile Welt Eisenach 14oli, 14 ore, 16uli, 16ure, 18ob, 18un, 19
Neill Bruce 67
Burden 163un
Cargold 46ob
Classic Driver 230
Deutsches Museum 9mil, 23
Wieslaw Fusaro 8li, 91
Eberhard Kittler 94mir
Peter Kurze 9ure, 179oli
Lutz 220re
McLaren Ltd. 244, 245
National Motor Museum 67
Oldtimer Galerie Toffen 216un
Peter Raider 61mi
Scuderia Hist. Colonia 234ob
Lothar Spurzem 87
Alexander Storz 56un
Marc Vorgers 206uli
Wikimedia Common 42uli, 42ure, 54, 63ob, 68ore, 206, 220li, 222ob, 241, 248, 249, 252re, 254li, 258re, 259li, 260, 263
Zwischengas 341li

Alle nicht aufgeführten Bilder sind Pressefotos der BMW Media oder entstammen dem Archiv der BMW Group AG (BMW Mobile Tradition, BMW Classic); für ihre Unterstützung bedankt sich der Verlag sehr herzlich.

li: links	ore: oben rechts
mi: mitte	re: rechts
mil: mitte links	uli: unten links
mir: mitte rechts	umi: unten mitte
ob: oben	un: unten
oli: oben links	ure: unten rechts
omi: oben mitte	